Springer-Lehrbuch

Erich Bohl

# Mathematik
# in der Biologie

4., vollständig überarbeitete und erweiterte Auflage

Mit 65 Abbildungen und 16 Tabellen

 Springer

Professor Dr. ERICH BOHL
Universität Konstanz
Fakultät für Mathematik
Universitätsstraße 10 - PF D194
78457 Konstanz

Bibliografische Information der Deutschen Bibliothek
Die Deutsche Bibliothek verzeichnet diese Publikation in der Deutschen Nationalbibliografie; detaillierte
bibliografische Daten sind im Internet über http://dnb.ddb.de abrufbar.


ISBN-10  3-540-29254-3   Springer Berlin Heidelberg New York
ISBN-13  978-3-540-29254-8   Springer Berlin Heidelberg New York
ISBN   3-540-20664-7   3. Aufl. Springer-Verlag Berlin Heidelberg New York

Springer ist ein Unternehmen von Springer Science+Business Media
springer.de

© Springer-Verlag Berlin Heidelberg 1987, 2001, 2004, 2006
Printed in Germany

Planung: Dr. Dieter Czeschlik, Heidelberg
Redaktion: Stefanie Wolf, Heidelberg
Satz: Druckfertige Vorlagen des Autors
Herstellung: LE-TEX Jelonek, Schmidt & Vöckler GbR, Leipzig
Einbandgestaltung und Titelbilder: deblik Berlin

Gedruckt auf säurefreiem Papier    SPIN 11503897    29/3150YL - 5 4 3 2 1 0

Denken an

Uta

1939 - 2001


Sie wollte einfach nur sein

und war doch immer da ...

# Vorwort zur 4. Auflage

Es ist erfreulich, dass in so kurzer Zeit nach Erscheinen der dritten die vorliegende Auflage 4 nötig wird. Ich stelle dem bewährten Text das neue Kapitel 1 voran. Die ursprüngliche Idee war, das Verständnis der Ausführungen dadurch weiter zu verbessern, dass die Frage nach dem Sinn mathematischen Denkens in der Biologie gestellt wird.

Das vorliegende Ergebnis ist anders, geht darüber hinaus, ist sogar besser: Es ist eine Einführung in die mathematische Modellbildung biologischer Vorgänge in der Natur entstanden. Die Sinnfrage hat dann eine Antwort im Hinweis auf den Erkenntnisgewinn, der mit mathematischer Beschreibung einhergehen muss, wenn der Eintritt in dieses Denken überhaupt geschehen soll. An einfachen Beispielen aus dem Text wird der Enstehungsprozess eines mathematischen Konstrukts nachgezeichnet, das heute als **mathematisches Modell** angesprochen wird. Mathematische Naturbeschreibung fragt immer zuerst nach **Ursachen für Veränderung** des zur Diskussion stehenden Natursystems. Veränderung aber ist mathematisch Ableitung des Zustands. Daher ist ein mathematisches Modell zuerst immer auf der Suche nach einer Darstellung der Ableitung $\dot{x}(t)$ des Zustands $x(t)$, also auf der Suche nach einer Differentialgleichung. Es beginnt stets so

$$\dot{x}(t) = F(x(t), \quad \text{weitere Abhängigkeiten})$$

mit dem Ziel, $F$ derart zu konstruieren, dass die wesentlichen Einflüsse richtig berücksichtigt sind. Die angegebene Form sieht schon die Abhängigkeit der Zustandsänderung vom Zustand selbst vor. So stehen Differentialgleichungen im Vordergrund und haben schon im Kapitel 2 einen frühen Platz in der Ausbildung. Das anschließende Kapitel 3 bringt die wesentlichen Ergebnisse im skalaren Fall aus biologischer Sicht.

Tabelle 0.1 soll anschaulich machen, welche Textteile (Spalten 2 bis 8) im Einzelnen durch die Abschnitte des neuen ersten Kapitels (Spalte 1) in den

**Tabelle 0.1.** Wie Kapitel 1 den übrigen Text vorbereitet

| Abschnitt aus Kapitel 1 | zugehörige Abschnitte der übrigen Kapitel |
|---|---|
| 1.1 | 2.2 2.4 4.2 |
| 1.2 | 2.2 3.2 4.2 5.2 |
| 1.3 | 5.3 5.4 5.5 |
| 1.4 | 2.2 2.5 2.6 |
| 1.5 | 2.2 3.2 3.3 3.6 6.2 6.3 6.4 |

Zusammenhang der Modellbildung gebracht werden. Eine Vorlesung könnte entweder Kapitel 1 im Ganzen an den Anfang setzen oder aber mit Kapitel 2 beginnen und die Abschnitte aus Kapitel 1 einstreuen, wenn es geboten erscheint. Tabelle 0.1 möchte Orientierungshilfe sein.

Mir sind die Überlegungen aus Kapitel 1 am Anfang des Studiums wichtig: Sie dürfen in einer Vorlesung **nicht** fehlen. Nach wie vor kann der Inhalt der Kapitel 1 - 4 in einer 2 std. Lehrveranstaltung mit 2 std. Übungen über ein ganzes Semester vorgetragen werden und das mathematische Basiswissen ist vermittelt (vgl. das Vorwort zur 3. Auflage).

Kapitel 1 soll auch deutlich machen, dass die **logische Seite unserer Erkenntnis** notwendig zu **mathematischen Kategorien** führen muss. Der damit angesprochene Teil der Mathematik wird dann von selbst sichtbar. Nur dieser ist wichtig und soll zur Darstellung gelangen: in den Kapiteln 1 bis 4 als Grundwissen für alle Studierenden der Biologie.

Die weiteren Kapitel 5 und 6 sind ohnehin für Studierende gedacht, die nach dem Einstieg in die Pflicht tiefere Einblicke als Kür wünschen. Aus diesem Aufbau folgt, dass die Lineare Algebra aus Kapitel 5 nicht mehr zum Grundwissen gehört. Die Analysis hat Vorrang vor der linearen Algebra, weil die Ableitung das Konzept der Veränderung und damit der Kernpunkt mathematischen Denkens in der Biologie zur analytischen Theorie gehört.

Der bewährte Teil des Textes ist im Zuge dieser Auflage an vielen Stellen überarbeitet und von Fehlern befreit. Auf dem Weg der Weiterentwicklung früherer Auflagen bis zum jetzigen Stand liegen im Jahr 2005 Vorlesungen, Seminare und ein Vertiefungskurs für Biologen, die ich zusammen mit Frau Dipl.Biol. I. Hendekovic abgehalten habe. Hier ist vieles entwickelt worden, das die Richtung der Konzeption von Mathematik in der Biologie festgelegt hat. Ich danke Frau Hendekovic und Dr. Rainer Kreikenbohm für zahlreiche Diskussionen und Hinweise im Zuge dieser Lehrveranstaltungen. Dr. E. Luik teilt mir ständig erkannte Unstimmigkeiten im Text mit und hilft, die Darstellung zu verbessern. Ich danke ihm für viele Hinweise.

Wie bisher immer denke ich gern an die reibungslose und vertrauensvolle Zusammenarbeit mit dem Biologie-Team des Springer-Verlages: Dr. D. Czeschlik, Fau I. Lasch-Petersmann und Frau S. Wolf mit professioneller Unterstützung auf dem Gebiet der Informatik durch Herrn Frank Holzwarth.

Konstanz, im Januar 2006                                    *Erich Bohl*

# Vorwort zur 3. Auflage

Die zweite Auflage ist beim Leser angekommen und freundlich aufgenommen. Die Entstehung von Mathematik mitten in der Biologie ist Grundidee auch in der vorliegenden Auflage. Ich folge damit wohlwollenden Bemerkungen der Kritik, für die ich sehr dankbar bin. Jedes Kapitel erhält einen einführenden Abschnitt, welcher die Notwendigkeit der mathematischen Überlegungen innerhalb der Biologie beleuchtet. Ich hoffe, mit diesem Instrument Biologie und Mathematik noch enger beieinander zu halten, die Motivation des Biologen weiterzulesen an keiner Stelle erlahmen zu lassen.

Mit den Lösungen aller Übungsaufgaben komme ich einem weiteren Wunsch nach. Das Kapitel 7 sammelt alle Lösungen und ordnet sie den Aufgabennummern im Text zu. Es handelt sich um Kurzfassungen möglicher Lösungswege, die so gehalten sind, dass der Leser die Übergänge leicht einbauen kann. Ich empfehle eine ausführliche Ausarbeitung aller Zwischenschritte, um restloses Verständnis zu erreichen. Die Zeichnungen sollten nicht nur angeschaut sondern **nachvollzogen** werden, ohne einfach das abgebildete Muster zu kopieren. Auf der Grenze zwischen Mathematik und Biologie können die biologischen Sachverhalte nur geschildert, müssen die Einzelheiten in der Spezialliteratur nachgelesen werden. Dazu sind viele Literaturhinweise im Text vorgesehen. Die Aufgaben selbst sollen Techniken einüben, das Verständnis von Mathematik in der Biologie vertiefen.

Auch das Kapitel 5 ist neu hinzugekommen: Ein Einstieg in die Geometrie des $p$-dimensionalen Raumes $\mathbb{R}^p$ und der $(d, p)$-Matrizen, welche die linearen Abbildungen des $\mathbb{R}^p$ in den $\mathbb{R}^d$ vermitteln. Biologischer Auslöser ist die Notwendigkeit der **Rekonstruktion** von in der Natur auftretenden Abhängigkeiten

$$s \longrightarrow G(s),$$

die durch Datenpaare

$$s_j, u_j, \ j = 1, \ldots, d \tag{0.1}$$

aus einem Experiment sichtbar gemacht werden. Wir konzentrieren uns auf die Darstellung von $G$ durch eine Linearkombination

$$F(s, x_1, \ldots, x_p) = \sum_{j=1}^{p} \varphi_j(s) x_j \qquad (0.2)$$

geeignet gewählter, reeller Funktionen $\varphi_j(s)$, $j = 1, \ldots, p$: Der wahre Zusammenhang $G$ wird zu einer Überlagerung (0.2) der Funktionen $\varphi_j(s)$ mit den Gewichten $x_j$. Die Parameter $x_j, \ldots, x_p$ sind so zu bestimmen, dass die Daten (0.1) möglichst gut auf dem Funktionsverlauf (0.2) mit optimalem Parametersatz $\bar{x}_1, \ldots, \bar{x}_p$ liegen

$$u_j \sim F(s_j, \bar{x}_1, \ldots, \bar{x}_p, \; j = 1, \ldots, d.$$

Die so vorgenommene Rekonstruktion von $G$ reicht aus, wenn die Näherung eines Funktionswertes $G(\bar{s})$ oder der Ableitung $G'(\bar{s})$ gefragt ist:

$$G(\bar{s}) \sim F(\bar{s}, \bar{x}_1, \ldots, \bar{x}_p) \text{ oder } G'(\bar{s}) \sim F'(\bar{s}, \bar{x}_1, \ldots, \bar{x}_p).$$

Ferner kann auf diese Weise der Wert $G_{max}$ einer möglichen Sättigung

$$G(s) \longrightarrow G_{max} \text{ für } s \longrightarrow \infty$$

gemäß

$$F(s, \bar{x}_1, \ldots, \bar{x}_p) \overset{s \to +\infty}{\longrightarrow} F_{max} \sim G_{max}$$

gut beschrieben werden. In diesem Zusammenhang ist auch eine ausreichende Näherung für einen $s$-Wert $\sigma$ mit

$$G(\sigma) = \frac{1}{2} \, G_{max}$$

durch $\tilde{\sigma}$ gemäß

$$F(\tilde{\sigma}, \bar{x}_1, \ldots, \bar{x}_p) = \frac{1}{2} \, F_{max}$$

erreichbar, falls $G(s)$ und der Ansatz (0.2) streng monoton wachsen und $s, \tilde{s}$ existieren, so dass

$$G(s) < \frac{1}{2} \, G_{max}, \; F(\tilde{s}, \bar{x}_1, \ldots, \bar{x}_p) < \frac{1}{2} \, F_{max}$$

bestehen. Im Allgemeinen lassen die Gewichte $\bar{x}_1, \ldots, \bar{x}_p$ selbst keine biologische Interpretation zu. Dies wäre nur bei einer Familie $R(s, y_1, \ldots, y_q)$ möglich, welche Ergebnis einer **mathematischen Modellbildung** des biologischen Vorgangs ist. Dann tragen die Parameter $y_1, \ldots, y_p$ natürliche biologische Bedeutungen der entsprechenden Konstanten des Naturvorgangs. Solche Parameter gehen normalerweise nicht-linear in die Familie $R(s, y_1, \ldots, y_q)$ ein und sprengen dadurch den hier verfolgten Rahmen (0.2).

Da die Studienordnungen weitgehend 2-3 Semesterwochenstunden über ein Semester verlangen, der Stoffumfang dieses Textes mindestens 4 Semesterwochenstunden über ein Semester benötigt, kann der Lehrende sogar eine Auswahl treffen, was allgemein als Vorteil angesehen wird. Bei einem vorgeschriebenen Pflichtteil von 2 Semesterwochenstunden können die wesentlichen Dinge der Kapitel 2-4 vorgetragen werden. Der verbleibende Rest des Textes füllt 2 Semesterwochenstunden über ein ganzes Semester und ist für besonders interessierte Studierende auf freiwilliger Basis gedacht.

Der aus der 2. Auflage übernommene Text ist sorgfältig durchgesehen, von Fehlern befreit und da und dort geglättet. Die neue Rechtschreibung hat weitere Änderungen nötig werden lassen.

In Konstanz fand ich hilfreiche Hände bei Dr. Eberhard Luik und Dipl.-Biol. Irena Hendekovic. Beide haben die neuen Textteile und die Lösungen der Aufgaben gelesen und mit kritischen Bemerkungen versehen. Die Erstellung der LaTeX-Vorlage mit der Überarbeitung oder gar Neugestaltung der Abbildungen hat Frau Liane Liske mit viel Einsatz und großem Sachverstand übernommen und den Auftrag mit Geschick und Umsicht erledigt. Ich danke allen Mitarbeitern für ihren Beitrag.

Mein Dank geht schließlich an den Springer-Verlag, besonders an das Biologieteam: Dr. Dieter Czeschlik und die sich unermüdlich einsetzenden Damen Iris Lasch-Petersmann sowie Stefanie Wolf.

Konstanz, im Januar 2004                                        *Erich Bohl*

# Vorwort zur 2. Auflage

*Mathematik in der Biologie?* Sagt man nicht eher *Mathematik für Biologen* ähnlich wie *Mathematik für Physiker* oder *Mathematik für Sozialwissenschaftler?* Warum plötzlich *Mathematik* **in** *der Biologie?*

In der Tat, die moderne Literatur bietet zwei Möglichkeiten für einen Einstieg in unser Thema: den *Absprung aus der Mathematik* [12, 20, 22] (Mathematik im Hinblick auf Anwendungen in der Biologie) oder den *Absprung aus der Biologie* [16, 19, 26, 27, 34, 40] (Biologie unter Verwendung mathematischer Denkweisen). Das vorliegende Buch unternimmt davon abweichend den Versuch, mathematische Methoden auf dem Hintergrund von Fragen aus unserer Lebenswelt zu entwerfen. Es ist der Versuch, auf der Schnittstelle zwischen Biologie und Mathematik festzumachen und von hier aus mathematische Methodik in der Biologie zu verstehen. *Mathematik* **in** *der Biologie* geht von Beobachtungen der belebten Natur aus und möchte dort Beiträge leisten, wo experimentelle Methoden der Biologie gar nicht oder nur mit großem Aufwand weiterkommen.

In dieser einführenden Darstellung soll gezeigt werden, wie auch bei relativ einfachen Beobachtungsgegenständen die mathematische Denkweise den theoretischen Vorstellungen der Biologie mehr Sicherheit geben kann. So überzeugt der Ansatz: *das Wachstum einer Population X geschieht proportional zu ihrem Umfang* - es gewinnt durch steigende Anzahl der Individuen an Geschwindigkeit. Jedenfalls findet dieses Argument zunächst keinen Widerspruch, es leuchtet einfach ein! Will man jedoch seine Konsequenzen übersehen, so wird man gezwungen, die sprachlich vermittelte Annahme formal hinzuschreiben:

$$\dot{x}(t) = Rx(t), \quad t \geq 0. \tag{0.3}$$

Und damit sind wir direkt in das mathematische Denken gesprungen!

$x(t)$ steht für den Umfang der Population $X$ zum Zeitpunkt $t \geq 0$. Zugleich wird klar, dass **Entwicklung** genauer **Veränderung in der Zeit** $t$ bedeutet. Entwicklung setzt **Abhängigkeit** von der Zeit voraus. Die in (0.3) auftretende Größe $\dot{x}(t)$ beschreibt die **Veränderung** des Umfangs $x(t)$ von $X$ in der Zeit. Eine nähere Analyse des Ansatzes (0.3) überzeugt davon, dass damit ein ungebremstes Wachstum der Population $X$ im Laufe der Zeit $t$ beschrieben wird, eine Situation, welche man in der Natur im Allgemeinen nicht beobachtet. Das Wachstum einer Population ist begrenzt, muss sie doch im Verein mit anderen existieren und diesen Partnern Lebensraum im allgemeinen Sinne gewähren. Dazu gehören tatsächlicher Platz in der Natur, Nahrung, Licht usw. Allein das präzise Niederschreiben der Vorstellung *Wachstum ist proportional zum Populationsumfang* als Gleichung (0.3) und ihre Analyse führt dazu, dass unsere Vorstellungen ergänzt werden müssen. Es liegt nahe, den bisherigen Ansatz dadurch zu verbessern, dass die **Replikationsrate** $R > 0$ vom Umfang $x(t)$ der Population $X$ abhängt, tatsächlich also eine (nicht konstante) Funktion

$$R = F(x(t))$$

vorliegt. Die gegenüber (0.3) geeignetere Vorstellung lautet damit

$$\dot{x}(t) = x(t)F(x(t)), \;\; t \geq 0. \tag{0.4}$$

Die Konsequenzen aus der eben entstandenen Situation sind nicht leicht zu durchschauen. Wir ziehen uns daher lieber auf ein Feld zurück, welches einfacher beherrschbar ist. Es geht um den speziellen **Ansatz von Verhulst**

$$F(x(t)) = R \left( 1 - \frac{x(t)}{K} \right) \;, \;\; t \geq 0, \;\; K > 0,$$

welcher die Replikationsrate mit steigendem Populationsumfang einfach **linear** bremst. Die mit (0.4) entstehende **Verhulstgleichung**

$$\dot{x}(t) = Rx(t) \left( 1 - \frac{x(t)}{K} \right) \;, \;\; t \geq 0 \tag{0.5}$$

ist wieder einfach genug: Sämtliche Lösungen $x(t)$ können durch einen **analytischen Ausdruck** angegeben und daher vollständig in ihrem zeitlichen Verlauf diskutiert werden. Das Ergebnis ist außerordentlich befriedigend: Eine nach Verhulst sich entwickelnde Population ist in ihrem Umfang durch die in (0.5) auftretende Konstante $K > 0$ begrenzt! Diese Population gibt den Weg frei für Lebensraum anderer Arten und schafft die Möglichkeit zur Koexistenz.

Nun sehen wir in unserer Lebenswelt allenthalben **Konkurrenz**. Der Gedanke der Evolutionsbiologie [34, 14, 15, 20] geht sogar von der Ablösung von Arten aus. So müssen Mechanismen untersucht werden, welche den Konkurrenzgedanken in den Vordergrund rücken. Ist es vielleicht möglich, eine im Wachstum begrenzte Population, welche eine andere aus dem Felde schlägt, auf der Grundlage von (0.4) zu verstehen? Dazu müsste für die Funktion $F$ ein anderer Ansatz her.

Genug mit diesem Denken! Es sollte auch nur gezeigt werden, wie mathematisches Argumentieren die logischen Zusammenhänge von sprachlich formulierten Vorstellungen exakt freilegen und dabei helfen kann, Theorien zu bewerten und weiter zu entwickeln, falls sie den Beobachtungen noch nicht gut genug entsprechen. Es wird gleichzeitig klar, dass der Grad mathematischer Komplexität von der Komplexität der Lebensweltfrage abhängt. Das ist charakteristisch für *Mathematik in der Biologie* oder allgemeiner: *Mathematik in den Wissenschaften*: Fragen an unsere Umwelt also letztlich unsere Umwelt selbst legen die zu entwickelnde Mathematik fest. Deren Komplexitätsgrad ist abhängig vom Komplexitätsgrad der zugehörigen Umweltproblematik!

Der nun folgende Text ist in vier Kapitel gegliedert. Das erste behandelt Basiskonzepte: Zahlen (als Messgrößen), Funktionen (als Abhängigkeit einer Größe von einer anderen), Ableitungen (Veränderung einer Größe bezüglich einer anderen). Bei diesen Überlegungen fallen Prinzipien der **qualitativen Kurvendiskussion** automatisch ab. Ferner begleiten uns die oben besprochenen Probleme im Zusammenhang mit der Verhulstgleichung: Wir werden deren Lösungsgesamtheit sowie jene von der Grundgleichung (0.3) kennenlernen und diese auf der Grundlage ihres qualitativen Verhaltens vergleichen. Im Laufe der Untersuchungen werden weitere Fragen der Biologie angesprochen: Bei den Zahlen z.B. Mechanismen von Enzymaktionen und mathematische Fragen in der **kinetischen Gastheorie.**

Das zweite Kapitel handelt von **Evolutionsgleichungen** einer einzigen Größe, deren Entwicklung nur durch ihren eigenen Populationsumfang bestimmt ist. Z.B. wird mit den bereitgestellten Methoden das Verhalten aller Lösungen von (0.4) freigelegt sein. Im Lichte dieser allgemeinen Gleichung wird der Sonderfall der Verhulstgleichung besser verständlich. In der Regel sind sogenannte **qualitative Methoden** allgemeiner anwendbar als die **quantitativen Methoden**, welche auf die Angabe eines analytischen Ausdrucks für die Lösung von Evolutionsgleichungen abzielen. Diese Untersuchungen führen automatisch in die Integralrechnung mit den wichtigsten **Integrationsmethoden.**

Soweit sind die Verhältnisse einer einzigen Größe in Abhängigkeit von der Zeit ausreichend behandelt. Lebende Systeme erzählen aber die Geschichte des Zusammenwirkens mehrerer Größen in verschiedenen Abhängigkeiten voneinander. So beginnen wir in Kapitel 4 mit **Zuständen** solcher Netzwerke, die als **Vektoren** in einem endlichdimensionalen Raum verstanden werden. Abhängigkeiten von Größen untereinander führen zu Funktionen mit mehreren Variablen. Das Problem ihrer Veränderung (die sogenannten **partiellen**

**Ableitungen**) führt automatisch zu **vollständigen Differentialen** einer Größe und damit direkt in die **Thermodynamik** und **Biophysik**.

Kapitel 6 behandelt die zeitliche Evolution von Zuständen aus zwei unabhängigen Größen auf der Grundlage der soweit entwickelten Methoden. Es geht um Differentialgleichungssysteme mit zwei Gleichungen, deren Lösungen mit Methoden gewonnen werden können, welche in den vorherigen Abschnitten bereitgestellt worden sind. Der Leser erhält einen Einblick in **Räuber-Beute-Aktionen**, in das Verhalten von **Fläschchenexperimenten** der **Mikrobiologie** und in die Kinetik eines **Michaelis-Menten-Prozesses**. Alle diese biologischen Themen werden im Zuge der ersten drei Kapitel immer wieder vorbereitend erwähnt. Gleichzeitig begegnen **Winkelfunktionen**.

Soweit können die Systeme über einen Erhaltungssatz auf den skalaren Fall zurückgeführt werden. Die im letzten Abschnitt behandelte allgemeine Evolutionstheorie [34, 20] ist ein erstes Beispiel, bei dem dieses Vorgehen im ersten Anlauf scheitert. Unsere Ausführungen enden offen, stehen vor einem notwendigen Übertritt in eine neue Sehweise allgemeiner dynamischer Systeme im $\mathbb{R}^2$, die einem neuen Anfang überlassen bleibt.

Der oben auseinandergesetzte Entwurf *Mathematik in der Biologie* ist erstmalig in der 1. Auflage [5] aus dem Jahre 1987 verfolgt. Während der in den letzten dreizehn Jahren gehaltenen Vorlesungen vor Biologen wurde deutlich, dass das Konzept noch konsequenter durchgeführt werden muss. Dies ist in der vorliegenden 2. Auflage geschehen. Gleichzeitig sind erläuternde Bemerkungen deutlich erweitert und sollen zur leichteren Lesbarkeit führen. Das Aufgabenmaterial ist ausgewechselt, viele Aufgaben sind in den Text integriert. Kapitel 6 ist fast vollständig neu hinzugefügt. Nicht alle, aber die wesentlichen Teile der ersten drei Kapitel werden in einer zweistündigen Vorlesung mit zwei Übungsstunden pro Woche in Konstanz in einem Wintersemester den Anfängern in der Biologie vorgetragen. Die ausgelassenen Teile und das volle Kapitel 6 sind Gegenstand einer zweistündigen Fortsetzungsvorlesung in einem Sommersemester. Diese Lehrveranstaltung führt gleichzeitig in die Verwendung moderner Rechnersysteme ein. Es ist geplant, den Inhalt von vier aufbauenden Lehrveranstaltungen zur *Mathematik in der Biologie* in einem weiteren Band zusammenzutragen. Dann steht der Vergleich von Felddaten mit mathematisch gefassten Modellen im Vordergrund, ein Vorhaben, das ohne moderne numerische Methoden nicht mehr auskommt. Der vorliegende Text handelt vom Grundwissen *Mathematik in der Biologie* und sollte eine vierstündige Veranstaltung über ein Semester ausmachen.

Bei der Entstehung dieses Buches haben mir viele Personen geholfen, denen ich herzlich danken möchte. Besonders danke ich Herrn Dr. E. Luik für die Bereitschaft, den Vorlesungsbetrieb mit mir zu teilen und für die Durchsicht eines großen Teiles des Textes. Die beiden Damen Dipl.-Biol. C. Tralau und Dipl.-Biol. I. Hendekovic haben aus der Sicht der Biologie je die Hälfte des Textes mit großer Sorgfalt gelesen und wichtige Anmerkungen gemacht, die zur deutlichen Verbesserung der Darstellung geführt haben. Die Biologie-professoren Dr.G. Stark und Dr.W. Welte machten wertvolle Anmerkungen zu einzelnen Textstellen. Schließlich sei Dr. R. Kreikenbohm erwähnt, welcher in beispielhafter Weise die Entstehung des früheren Textes begleitet und das Konzept aus biologischer Sicht gefördert hat. Frau A.M. Schröder schrieb einmal mehr die LATEX-Vorlage. Allen Personen gilt mein herzlicher Dank für ihren Einsatz.

Der Springer-Verlag war sofort zur Veröffentlichung bereit: Ich danke besonders Herrn Dr. D. Czeschlik und Frau I. Lasch-Petersmann für ihren Enthusiasmus und die professionelle Vorgehensweise von der ersten Planung bis zur Drucklegung des vollständigen Textes.

Konstanz, im März 2001                                          *Erich Bohl*

# Inhaltsverzeichnis

# Warum verwendet ein Biologe eigentlich Mathematik?

Alles beginnt immer mit dem Erstaunen über das, was wir sehen, geht weiter mit der neugierigen Beobachtung und findet einen Höhepunkt mit dem *Experiment* und der möglichst vollständigen Beschreibung von allen Ergebnissen als reelle Zahlen (*Digitalisierung der Welt*). Am Anfang steht also *Verfremdung*: Die Dinge bleiben nicht, was sie sind, sie werden in Worte gefasst, sie werden Zahlen. Der Biologe vollzieht diesen Übergang im Sonderfall der *belebten Natur*.

## 1.1 Unsere Welt aus biologischer Sicht

### 1.1.1 Zustand eines Beobachtungsgegenstandes

Gegenstand der Untersuchung sei eine Population $P$: Das kann eine Tierart in einer bestimmten Gegend sein, Menschen oder Fische, aber auch eine Ansammlung von Zellen, Mikroorganismen. Wir wollen den *Zustand* von $P$ beschreiben. Offenbar kann man von einer guten Situation für $P$ ausgehen, wenn der *Umfang* unserer Population wächst oder auf möglichst hohem Niveau verharrt.

Der Zustand des Beobachtungsgegenstandes $P$ ist daher durch eine einzige Messgröße bestimmt: den Umfang $x_1$, eine reelle Maßzahl, z.B. $x_1 = 4$ Personen einer Familie, $x_1 = 315$ Käfer der im ersten Experiment aus Abschnitt 2.2.1 untersuchten Gemeinschaft (vgl. Tabelle 2.1 vierte Zeile, vierte Spalte), $x_1 = 513.3 \mu L$ Zellvolumen pro 100 mL Medium der Hefezellen im zweiten Experiment aus Abschnitt 2.2.1, $x_1 = 82.000.000$ Bürger eines Staates, $x_1 = 10^6$ Zellen einer Kultur. Der Index 1 soll darauf vorbereiten, dass gleich Zustände zur Sprache kommen, die mehr als eine einzige Messgröße benötigen.

Dazu beobachten wir näher eine Gruppe von Personen, nun nicht als Gesamtheit $P$, sondern eher jedes Individuum einzeln mit dem Ziel, es unter allen

anderen zu identifizieren. Zu diesem Zweck sind Unterscheidungsmerkmale geeignet: die Körpergröße $x_1$, die Kragenweite $x_2$, das Alter $x_3$, die Kleidergröße
$x_4$, die Schuhgröße $x_5$. Soweit handelt es sich unmittelbar um Zahlenangaben,
üblich ist aber auch die Augenfarbe, die erst in eine Zahlenangabe $x_6$ gewan-
delt werden muss. Dazu ist eine Digitalisierung von Farben nötig. Das ist beim
Geschlecht der Person schon einfacher, weil es nur zwei Möglichkeiten gibt:

$$x_7 = 1 \text{ für weiblich oder } x_7 = 2 \text{ für männlich.}$$

Der Zustand einer Person aus $P$ ist nun durch die Gesamtheit der Zahlen

$$x_1, \ x_2, \ x_3, \ x_4, \ x_5, \ x_6, \ x_7$$

festgelegt. Wir fassen zusammen und sprechen vom

$$Zustand \ x = (x_1, \ x_2, \ x_3, \ x_4, \ x_5, \ x_6, \ x_7). \qquad (1.1)$$

Dieses Konzept wird im Kapitel 4.2 verhandelt (hier z.B. Unterabschnitt
4.2.5). Das entstandene mathematische Objekt $x$ aus (1.1) nennt man *Vektor*
und die  einzelnen reellen Zahlen $x_j$ seine *Komponenten*: vector (lat.) ist ein
Träger (hier im Sinne von Behältnis); in unserem Fall hält er die einzelnen
Größen vor und bindet sie als Einheit zusammen. Es liegt nahe zu vermuten, dass im Allgemeinen der Zustand eines Beobachtungsgegenstandes durch
endlich viele reelle Zahlen, die Komponenten eines Vektors

$$x = (x_1, \ x_2, \ \ldots, \ x_N), \qquad (1.2)$$

gegeben ist. Es ist wichtig zu verstehen, dass jede Naturerscheinung durch
endlich viele Größen hinreichend gut erfassbar sein muss, soll sie einer logischen Untersuchung zugänglich sein. Von nun an

$$\text{schreiben wir einfach } x \ statt \ (x_1),$$

wenn eine einzige Größe den Zustand beschreibt also $N = 1$ in (1.2).

### 1.1.2 Beobachtung und Zeit

Bisher wurde nur gesagt, dass die Beobachtung einer Situation unserer Lebenswelt endlich viele Messungen $x_j$, $j = 1, \ldots, N$ zur Bestimmung ihres
Zustandes erfordert. Gleichwohl sind schon jetzt mathematische Konstrukte
entstanden.

Im nächsten Schritt bedenken wir, dass die Zeit in unser Vorhaben ein-
greift: Alles Geschehen passiert in der Zeit! Sicher, es ist direkt klar, dass das
Hochwachsen der Population $P$ mit dem Zustand $x$ viele Messungen und dann
zu verschiedenen Zeiten $t$ notwendig macht. Damit wird aber festgestellt, dass
zu jeder Beobachtung $x$ ein Zeitpunkt $t$ gehört. Wir schreiben

$$x(t)$$

und können bequem eine Messreihe

$$x(t_1) , \; x(t_2) , \; \ldots , \; x(t_8) \tag{1.3}$$

bestehend aus acht Messungen des Umfangs der Population $P$ zu verschiedenen Zeitpunkten

$$t_1, \; t_2, \; \ldots, \; t_8 , \tag{1.4}$$

benennen, etwa jene Messungen der Käfer aus dem Abschnitt 2.2.1 angeordnet nach dem Vorbild von Tabelle 1.1 mit zwei Zeilen. Die Tabelle 2.1 in 2.2.1 ist ein Beispiel mit 20 statt nur 8 Paaren. Tatsächlich ist mit obiger

**Tabelle 1.1.** Acht Messungen in der Zeit

| Zeit: | $t_1$ | $t_2$ | $t_3$ | $t_4$ | $t_5$ | $t_6$ | $t_7$ | $t_8$ |
|---|---|---|---|---|---|---|---|---|
| Umfang: | $x_1(t_1)$ | $x_1(t_2)$ | $x_1(t_3)$ | $x_1(t_4)$ | $x_1(t_5)$ | $x_1(t_6)$ | $x_1(t_7)$ | $x_1(t_8)$ |

Redeweise eine **Abhängigkeit** der Messung $x$ von der Zeit $t$ ausgesprochen. Solche Abhängigkeiten legen den mathematischen Begriff einer *Funktion* fest, im vorliegenden Fall

$$\text{die Funktion} : \; x(t) \tag{1.5}$$

mit der Bedeutung, dass zum Zeitpunkt $t$ der Umfang $x(t)$ beobachtet wird; oder anders: dass zum Zeitpunkt $t$ die Zahl $x(t)$ gehört:

$$t \longrightarrow x(t). \tag{1.6}$$

Reellen Zahlen (hier Zeitmessungen) werden reelle Zahlen (hier der Umfang der Population) zugeordnet. Das ist genau das, was geschieht, wenn ein Experimentator zu einem festen Zeitpunkt eine Messung mit dem Resultat einer einzigen Zahl unternimmt. Abhängigkeiten dieser Art werden im Abschnitt 2.2 eingeführt und begleiten den Leser durch den ganzen Text. Das Konzept ist grundlegend für das Studium von Größen in der Natur.

Es besteht nun keine Schwierigkeit mehr, den Zustand

$$x = (x_1, \; x_2, \; \ldots, \; x_N)$$

(vgl. (1.2)) in der Zeit anzugeben:

$$x(t) = (x_1(t) , \; x_2(t) , \; \ldots , \; x_N(t)) \tag{1.7}$$

mit $N$ reellen Funktionen

$$t \longrightarrow x_j(t) , \quad j = 1 , \ldots , N$$

in Abhängigkeit von der Zeit $t$. Das Symbol $x(t)$ ist durch (1.7) festgelegt: eine Funktion

$$t \longrightarrow x(t) , \tag{1.8}$$

welche jedem Zeitpunkt $t$ einen Vektor mit den in (1.7) angegebenen Komponenten zuordnet. Tabelle 1.1 ist im Falle von (1.7) um $N - 1$ Zeilen zu ergänzen. Bei einem Zustand, der aus drei Beobachtungen zusammengesetzt

**Tabelle 1.2.** Acht Messungen mit je drei Beobachtungen in der Zeit

| Zeit: | $t_1$ | $t_2$ | $t_3$ | $t_4$ | $t_5$ | $t_6$ | $t_7$ | $t_8$ |
|---|---|---|---|---|---|---|---|---|
| Messgröße 1: | $x_1(t_1)$ | $x_1(t_2)$ | $x_1(t_3)$ | $x_1(t_4)$ | $x_1(t_5)$ | $x_1(t_6)$ | $x_1(t_7)$ | $x_1(t_8)$ |
| Messgröße 2 : | $x_2(t_1)$ | $x_2(t_2)$ | $x_2(t_3)$ | $x_2(t_4)$ | $x_2(t_5)$ | $x_2(t_6)$ | $x_2(t_7)$ | $x_2(t_8)$ |
| Messgröße 3 : | $x_3(t_1)$ | $x_3(t_2)$ | $x_3(t_3)$ | $x_3(t_4)$ | $x_3(t_5)$ | $x_3(t_6)$ | $x_3(t_7)$ | $x_3(t_8)$ |

wird, entsteht Tabelle 1.2, weil dann $N = 3$ ist. Gleichung (1.7) verbindet zwei Konzepte: **Vektor** und **Funktion** (vgl. Abschnitt 4.2).

### 1.1.3 Grafische Veranschaulichung einer Messreihe

Das Experiment ist gemacht, die Daten liegen vor. Was haben wir nun über das ins Auge gefasste System unserer Lebenswelt gelernt? Nehmen wir den einfachsten Fall der Tabelle 1.1, den Umfang einer Population im Laufe der Zeit, unterstellen, dass die Zeitpunkte aufsteigend geordnet sind:

$$t_1 < t_2 < t_3 < \ldots < t_8.$$

Die Entwicklung wird an einer Zeichnung der Punkte $(t_j, x(t_j))$, $j = 1 , \ldots , 8$ einer $(t, x)$-Ebene deutlich.

Als Beispiel werden acht Paare der Tabelle 2.1 entnommen und als Tabelle 1.3 neu zusammengestellt. Diese ist nach dem Muster von Tabelle 1.1 aufgebaut. Die zugehörige Zeichnung ist als Abb. 1.1 zu sehen. Man erkennt deutlich das Hochwachsen der Käferpopulation mit einer langsamen Anlaufphase im Zeitraum $t = 0$ bis $t = 28$, einer mittleren Wachstumsphase für $t = 42$ bis $t = 174$ und einer abschließenden Sättigung im hinteren Bereich. Damit sind zugleich die wesentlichen Charakteristika einer **Wachstumskurve** erkannt: so sieht ein typischer Wachstumsprozess eben aus. Die Sättigung

**Tabelle 1.3.** Acht Käferdaten

| Zeit: | 28 | 42 | 49 | 91 | 119 | 147 | 175 | 245 |
|---|---|---|---|---|---|---|---|---|
| Umfang: | 2 | 17 | 65 | 175 | 261 | 330 | 333 | 335 |

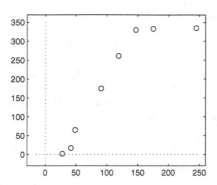

**Abb. 1.1.** Graphische Darstellung einiger Käferdaten

zeigt auch, dass es der Population verwehrt ist, sich grenzenlos auszubreiten. Dafür sorgen äußere Einflüsse, die den Käfern widerstehen und eine überzogene Ausbreitung verhindern. Dennoch, die Population wächst hoch, kann in der vorgefundenen Umwelt leben. Die Zeichnung sagt nichts darüber aus, wie regulierende Wirkungen der angesprochenen Art aussehen könnten. Hier helfen mathematische Überlegung weiter. Aber soweit sind wir noch nicht. Es sei auf den Unterabschnitt 1.5.2 verwiesen.

## 1.2 Evolutionen in der Natur

### 1.2.1 Was ist eine Evolution?

Jedes Geschehen in der Zeit heißt Evolution; oder wissenschaftlicher gesagt: Jede Abfolge von Zuständen in der Zeit heisst Evolution. Damit ist 'Geschehen' durch 'endlich viele Messgrößen', die den Zustand bestimmen, interpretiert. Bei einem aktuellen Messvorgang sind das z.B. Messungen

$$x_j(t_1), x_j(t_2), \ldots, x_j(t_d) \, , \, j = 1, \ldots, N \tag{1.9}$$

für je N Größen

$$x_1, x_2, x_3, \ldots, x_N$$

an d verschiedenen Zeitpunkten

$$a \leq t_1 < t_2 < t_3 < \ldots < t_d \leq b.$$

Man unterstellt, dass zu jeder Messreihe (1.9) für einen Naturvorgang in der Zeit eine **wahre Funktion**

$$t \longrightarrow q(t) = (q_1(t) \, , \, q_2(t) \, , \, \ldots \, , \, q_N(t)) \, , \, t \in [a, b], \qquad (1.10)$$

die den Zustand beschreibt, gehört. 'Geschehen in der Natur' reduziert auf das logische Konstrukt einer 'Funktion' (1.10). Wir sagen auch: Jede Funktion (1.10) heißt *Evolution*, wenn $t$ Messgröße der Zeit und $q_j(t)$ Maßzahlen für die Komponenten des Zustands des Beobachtungsgegenstandes sind.

Mit der Ersetzung von 'Geschehen in der Zeit' durch 'Funktion (1.10)' ist ein wichtiger Schritt hin zu einer *mathematischen Naturbeschreibung* getan. Die Messungen (1.9) und der Zustand (1.10) hängen (bei guten Daten) zusammen: es werden nämlich

$$x_j(t_k) \approx q_j(t_k) \, , \quad k = 1, \, \ldots, \, d \, , \quad j = 1, \, \ldots, \, N \qquad (1.11)$$

gelten. Dies bedeutet, dass die Fehler

$$|x_j(t_k) - q_j(t_k)| \, , \quad k = 1, \, \ldots, \, d \, , \quad j = 1, \, \ldots, \, N$$

'klein' sind, z.B.

$$|x_j(t_k) - q_j(t_k)| \leq \eta \, , \quad k = 1, \, \ldots, \, d \, , \quad j = 1, \, \ldots, \, N$$
$$\text{mit } \eta = 10^{-1} \text{ oder } \eta = 10^{-5} \text{ oder } \ldots . \qquad (1.12)$$

je nach der erwarteten Genauigkeit. Die Daten (1.9) bilden den einzigen Hinweis auf den Verlauf von $q(t)$ aus (1.10), so dass eine Rekonstruktion von $q(t)$ allein darauf gestützt werden muss.

Eine *Rekonstruktion* $F(t)$ eines Naturvorgangs (1.10) in einem reellen Intervall $[a, b]$ besteht in der Angabe von Funktionen

$$F_j(t) \, , \quad a \leq t \leq b \, , \quad j = 1 \, , \, \ldots \, , \, N \, ,$$

durch konkrete *analytische Ausdrücke*, welche

$$F_j(t) \approx q_j(t) \, , \quad a \leq t \leq b \qquad (1.13)$$

erfüllen. Sie hat die Form

$$F(t) = (F_1(t) \, , \, F_2(t) \, , \, \ldots \, , \, F_N(t)) \, , \, a \leq t \leq b \, , \qquad (1.14)$$

und wegen (1.11) und (1.13) werden

$$F_j(t_k) \approx x_j(t_k) \, , \quad k = 1, \, \dots \, , d \, , \quad j = 1, \dots \, , N \qquad (1.15)$$

gelten. Unsere Aufgabe lautet daher: **Finde analytische Ausdrücke (1.14) mit (1.15) zu vorgelegten Daten (1.9)!** Damit beschäftigt sich der Abschnitt 5 in einer Weise, die durch die Ausführungen der beiden nächsten Unterabschnitte und im Abschnitt 1.3 vorbereitet wird.

Da die Forderungen (1.15) an alle Komponenten von $F(t)$ analog sind, reicht es aus, im weiteren Text vom Fall $N = 1$ auszugehen. Bei $N \geq 2$ werden die nun folgenden Überlegungen auf jede der $N$ Komponenten einzeln angewendet.

### 1.2.2 Rekonstruktion und Erkenntnis

Betrachte einen Naturvorgang, welcher (ohne Beschränkung der Allgemeinheit) durch eine einzige reelle Messgröße

$$q(t) \, , \; t \in [a, b] \qquad (1.16)$$

ausreichend repräsentiert ist. Eine Serie von Messungen liefere

$$x(t_1), \; x(t_2), \; x(t_3), \; \dots, \; x(t_d)$$

$$\text{mit} \;\; q(t_1) \approx x(t_1), \; q(t_2) \approx x(t_2), \; \dots, \; q(t_d) \approx x(t_d) \qquad (1.17)$$

$$\text{und} \;\; a \leq t_1 < t_2 < \dots < t_d \leq b.$$

Angenommen, wir finden eine

$$\text{Rekonstruktion } F(t) \text{ von } q(t) \, , \; t \in [a, b],$$
$$\text{also } F(t) \approx q(t) \, , \; t \in [a, b], \; (vgl. \; (1.13)). \qquad (1.18)$$

Die beiden Eigenschaften aus (1.17) und (1.18) ziehen

$$F(t_1) \approx x(t_1), \; F(t_2) \approx x(t_2), \; \dots, \; F(t_d) \approx x(t_d) \qquad (1.19)$$

nach sich. In welcher Weise verstehen wir mit der Kenntnis von $F(t)$ aus (1.18) das durch (1.16) beschriebene biologische System besser? Die Antwort auf diese Frage ist entscheidend: Wäre kein Erkenntnisfortschritt auszumachen, so könnte der Versuch mathematischer Beschreibung unterbleiben! Die folgenden Überlegungen in den weiteren Unterabschnitten versuchen eine Antwort in mehreren Schritten.

Zunächst liefert eine Zeichnung der Rekonstruktion $F(t)$ im Intervall $[a, b]$ einen guten Eindruck der wahren Evolution (1.16), besteht doch die zweite

Zeile von (1.18). Dabei wird stets angenommen, dass $[a, b]$ gut durch die $t_j$ repräsentiert wird. Messungen von $q(t)$ für ein $T \in [a, b]$ aber $T \neq t_j$   $j = 1, \ldots, d$ werden

$$F(T) \approx q(T)$$

erfüllen, so dass das Geschehen $q(t)$ im Intervall $[a, b]$ gut bekannt ist.

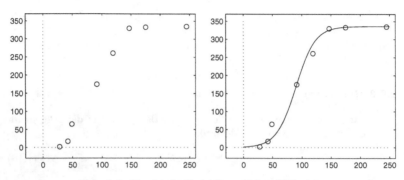

**Abb. 1.2.** Graphische Darstellung einiger Käferdaten

Nehmen wir unsere Daten aus der Tabelle 1.3 mit der grafischen Darstellung aus Abbildung 1.1, die wir hier als Abbildung 1.2 wiederholen. In der rechten Zeichnung ist die Rekonstruktion

$$F(t) = \frac{u_1}{1 + (u_2 - 1)\exp(-u_3 t)}, \quad u_1 = 336, \ u_2 = 224, \ u_3 = .0603328 \quad (1.20)$$

durch die Daten gezogen. Erst der Kurvenzug macht deutlich, dass die mittlere Wachstumsphase $42 \leq t \leq 174$ gegenüber allen anderen Zeiten eine **beschleunigte** Entwicklung durchmacht.

### 1.2.3 Sättigung einer Evolution

Betrachten wir wieder den einfachsten Fall $N = 1$ einer einzigen Messgröße mit der wahren Abhängigkeit

$$t \longrightarrow q(t), \quad (1.21)$$

etwa das Wachstum einer Population. Dazu sei eine Messreihe gemäß Tabelle 1.1 aufgenommen. Dann stimmen die Messungen $x(t_j)$ ungefähr mit den wahren Werten überein:

$$x(t_j) \approx q(t_j), \quad j = 1, \ldots, N. \quad (1.22)$$

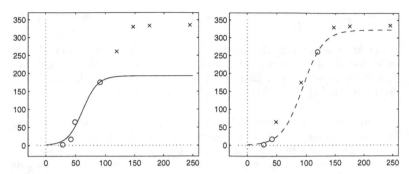

**Abb. 1.3.** Bestimmung von $F_{max}$ unter Verwendung von vier (*linkes Bild*) bzw. drei Datenpunkten (*rechtes Bild*). Die Kreuze bleiben bei der Rekonstruktion unberücksichtigt.

Aus

$$q(t) \longrightarrow q_{max} \text{ für } t \longrightarrow \infty \qquad (1.23)$$

wird

$$x(t_N) \approx q_{max}, \text{ falls } t_N \text{ sehr groß ausfällt (in Zeichen } t_N \gg 1),$$

folgen. Man sagt : $q(t)$ *sättigt* bei $q_{max}$, wenn (1.23) besteht.

Wir erreichen eine gute Näherung für $q_{max}$, sobald eine *Rekonstruktion* $F(t)$ für $q(t)$ in einem Intervall $[a, b)$ bekannt ist, welches die Sättigungsphase schon zeigt:

$$x(t_j) \approx q_{max} \text{ für einige der Messungen (1.22).}$$

Das ist eine Funktion mit

$$F(t) \approx q(t) \text{ für alle reellen } t \in [a, b), \qquad (1.24)$$

die im vorliegenden Fall zugleich

$$F(t) \longrightarrow F_{max} \text{ , für } t \longrightarrow \infty \qquad (1.25)$$

erfüllen sollte. Dann wird $F_{max}$ eine gute Näherung für $q_{max}$ sein:

$$q_{max} \approx F_{max} , \qquad (1.26)$$

und $q_{max}$ wäre bestimmt. Beachte, dass b durchaus endlich sein kann. Natürlich muss $F(t)$ aus (1.24) für alle $t \geq 0$ erklärt sein, damit der Grenzwert (1.25) existieren kann. Folgen wir unter diesem Gesichtspunkt den Daten aus Tabelle 1.3 mit der Rekonstruktion

$$F(t) = \frac{u_1}{1 + (u_2 - 1)\exp(-u_3 t)}, \ u_1 = 336, \ u_2 = 224, \ u_3 = .0603328 \quad (1.27)$$

aus (1.20). Die rechte Zeichnung der Abb. 1.2 zeigt ein Bild von (1.27). Offenbar werden die Daten der Sättigungsphase gut getroffen. Es sei angemerkt, dass die Daten schon in die Sättigung reichen und eine gute Näherung bereits den letzten drei Datenpunkten entnommen werden kann.

Abbildung 1.3 zeigt zwei Rekonstruktionen auf der Grundlage von vier bzw. nur drei ausgewählten Datenpunkten (die jeweils offenen Kreise der Figur 1.3). Die Kreuze bleiben bei der Rechnung unberücksichtigt, so dass echte Vorhersagen des Sättigungswertes vorliegen. Es ist offensichtlich, dass gute Messungen in der rasanten Wachstumsphase von entscheidender Bedeutung sind. Im vorliegenden Fall führen die Messungen 3 und 4 nicht zum Ziel. Der fünfte Datenpunkt liefert eine befriedigende Vorhersage der Sättigung, wenn man davon ausgeht, dass die drei letzten Messungen den Grenzwert einigermaßen wiedergeben.

## 1.3 Rekonstruktion von Funktionen

### 1.3.1 Die Aufgabe

Wie in Abschnitt 1.2 ist ein Zustand

$$q(t) = (q_1(t), \ q_2(t), \ \ldots, \ q_N(t)), \ t \geq 0 \quad (1.28)$$

mit zugehörigen Messungen

$$x_j(t_1), \ x_j(t_2), \ x_j(t_3), \ \ldots \ j = 1, \ldots, N \quad (1.29)$$

gegeben.

Finde analytische Ausdrücke

$$F_j(t), \ t \geq 0, \ j = 1, \ldots, N$$

für eine Rekonstruktion

$$F(t) = (F_1(t), \ F_2(t), \ \ldots, \ F_N(t)), \ t \geq 0 \quad (1.30)$$

von (1.28) bezüglich der Daten (1.29).

### 1.3.2 Ansatzfunktionen

Es genügt wieder, den Fall N=1 zu verfolgen. Gegeben sind daher reelle Daten

$$x(t_k) \, , \ k = 1 \, , \ \ldots \, , \ d \, , \quad a \leq t_1 < t_2 < \ldots < t_d \leq b, \tag{1.31}$$

Messungen einer unbekannten Funktion

$$q(t) \, , \ t \in [a, b] \, . \tag{1.32}$$

Gesucht ist eine Funktion $F(t)$, welche den Kurvenverlauf von (1.32) für $t \in [a, b]$ gut repräsentiert und $q(t)$ in diesem Sinne *rekonstruiert*. Von $q(t)$ kennen wir aber nur die Messungen (1.31), die gesuchte Rekonstruktion $F(t)$ sollte daher die Eigenschaft

$$F(t_k) \approx x(t_k), \ k = 1, \ \ldots d, \quad a \leq t_1 < t_2 < \ldots < t_d \leq b \tag{1.33}$$

besitzen.

Dazu wird eine geeignete Funktionenfamilie

$$G(t, x_1, \ldots, x_p) \tag{1.34}$$

abhängig von p reellen Parametern $x_1, \ldots, x_p$ gewählt. Jede Vorgabe von $x_1, \ldots, x_p$ legt ein Mitglied der Familie (1.34), die sog. *Ansatzfunktionen*, fest. Die in Abschnitt 1.2 benutzten Rekonstruktionen (1.27) der acht Käferdaten der Tabelle 1.3 gehören zur Familie

$$G(t, x_1, x_2, x_3) = \frac{x_1}{1 + x_2 \exp(-x_3 t)}, \text{ mit Parametern } x_1, \ x_2, \ x_3 \in \mathbb{R}. \tag{1.35}$$

Die Konstanten $u_1$, $u_2$, $u_3$, welche in (1.27) auftreten, hängen mit den Parametern $x_1$, $x_2$, $x_3$ so zusammen

$$x_1 = u_1, \ x_2 = u_2 - 1, \ x_3 = u_3, \tag{1.36}$$

weil offenbar

$$G(t, u_1, u_2 - 1, u_3) = \frac{u_1}{1 + (u_2 - 1) \exp(-u_3 t)} = F(t)$$

$$\text{bei festen Parametern } u_1, u_2, u_3 \tag{1.37}$$

aus (1.36) folgt, wenn man die Definition für $F(t)$ in (1.27) beachtet.

Mit der Wahl einer Familie (1.34) ist eine Vorentscheidung getroffen: Die Suche nach einer geeigneten Rekonstruktion wird nun auf diese Familie eingeschränkt. Sie ist damit zurückgeführt auf die Angabe von p reellen Zahlen $\bar{x}_1, \ldots, \bar{x}_p$, so dass

$$G(t_k, \bar{x}_1, \ldots, \bar{x}_p) \approx x(t_k) \, , \ k = 1 \, , \ \ldots \, , \ d \tag{1.38}$$

stattfindet. Dies ist im Falle von (1.35) bei der Angabe der speziellen Rekonstruktion (1.27) geschehen. Die Berechnung von 'geeigneten' Parametern

$\bar{x}_1, \ldots, \bar{x}_p$ wird im Text im Falle einer in den $x_1, \ldots, x_p$ *linearen* Familie (1.34) in Abschnitt 5.5 beschrieben. Jede auf solche Weise durch einen Parametersatz markierte Funktion wird **Rekonstruktion**

$$F(t) = G(t, \bar{x}_1, \ldots, \bar{x}_p)$$

von $q(t)$ genannt. Es sei darauf hingewiesen, dass oftmals geeignete Ansatzfunktionen aus einem mathematischen Modell erwachsen (vgl. dazu den Unterabschnitt 1.4.1).

Mit der Familie (1.34) begegnen uns Funktionen, welche reelle Werte besitzen, aber von $p + 1$ reellen Zahlen $t$, $x_1, \ldots, x_p$ abhängen.

Zurück zu den Käferdaten (vgl. Tabelle 1.3) mit den Ansatzfunktionen (1.35), aus denen wir die Teilmenge

$$g_1(t, y_1, y_2) = G(t, y_1, \frac{2y_1}{3} - 1, y_2) \tag{1.39}$$

mit nur zwei Parametern $y_1$ und $y_2$ herausgreifen. Damit wird die Familie (1.35) auf jene Elemente eingeschränkt, welche die Bedingung

$$1.5 = G(0, x_1, x_2, x_3)$$

erfüllen, weil man

$$G(0, x_1, x_2, x_3) = \frac{x_1}{1 + x_2}$$

und damit auch

$$x_1 = 1.5(1 + x_2) \ \text{ oder } \ x_2 = \frac{2x_1}{3} - 1,$$

sofort einsieht. Abbildung 1.4 entfaltet die Familie (1.39) um die Datenpunkte, wenn in der Zeichnung links $y_1$ variiert und $y_2 = .06025$ ist oder in der anderen Darstellung $y_2$ läuft, jedoch $y_1 = 336$ auf der Stelle bleibt.

### 1.3.3 Gütemaß einer Rekonstruktion

Zur wirklichen Berechnung von $\bar{x}_1, \ldots, \bar{x}_p$ muss die qualitative Bedingung (1.38) eine quantitative Form erhalten. Dazu gehen wir von den *Fehlern*

$$G(t_k, x_1, \ldots, x_p) - x(t_k) \ , \ k = 1 \ , \ \ldots \ , \ d$$

aus und summieren deren Quadrate

$$\sum_{k=1}^{d}(G(t_k, x_1, \ldots, x_p) - x(t_k))^2 \ , \tag{1.40}$$

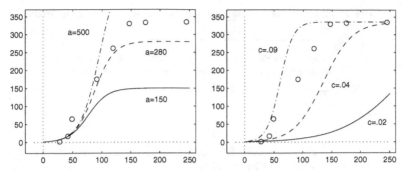

**Abb. 1.4.** Die Funktionenfamilie (1.39) bewegt sich über die Daten: *Links* $y_2 = .06025$, $150 \leq a = y_1 \leq 500$, *rechts* $y_1 = 336$, $.02 \leq c = y_2 \leq .09$.

um Auslöschung durch das Fehlervorzeichen zu vermeiden. Die sog. *Fehlerquadratsumme*

$$h(x_1, \ldots, x_p) := \frac{1}{2} \sum_{k=1}^{d} (G(t_k, x_1, \ldots, x_p) - x(t_k))^2 , \qquad (1.41)$$

ist entstanden, eine reellwertige Funktion von p Veränderlichen mit der offensichtlichen Eigenschaft

$$0 \leq h(x_1, \ldots, x_p) \text{ für alle reellen } x_1, \ldots, x_p.$$

Der Faktor $\frac{1}{2}$ in (1.41) vereinfacht einige Rechnungen und macht die zugehörige Theorie lesbarer. Die quantitative Form der Bedingung (1.38) lautet nunmehr: Finde reelle Zahlen $\bar{x}_1, \ldots, \bar{x}_p$, so dass die Fehlerquadratsumme $h(\bar{x}_1, \ldots, \bar{x}_p)$ unter allen möglichen anderen minimal wird:

$$h(\bar{x}_1, \ldots, \bar{x}_p) \leq h(x_1, \ldots, x_p) \text{ für alle reellen } x_1, \ldots, x_p . \qquad (1.42)$$

Damit ist gewährleistet, dass die Rekonstruktion

$$F(t) := G(t, \bar{x}_1, \ldots, \bar{x}_p)$$

unter allen in der Familie (1.34) zur Wahl stehenden Möglichkeiten die geringsten Abweichungen in den Messpunkten $(t_k, x(t_k))$ , $k = 1, \ldots, d$ aufweist: F(t) folgt den Messpunkten am besten innerhalb der gewählten Familie (1.34).

Die Suche nach einem optimalen Parametersatz im obigen Sinne ist ganz einfach, wenn die Ansatzfunktionen nur von einem einzigen Parameter $x_1 = \eta$ abhängen:

**Tabelle 1.4.** Sechs Werte der Funktion h($\eta$) auf der Suche nach einem Minimum

| $\eta$: | 200 | 230 | 260 | **290** | 320 | **350** |
|---|---|---|---|---|---|---|
| .01· h($\eta$): | 320.110 | 193.084 | 100.195 | 40.406 | **12.819** | 16.642 |

$$g_2(t, \eta).$$

Dazu wählen wir unsere acht Käferdaten der Tabelle 1.3 und die Familie (1.39) zusammen mit der Einschränkung

$$y_2 = .06025,$$

so dass die Ansatzfunktionen

$$g_2(t, \eta) = G(t, \eta, \frac{2\eta}{3} - 1, .06025) \tag{1.43}$$

zu den Daten $x(t_k)$ aus Tabelle 1.3 entstehen. Die zugehörige Fehlerquadrat-summe

$$h(\eta) = \frac{1}{2} \sum_{k=1}^{8} (g_2(t_k, \eta) - x(t_k))^2 \tag{1.44}$$

kann man durch reines Auswerten in einem Intervall $[a, b]$ minimieren. Für a=200, b=500 und 10 gleichmäßig verteilten Punkten $\eta_j$ findet man die Werte der Tabelle 1.4, also

ein Minimum 12.819 bei $\eta = 320$.

Das Ergebnis gibt Anlass, die Auswertung in den deutlich engeren Grenzen a=290, b=350 zu wiederholen. So fortfahrend gewinnt man

ein Minimum 10.612 bei $\eta_{min}$ mit

$$331.28185523 \leq \eta_{min} \leq 331.28185549, \tag{1.45}$$

$\eta_{min}$ ist bis auf einen Fehler von $3 \cdot 10^{-6}$ bestimmt, und die verbesserte Rekonstruktion

$$F(t) = g_2(t, \eta_{min}) = G(t, \eta_{min}, \frac{2\eta_{min}}{3} - 1, .06025)$$

$$\text{mit} \quad \eta_{min} = 331.281855 \tag{1.46}$$

ist entstanden. Das Ergebnis legt eine neue Familie von Ansatzfunktionen

$$g_3(t, \eta) = G(t, 331.281855, \frac{2 \cdot 331.281855}{3} - 1, \eta) \tag{1.47}$$

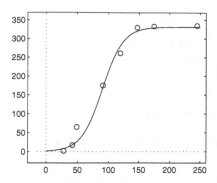

**Abb. 1.5.** Die Rekonstruktion (1.48)

nahe, um die Fehlerquadratsumme

$$h_3(\eta) = \frac{1}{2} \sum_{k=1}^{8} (g_3(t_k, \eta) - x(t_k))^2$$

nunmehr nach dem ehemals zweiten Parameter $y_2 = \eta$ (vgl. (1.39)) zu minimieren. Auf diese Weise wird

ein Minimum 10.5244 bei $\eta = .059776$.

erreicht. Jetzt lautet die Rekonstruktion

$$F(t) = g_3(t, \bar{\eta}) = G(t, 331.281855, \frac{2 \cdot 331.281855}{3} - 1, .059776), \qquad (1.48)$$

die als Abb. 1.5 dargestellt ist, ein sehr befriedigendes Ergebnis angesichts der benutzten Datenpunkte. Gleichzeitig ist der Wert

$$\mathbf{F_{max} = 331.281855}$$

der Sättigung erreicht.

### 1.3.4 Rekonstruktion und Erkenntnis

Was haben wir nun gelernt über die Käfer, die unter festen Umweltbedingungen beobachtet und einfach gezählt wurden? So wird in Abschnitt 1.1.3 am Anfang der Rekonstruktion gefragt. Dort liegen nur die acht Datenpunkte der Tabelle 1.3 vor. Die Rekonstruktion (1.48) hat dem unterliegenden Wachstumsprozess die Gestalt der Abbildung 1.5 gegeben. Die Konstanten 331.281855 und .059776 haben biologische Bedeutung: Maximal werden es 332 Käfer in der Population sein, die sich mit der Replikationsrate .06 pro

Tag vermehren. Zu der letzten Interpretation müssen wir besser den Begriff der **Veränderung** verstehen. Das ist das Anliegen der nächsten Abschnitte. Dann sind wir in der Lage, den dynamischen Prozess, welchen die Käfer durchlaufen, nachzustellen. Es wird sich zeigen, dass die oben verwendeten Ansatzfunktionen (1.35) nicht *beliebig* gewählt sind.

## 1.4 Veränderungen in der Natur

### 1.4.1 Wie kann man einer 'wahren' Evolution auf die Spur kommen?

Zur Wiederholung: Eine Evolution wird als Funktion

$$g(t) = (g_1(t),\ g_2(t),\ \ldots,\ g_N(t)),\ t \geq 0$$

in der Zeit t behandelt. O.B.d.A. ist immer $t = 0$ der Anfangszeitpunkt der Beobachtung. N bezeichnet die (stets) endliche Anzahl der Größen, die zur Beschreibung des Naturgeschehens ausreichen. Es sei noch einmal daran erinnert, dass die Endlichkeit dieser Anzahl angesichts unserer Weise des Erkennens notwendig ist. Bei der Auswahl der Bestimmungsstücke, die hinter den Komponenten $g_j(t)$ stehen, lässt man sich gern von der Möglichkeit, mit vertretbarem Aufwand Messungen für $g_j(t)$ zu erheben, leiten.

Schließlich sei auch hier bemerkt, dass es zur genaueren Kennzeichnung der Funktionen $g_j(t)$ ausreicht, von einem Natursystem auszugehen, welches eine hinreichende Beschreibung durch nur **eine** Messgröße zulässt, die wir dann ohne Index

$$g(t),\ t \geq 0$$

$$\text{also } g :\ t \longrightarrow \text{reelle Zahl}$$

(1.49)

schreiben. Im allgemeinen Fall gelten die nun folgenden Überlegungen für jede Komponente $g_k(t)$. Es seien Daten

$$t_j,\ x(t_j),\ j = 1, \ldots, d,$$

(1.50)

(die Zeitpunkte $t_j \in [a, b]$ repräsentieren den Zeitbereich $[a, b]$ gut)

bekannt.

Bisher wurde versucht, eine Rekonstruktion $F(t)$ für (1.49) in einer frei gewählten Familie $G(t, x_1, x_2, \ldots, x_p)$ mit geeigneten Eigenschaften zu finden. Ein Polynomansatz

$$G(t, x_1, x_2, \ldots, x_p) = \sum_{i=1}^{p} x_i t^{i-1}$$

liegt wegen seiner einfachen Bauart nahe, wenn die Daten (1.50) kein Sättigungsverhalten zeigen sollen. Die im Text (Kapitel 5) behandelten Ansatzfunktionen umfassen auch Polynome.

Die mathematischen Mittel erfahren eine grundlegende Erweiterung, wenn der Versuch unternommen wird, das Naturgeschehen selbst auf der Grundlage von Gesetzmäßigkeiten einzufangen. Man spricht von einem **mathematischen Modell**. Dann tritt der gesuchte Zusammenhang (1.49) als *Lösung* des Modells auf, so dass die Lösungsgesamtheit $G(t, x_1, x_2, \ldots, x_p)$ eine geeignete Familie von Ansatzfunktionen liefert. Sogar die Konstanten $x_1, x_2, \ldots, x_p$ haben biologische Bedeutung, und ihre Zahlenwerte geben Hinweise auf den Ablauf des Geschehens im beobachteten Naturvorgang. Und noch etwas zeichnet die Lösungsmenge eines Modells als Ansatzfamilie für eine Rekonstruktion aus: Das Ergebnis ist eine Darstellung der gesuchten Funktion $g(t)$ **für alle Zeiten** $t \geq 0$ und nicht nur im Zeitintervall der Datenpunkte. Damit werden **Vorhersagen** über das Verhalten der Evolution außerhalb der Daten möglich, ein deutlich gewachsener Erkenntnisgewinn. Allerdings wird der Aufwand über ein Modell viel größer und lohnt sich nicht, wenn nur Fragen im Bereich der Datenpunkte zu klären sind.

Die Aufstellung eines mathematischen Modells jedoch setzt eine mathematische Fassung von **Veränderung** in der Natur voraus. Hier ist Änderung im allgemeinen Sinne gemeint: Bewegung von Ort zu Ort, aber auch der Übergang von Helligkeit zur Dunkelheit, von einer Farbe in die andere, der Wechsel der Landschaft beim Blick aus dem Flugzeug oder fahrenden Zug, der Übergang zu neuen Lebensverhältnissen oder Gewohnheiten. Da das Denken alle diese Möglichkeiten als Funktion (1.49) in der Zeit erfasst, muss nur verstanden werden, in welcher Weise Objekte der Art (1.49) Veränderungen erfahren, eine Überleitung zum folgenden Unterabschnitt 1.4.2. Zuvor aber ein kurzer Blick zurück zum Abschnitt 1.1.3. Dort ist von verschiedenen Wachstumsphasen in Abbildung 1.1 die Rede. Das Konzept der Veränderung hilft, solche Unterschiede genauer über die Wachstumsgeschwindigkeit zu  kennzeichnen.

### 1.4.2 Veränderungsrate

Gegeben sei die reelle Funktion

$$g(t) \text{ im reellen Intervall } [a, b]. \tag{1.51}$$

Was soll die Veränderung von (1.51) eigentlich sein? Dazu betrachten wir zwei aufeinanderfolgende Punkte $t \in [a, b]$, $t + h \in [a, b]$ $(h > 0)$ und erkennen in der Differenz

$$g(t + h) - g(t)$$

die Veränderung, welche der Funktionswert $g(s)$ erfährt, wenn s die Wegstrecke h von t nach $t + h$ überspringt. Auf die Streckeneinheit entfällt dann

der Anteil
$$\frac{g(t+h) - g(t)}{h},$$

die **Veränderungsrate**. Diese definiert eine Funktion von h allein, denn der Punkt t ist ja fest, weil dort die Veränderung gerade interessiert. Angenommen, die Rate hat die Gestalt

$$\alpha + \varphi(h) \text{ mit einer reellen Konstanten } \alpha$$

und einer reellen Funktion $\varphi(h)$, $0 \leq h$ sowie $\varphi(0) = 0$.    (1.52)

Dann ist
$$\frac{g(t+h) - g(t)}{h} = \alpha + \varphi(h) \text{ für } 0 < h,$$    (1.53)

und wir können

$$\text{dem Ausdruck } \frac{g(t+h) - g(t)}{h} \text{ bei h=0 den Wert } \alpha \text{ zuweisen,}$$

weil die rechte Seite $\alpha + \varphi(0)$ von (1.53) den Wert $\alpha$ liefert, wenn $\varphi(0) = 0$ beachtet wird. Nach dieser Überlegung nennt man $\alpha$ auch *Veränderungsrate von g(s) an der Stelle s=t* und benutzt die Schreibweise

$$\dot{g}(t) := \alpha.$$    (1.54)

Die Mathematik spricht von der *Ableitung* $\dot{g}(t)$ der Funktion $g(s)$ an der Stelle s=t. Die mathematische Theorie zeigt, dass die Darstellung (1.53) für (fast) alle in der Biologie vorkommenden Funktionen und an allen (interessanten) Stellen $t$ mit geeigneten Ausdrücken (1.52) besteht. Daher gibt es durchweg eine Veränderungsrate oder Ableitung $\dot{g}(t)$. Letztere ist wieder eine reelle Funktion. Im Text werden die Regeln zur Berechnung von $\dot{g}(t)$ in den meistens auftretenden Situationen behandelt. Damit ist zugleich die Grundlage für mathematische Modellbildung von Naturphänomenen gelegt.

## 1.5 Mathematische Modelle in der Biologie

### 1.5.1 Wie kommt mathematisches Denken zum Einsatz?

Der Abschnitt 1.4.1 erwähnt solche Modelle bereits. Im einfachsten Fall geht es darum, die durch einen Naturvorgang bestimmte Evolution (1.49) mit Hilfe eines mathematischen Modells zu kennzeichnen. Wie soll das aber gehen? Antwort: Finde die inneren und äußeren Einflüsse auf das durch $g(t)$ beschriebene Natursystem, welche zu seiner Veränderung $\dot{g}(t)$ beitragen! Diese werden von $g(t)$ selbst abhängen, sobald der Naturvorgang durch die Größe $g(t)$ allein hinreichend gekennzeichnet ist.

Das aber heißt in mathematischer Sprache

$$\dot{g}(t) = f(g(t), x_1, \ldots, x_p) \quad \text{für eine reellwertige Funktion}$$

$$f(\eta, x_1, \ldots, x_p),$$

(1.55)

wenn man berücksichtigt, dass $f$ auch von (unbekannten) Konstanten

$$x_1, \ldots, x_p,$$

die zur Erfassung der erwähnten Einflüsse notwendig sind, abhängen kann.

Damit aber sind wir fertig: Die Form eines mathematischen Modells steht in (1.55): eine Gleichung für $g(t)$, die gelöst werden muss, um $g(t)$ wirklich darzustellen und in der Hand zu haben. Das Modell besteht aus einer **Differentialgleichung** : Das ist immer so, weil die Modellbildung von der Darstellung der Veränderung des Naturgeschehens ausgeht! Was heißt das aber? Dazu machen wir uns klar, dass (1.55) nur die Änderung $\dot{z}(t)$ des Zustands $z(t)$ als Funktion $F$ von $z(t)$ und endlich vielen Konstanten ansetzt:

$$\text{Zustandsänderung} = F(\text{Zustand und Konstanten})$$

$$\dot{z}(t) = F(z(t), x_1, \ldots, x_p).$$

(1.56)

Gelegentlich schreibt man einfacher

$$\dot{z}(t) = F(z(t))$$

und rechnet die Parameter $x_1, \ldots, x_p$ dem Funktionssymbol $F$ zu. Nach (1.7) hat der **Zustand eines allgemeinen Systems** stets die Form

$$z(t) = (x_1(t), x_2(t), \ldots, x_N(t)).$$

Damit lautet seine Veränderung

$$\dot{z}(t) = (\dot{x}_1(t), \dot{x}_2(t), \ldots, \dot{x}_N(t)),$$

und das durch (1.56) gegebene Prinzip liefert ein mathematisches Modell der Form

$$\dot{x}_j(t) = F_j(x_1(t), x_2(t), \ldots, x_N(t)) \quad \text{mit reellwertigen Funktionen}$$

$$F_j(\eta_1, \eta_2, \ldots, \eta_N), \quad j = 1, \ldots, N.$$

(1.57)

Im Sonderfall $N = 2$ bedeutet (1.57) einfach

$$\dot{x}_1(t) = F_1(x_1(t), x_2(t)),$$

$$\dot{x}_2(t) = F_2(x_1(t), x_2(t)).$$

(1.58)

Kapitel 3 behandelt den Fall (1.55) der Evolution einer einzigen Größe und Kapitel 6 zweier Größen also (1.58).

## 1.5.2 Entwicklung einer Population: eine dynamische Gleichung

Bleiben wir aber zunächst bei dem einfachsten Fall (1.55) und versuchen, zum Wachstum einer Population die rechte Seite $f$ der Differentialgleichung zu bestimmen. Offenbar trägt der Umfang $g(t)$ zur Veränderung der Population dadurch bei, dass ihre eigene Vermehrung mit wachsendem Umfang an Fahrt gewinnt. Eine Formalisierung dieses Urteils lautet

$$\dot{g}(t) = x_1 \cdot g(t),$$

$$\text{also } f(\eta) = x_1 \cdot \eta \text{ mit einer reellen Konstanten } x_1 > 0. \tag{1.59}$$

Nun müssen beide Seiten von (1.59) dieselbe Dimension haben. Offenbar steht

links 'Populationsumfang pro Zeit' und rechts $'x_1 \cdot$ Populationsumfang',

so dass

$x_1$ die Dimension 'pro Zeit' besitzen muss,

weil nur dimensionsgleiche Größen vergleichbar sind. Beachte das natürliche Auftreten der (freien) Konstanten $x_1$. Sie heißt *Replikationsrate*, eine angemessene Bezeichnung angesichts ihrer Dimension. Es ist klar, dass $x_1$ die Vermehrung kennzeichnet. Das durch (1.59) beschriebene Verhältnis der Größen $\dot{g}(t)$ und $g(t)$ wird *Proportionalität* genannt. Man sagt auch, beide Größen sind *proportional* zueinander.

Zur Veränderung des Umfangs $g(t)$ einer Population tragen die Umweltverhältnisse bei. Dieser Einfluss soll nun in einem speziellen Aspekt berücksichtigt werden. Gemeint ist die Größe des Lebensraumes. In einem im Verhältnis zu $g(t)$ großen Areal werden sich die Angehörigen der Population weniger begegnen als in einem eher kleinen. Begegnung aber wird proportional zu $g(t)^2$ angesetzt, also

$$\dot{g}(t) = -u \cdot g(t)^2 \tag{1.60}$$

mit einer *Proportionalitätskonstanten* $u > 0$. Das Vorzeichen in (1.60) signalisiert, dass der hier beschriebene Einfluss *wachstumshemmend* wirkt. Unter Berücksichtigung  natürlicher Vermehrung und Umwelteinschränkungen gemäß (1.59) und (1.60) finden wir die Bilanz

$$\dot{g}(t) = x_1 \cdot g(t) - u \cdot g(t)^2$$

oder nach leichter Umrechnung

$$\dot{g}(t) = x_1 g(t) \cdot (1 - \frac{u}{x_1} g(t)).$$

Mit der Setzung

$$x_2 := \frac{x_1}{u}$$

lautet die endgültige Form

$$\dot{g}(t) = x_1 g(t) \cdot (1 - \frac{g(t)}{x_2});  \qquad (1.61)$$

die sog. **Verhulstgleichung** ist entstanden, deren Lösungen Wachstumskurven erzeugen, die einen natürlichen Wachstumsprozess sehr gut wiedergeben. Tatsächlich gehören sie alle der Funktionenfamilie (1.35) aus Unterabschnitt 1.3.2 an, die dort als Ansatzfunktionen zur Rekonstruktion der Käferdaten aus Tabelle 1.3 verwendet worden sind. Die Verhulstgleichung wird im Text aus verschiedenen Gesichtspunkten genau untersucht (so in den Kapiteln 2, 3 und 6). In Kapitel 6 weist sie den Weg zu einem Modell, welches grundlegende Mechanismen bei der Interaktion zweier Populationen berücksichtigt (siehe den Abschnitt 6.7).

Kurz zurück zu (1.61) und der Bestimmung der Dimension der Konstanten $x_2$. Offenbar muss die Klammer auf der rechten Seite dimensionslos sein, weil sie die Dimension der dimensionslosen Zahl 1 trägt. Daher hat

$x_2$ die Dimension 'Populationsumfang'.

Die rechte Seite von (1.61) wird durch die Funktion

$$f(\eta, x_1, x_2) = x_1 \eta \cdot (1 - \frac{\eta}{x_2})$$

festgelegt und besitzt die in unserem Muster (1.55) verlangte Form. Der Leser sei auf die natürlich auftretenden Parameter $x_1$ und $x_2$ hingewiesen. Die Deutung von $x_1$ als Replikationsrate ist oben schon erwähnt, jene von $x_2$ als *Umweltparameter* bedarf einer kurzen Erklärung. Wir werden lernen, dass alle Lösungen von (1.61) bei $x_2$ sättigen, so dass die Population unter keinen Umständen mehr als $x_2$ Individuen aufweisen wird. Dies ist der maximale Umfang, den die Umweltverhältnisse, welche der Term

$$\frac{g(t)^2}{x_2}$$

beschreibt, zulassen können. Ohne diesen Zusatz entsteht (1.59) mit lauter Lösungen, die über alle Grenzen wachsen, also eine Population, die beliebig großen Umfang annehmen kann, was eigentlich nicht beobachtet wird. Die durch Verhulst eingebaute Mangelsituation führt zu einem realistischen Bild einer hochwachsenden Gemeinschaft.

Wenn $x_2$ den maximalen Populationsumfang misst und wenn man das Wohlergehen der Gemeinschaft an ihrem Umfang ablesen kann, dann muss zu einer wirklich lebensfähigen Gruppe ein eher großes $x_2$ gehören. In der Natur erwarten wir eine verhaltene Anzahl $x_2$, die einerseits das Wohlergehen der eigenen Gemeinschaft, aber auch das der anderen Gruppen berücksichtigt, die ebenfalls Lebensraum im weiten Sinn beanspruchen dürfen.

### 1.5.3 Ligandenbindung: zwei dynamische Gleichungen

Ein Substrat $X$ der festen Konzentration $x > 0$ bilde mit einem Enzym $E_0$ der Konzentration $e_0(t)$ zum Zeitpunkt $t > 0$ den Komplex $E_1$, dessen Konzentration mit $e_1(t)$ bezeichnet werde. Wir fragen nach der Entwicklung von $E_0$ und $E_1$ in einem kleinen Zeitraum, so dass die Konzentration $x$ konstant angenommen werden kann.

Dieses natürliche System ist als Evolution der beiden Größen $e_0(t)$ und $e_1(t)$ gekennzeichnet, deren Veränderung durch das **Netzwerk**

$$X + E_0 \underset{k_{-0}}{\overset{k_0}{\rightleftharpoons}} E_1 \tag{1.62}$$

beschrieben wird. Der Übergang von links nach rechts geht proportional zum Produkt $x e_0(t)$ und liefert aus der Sicht von $E_0$ den Beitrag

$$\dot{e}_0(t) = -k_0 x e_0(t),$$

weil es sich um einen Abfluss handelt. Die Rückreaktion von rechts nach links geht proportional zu $E_1$ und bedeutet einen Zufluss aus der Sicht von $E_0$. Zusammen findet man die Bilanz

$$\dot{e}_0(t) = -k_0 x e_0(t) + k_{-0} e_1(t),$$

wenn $k_0 > 0$ und $k_{-0} > 0$ die jeweilige Proportionalitätskonstante bezeichnet. Aus der Sicht von $E_1$ treten dieselben Beiträge mit je umgekehrtem Vorzeichen auf, weil Zufluss für $E_0$ zum Abfluss aus der Sicht von $E_1$ und umgekehrt wird. Am Ende stehen die beiden Gleichungen

$$\begin{aligned} \dot{e}_0(t) &= -k_0 x e_0(t) + k_{-0} e_1(t), \\ \dot{e}_1(t) &= k_0 x e_0(t) - k_{-0} e_1(t) \end{aligned} \tag{1.63}$$

oder in der allgemeinen Form (1.58)

$$\dot{e}_0(t) = F_1(e_0(t), e_1(t), k_0, k_{-0}),$$

$$\dot{e}_1(t) = F_2(e_0(t), e_1(t), k_0, k_{-0}).$$

In unserem Sonderfall gilt spezieller

$$F_1(\eta_1, \eta_2, x_1, x_2) = -x_1 \cdot x \cdot \eta_1 + x_2 \cdot \eta_2, \quad F_2(\eta_1, \eta_2, x_1, x_2) = -F_1(\eta_1, \eta_2, x_1, x_2),$$

$$x_1 = k_0 > 0, \ x_2 = k_{-0} > 0.$$

Die rechte Seite in (1.63) hängt wie bei der Verhulstgleichung (1.61) vom Zustand $(e_0(t), e_1(t))$ und zwei Konstanten ab. Diese haben wieder biologische Bedeutung: Der Quotient

$$K_D := \frac{k_{-0}}{k_0}$$

regelt die Intensität der Bindung von $X$ an $E_0$ in folgender Weise. Im Falle $0 < K_D \ll 1$ liegt die Anlagerung mehr auf der Seite der Komplexbildung $E_1$. Im anderen Fall $K_D \gg 1$ ist es umgekehrt. Bindung tritt dann kaum auf, und der Komplex $E_1$ existiert fast nicht. Für eine fruchtbare Entstehung von $E_1$ ist $0 < K_D \ll 1$ notwendig. So erhalten die Konstanten $k_0$ und $k_{-0}$ durch die Größe ihres Verhältnisses $K_D$ die Bedeutung der Bewertung einer guten oder schlechten Umsetzung.

Das System (1.63) wird im Abschnitt 6.2 analysiert. Den ersten Teil vom Netzwerk (1.62) kann man als Interaktion der 'Populationen $X$ und $E_0$' ansehen. Sein Einfluss geht mit dem Term

$$k_0 \cdot x e_0(t)$$

in die Bilanz (1.63) ein, also einem Term proportional zum Produkt von $x$ und $e_0$. Dann aber ist es sinnvoll, das Zusammenwirken zweier Populationen X und Y mit den Umfängen $x(t)$ und $y(t)$ durch

$$\kappa \cdot x(t) y(t),$$

also proportional zum Produkt $x(t)y(t)$ anzusetzen. Genau dies geschieht in Abschnitt 6.7 und ist Grundlage der Argumente, die im Unterabschnitt 1.5.2 zu (1.60) führen: dort wirken X und X (also X mit sich selbst) zusammen!

### 1.5.4 Substratfluss unter anaeroben Bedingungen: zwei dynamische Gleichungen

Es geht um Abbauwege von Biopolymeren und ihren Bausteinen über mehrere Stufen bis hin zur letzten Station

$$CH_4 \text{ oder } CO_2. \tag{1.64}$$

Dazu sei auf Zehnder et al. [41] verwiesen. Zum Beispiel wird der Umsatz

$$4C_{10}H_{11}O_5^- + 6HCO_3^- \rightarrow 4C_7H_5O_5^- + 9CH_3COO^- + 3H^+$$

durch die Organismen Y (hier *Acetobacterium woodii*) bewerkstelligt (vgl. Bache R., Pfennig, N. [4] und Kreikenbohm, R., Pfennig N. [23]). Schematisch bedeutet dies

$$X = C_{10}H_{11}O_5^- \xrightarrow{Y} \text{Acetat } CH_3COO^-, \tag{1.65}$$

eine Station auf einem der Abbauwege, denn Acetat wird von Methanbakterien in die Option Methan ($CH_4$) von (1.64) überführt.

Solche Umsetzungen handeln von Organismen Y und Substrat $X$. Sie verlaufen nach dem Schema

$$X \xrightarrow{Y},$$

das in (1.65) sichtbar wird. Bezeichnet $x(t)$ die Konzentration von $X$ und $y(t)$ den Umfang der Organismen jeweils zum Zeitpunkt $t \geq 0$, so beschreibt

$$(x(t), y(t)) \in \mathbb{R}^2, \ t \geq 0$$

den Zustand von $X, Y$ in der Zeit. Zur Aufstellung dynamischer Gleichungen gehen wir auf den allgemeinen Rahmen zurück, welcher in Unterabschnitt 1.5.1 abgesteckt wurde: nach (1.58) lautet dieser im Falle von zwei Zustandskomponenten

$$\dot{x}(t) = f(x(t), y(t)),$$
$$\dot{y}(t) = g(x(t), y(t)) \tag{1.66}$$

mit Funktionen

$$f(\eta, \sigma) \ \text{und} \ g(\eta, \sigma),$$

die aus den Gegebenheiten des Systems zu konstruieren sind. Was sind aber die 'Gegebenheiten des vorliegenden Systems'

Organismen $y(t)$ und Substrat $x(t)$?

Zunächst sollen die Organismen unter Nutzung des Substrats hochwachsen. Das liefert

$$g(\eta, \sigma) = \sigma \cdot \mu(\eta)$$

mit einer reellwertigen Funktion $\mu(\eta)$ und den Eigenschaften

$$\begin{array}{ll} \mu(0) = 0 & \text{ohne Substrat kein Wachstum} \\ & \text{der Organismen} \\ \mu(\eta) > 0 \ \text{für} \ \eta > 0 & \text{Substrat liefert Wachstum} \\ & \text{der Organismen.} \end{array} \tag{1.67}$$

Damit ist die Dynamik der Organismen

$$\dot{y}(t) = y(t) \cdot \mu(x(t))$$

proportional zum Populationsumfang $y(t)$ beschrieben, wobei aber (anders als beim exponentiellen Wachstum) der Proportionalitätsfaktor **keine** Konstante ist, sondern durch den Substratumfang $x(t)$ gesteuert wird: $\mu(x(t))$. Von hier ist es nur ein Schritt zu einer allgemeinen Annahme über die Dynamik von $x(t)$: Das Substrat soll proportional zum Zuwachs von $y(t)$ an Fahrt verlieren:

$$\dot{x}(t) = -\text{Konstante} \cdot [y(t) \cdot \mu(x(t))].$$

Die Dimension von $\dot{x}$ ist **Konzentration pro Zeit**, und jene von $\dot{y}$ lautet **Populationsumfang pro Zeit**. Wegen

$$\dot{x}(t) = -\text{Konstante} \cdot \dot{y}(t)$$

findet man

Dimension der Konstanten = Konzentration pro Populationsumfang,

so dass die neue Größe

$$\gamma := \text{Konstante}^{-1}$$

die Dimension

Populationsumfang pro Konzentration Substrat

und damit die Dimension eines **Ertrages** erhält. Das vollständige dynamische System für $X, Y$ lautet nunmehr

$$\dot{x}(t) = -\gamma^{-1} \cdot [y(t) \cdot \mu(x(t))],$$

mit dem Ertrag $\gamma > 0$ und den Voraussetzungen (1.67) für $\mu(\eta)$,    (1.68)

sowie $\dot{y}(t) = y(t) \cdot \mu(x(t))$.

Damit sind die 'Gegebenheiten des Systems' genannt und zugleich in formalisierter Sprache als (1.68) gefasst. Es bleibt der Analyse von (1.68) überlassen zu erfahren, wie wirklich alle Lösungen $x(t), y(t)$ aussehen und ob deren Verhalten mit jenem des Natursystems $X, Y$ übereinstimmen, dazu die Ausführungen in Abschnitt 6.3.

### 1.5.5 Streitbare Populationen: zwei dynamische Gleichungen

Wie in den vorigen Unterabschnitten geht es wieder um die Evolution eines zweidimensionalen Zustands

$$z(t) = (x(t), y(t)) \in \mathbb{R}^2. \tag{1.69}$$

Diesmal werden zwei Populationen $X, Y$ betrachtet, deren Umfänge zum Zeitpunkt $t \geq 0$ in (1.69) angegeben sind. Die mathematische Beschreibung nimmt somit die Form

$$\dot{x}(t) = f(x(t), y(t)),$$
$$\dot{y}(t) = g(x(t), y(t)) \tag{1.70}$$

an. Zur Bestimmung der Funktionen

$$f(\eta, \sigma), \quad g(\eta, \sigma)$$

benötigen wir Kenntnisse über das Zusammenwirken von X und Y.

Ein **Räuber-Beute-Verhalten** soll simuliert werden: dazu das Netzwerk

$$X \xrightarrow{k_0} 2X \quad \text{(natürliche Vermehrung der Beute)},$$

$$X + Y \xrightarrow{k_1} 2Y$$
(die Räuber vermehren sich auf Kosten der Beute), \hfill (1.71)

$$Y \xrightarrow{k_2} \quad \text{(natürliches Sterben der Räuber)},$$

welches sofort das gesuchte Modell

$$\dot{x}(t) = k_0 x(t) - k_1 y(t) x(t),$$

$$\dot{y}(t) = k_1 y(t) x(t) - k_2 y(t)$$
\hfill (1.72)

und damit auch die fehlenden Funktionen

$$f(\eta, \sigma) = k_0 \eta - k_1 \sigma \eta, \quad g(\eta, \sigma) = k_1 \sigma \eta - k_2 \sigma$$

festlegt. Die Aufstellung von (1.72) aus dem 'chemischen' Netzwerk (1.71) verwendet die Prinzipien von Unterabschnitt 1.5.3 zur Behandlung von (1.62).

Die Dynamik (1.72) kann auch in der Form

$$\dot{x}(t) = x(t)(k_0 - k_1 y(t)),$$

$$\dot{y}(t) = y(t)(k_1 x(t) - k_2)$$
\hfill (1.73)

geschrieben werden.

Daraus entsteht (vgl. Abschnitt 6.7) das allgemeine Modell

$$\dot{x}(t) = x(t) F(\alpha_F x(t) + \beta_F y(t)),$$

$$\dot{y}(t) = y(t) G(\alpha_G x(t) + \beta_G y(t)),$$
\hfill (1.74)

zur Beschreibung **gemeinsamer Evolutionen** von zwei Populationen X und Y mit reellen Funktionen

$$F(\eta), \quad G(\eta) \quad \text{und den Konstanten} \quad \alpha_F, \quad \beta_F \; \alpha_G, \quad \beta_G \in \mathbb{R}.$$

Man erkennt den analogen Bau von (1.73) und (1.74), dabei ist (1.73) aber kein Sonderfall von (1.74). Das allgemeine Verhalten der Lösungen von (1.74) wird im Abschnitt 6.7 auseinandergesetzt.

Das Netzwerk (1.71) ist die Brücke von der qualitativen Sprachform 'Räuber-Beute-Verhalten' zum formalisierten 'Räuber-Beute-Modell' (1.73), die aus der Chemie übernommen wird, um Reaktionsabläufe zu verstehen. Ein Beispiel ist (1.62):

$$X + E_0 \overset{k_0}{\underset{k_{-0}}{\rightleftharpoons}} E_1.$$

Dieses Netzwerk handelt von lauter chemischen Reaktionen, die so tatsächlich stattfinden. Demgegenüber liefert (1.71) nur eine **Veranschaulichung** von dem, was wirklich geschieht und setzt dies in Analogie zum Ablauf einer chemischen Reaktion: Ist die Vorstellung, dass das Zusammenwirken zweier Populationen wie zwei chemische Reaktanden funktioniert, nicht doch sehr naheliegend?

Kapitel 6 wird zeigen, dass fast alle dort behandelten Systeme (1.70) lauter Lösungen besitzen, deren qualitatives Verhalten mit dem der skalaren Evolutionen aus Kapitel 3 vergleichbar sind. So wird das Langzeitverhalten in aller Regel stationär werden. Das entspricht aber nicht der Wirklichkeit, die uns umgibt: Wir sehen immer wieder **periodische Vorgänge**: Die Zyklen beschrieben durch Tag und Nacht, Sommer und Winter, von einem Jahr zum anderen sind nur Beispiele. Die Räuber-Beute-Aktion (1.71) definiert auch einen Zyklus und ist somit anders als die bisher genannten Systeme (1.70), ein guter Grund, das System (1.73) als mathematische Beschreibung von (1.71) in Unterabschnitt 6.4 zu untersuchen.

# Grundbestandteile mathematischer Modellierung

## 2.1 Das Geschehen in diesem Kapitel

Die Rede über *Mathematik in der Biologie* muss bei der Biologie beginnen. Die Biologie aber beobachtet, sammelt Fakten, macht Experimente, produziert Daten in Form von Zahlenreihen, z.B. jene aus den Tabellen 2.1, 2.2. Solche Zahlenreihen treten typischerweise als Paare auf: Zu einem Zeitpunkt $t$ nimmt eine Messgröße den Wert $x$ an. Damit ist eine Abhängigkeit $x(t)$ von $x$ und $t$ festgestellt, ein erster Hinweis auf den fundamentalen **Funktionsbegriff**, welcher unsere Überlegungen in Gang setzt. Die besondere Abhängigkeit einer Größe von der Zeit beschreibt die **Entwicklung** jener Größe. Wir werden im folgenden Text dieses Geschehen **Evolution** nennen: **Evolution** und **Entwicklung in der Zeit** bezeichnen dasselbe!

Entwicklung in der Zeit aber zieht **Veränderung** nach sich: Im Zuge der Evolution verändert sich die in Rede stehende Größe $x$! Diese Veränderung zum Zeitpunkt $t$ wird durch die **Ableitung** $\dot{x}(t)$ **der Funktion** $x(t)$ beschrieben. Daher muss die Differentialrechnung entwickelt werden. **Lernziele** sind das Verständnis für Funktionen (Abschnitt 2.4) und ihre Ableitungen (Abschnitt 2.5).

Im Verlaufe des Textes wird deutlich, dass nach und nach Hilfsmittel entstehen, um den Verlauf von Evolutionen genauer zu beschreiben. In der Biologie ist **sigmoides Geschehen** weit verbreitet. Mathematisch sind **Krümmungsverhalten** und **Sättigung** angesprochen. So werden Krümmung, Wendepunkte, Maxima und Minima sowie das Grenzwertgeschehen für große Zeiten $t$ untersucht. Dies geschieht im Unterabschnitt 2.6.

Grundlage für alles bisher Gesagte ist ein Verständnis für **Zahlen**, dazu der Unterabschnitt 2.3.

## 2.2 Entwicklung von Populationen

### 2.2.1 Zwei Experimente

Zu den experimentell relativ einfach zugänglichen Beobachtungsgegenständen der Biologie gehören Populationen allgemeiner Art: z.B. Tiere oder Pflanzen, aber auch Zellkulturen oder Ansammlungen gleichartiger Moleküle. Von Insekten handelt folgender Text (aus Varley [36]):

> 'Viele Insekten können in kleinen Gefäßen gezüchtet werden. Man kann die Zuchten fast unbegrenzt halten, indem man sie regelmäßig mit Futter versorgt, oder das Futter in regelmäßigen Zeitabständen erneuert. Wenn Möglichkeiten gefunden werden, die vorhandenen Tiere auszuzählen, können wir beobachten, wie sich die Populationsdichte unter konstanten Bedingungen im Ablauf der Zeit verändert. Diese Experimente werden gewöhnlich in einem Klimaschrank bei konstanter Luftfeuchtigkeit und konstanter Temperatur durchgeführt, so dass die Bedingungen äußerst künstlich sind; aber solche Experimente haben in wissenschaftlichen Untersuchungen eine alte Tradition, weil sie die Kontrolle aller Variablen mit Ausnahme der Individuenzahl gestatten. Unter solchen einschränkenden Bedingungen wächst die Bedeutung der intraspezifischen Konkurrenz um Nahrung und Raum, und ihre Auswirkungen können relativ gut isoliert werden. ... Um mit einem einfachen Beispiel zu beginnen, sei der folgende Versuch beschrieben: Crombie [11] startete Zuchten des Getreidekapuziners *Rhizopertha dominica*, eines kleinen Bostrychiden, mit einzelnen Käferpaaren in 10g Weizen (ca. 200 Körner). Die Körner waren durch leichten Druck 'angeknackt' worden. Das Weibchen legt seine Eier nur in derartige Risse. Jede Woche wurden die Körner durchgesiebt, ihr Gewicht auf 10g mit frisch gequetschten Körnern aufgefüllt, und Fraßmehl und Kot wurden weggeworfen. Mit Hilfe dieses Verfahrens wurde das Nahrungsangebot annähernd konstant gehalten. Die Käfereier, Larven und Puppen blieben in den Körnern verborgen und wurden nicht gezählt, aber die lebenden und toten adulten Käfer wurden alle 2 Wochen gezählt.'

Das Experiment handelt vom Wachstum einer Käferpopulation. Als Ergebnis erhält der Experimentator die Tabelle 2.1, in welcher $x$ die Anzahl der Käfer und $t$ den zugehörigen Zeitpunkt (in Tagen) bedeuten. Eine ganz andere Population untersuchte T. Carlson: Es handelt sich um Hefezellen. Dazu folgendes Zitat aus Carlson [9]:

> 'Diese Untersuchungen über die Hefevermehrung wurden in weithalsigen, mit zwei eingeschmolzenen Tuben neben dem Halse versehenen Jena-Extraktionskolben (Fassungsraum ca. 3/4 L) angestellt... Die Kolben wurden mit 500 ccm Würze gefüllt und in diesen rotierte ein propellerförmiger Umrührer, der eine effektive Mischung und

**Tabelle 2.1.** Wachstum einer Käferpopulation aus Crombie

| t | 0 | 14 | 28 | 35 | 42 | 49 | 63 | 77 | 91 | 105 |
|---|---|----|----|----|----|----|----|----|----|-----|
| x | 2 | 2 | 2 | 3 | 17 | 65 | 119 | 130 | 175 | 205 |

| t | 119 | 133 | 147 | 161 | 175 | 189 | 203 | 231 | 245 | 259 |
|---|-----|-----|-----|-----|-----|-----|-----|-----|-----|-----|
| x | 261 | 302 | 330 | 315 | 333 | 350 | 332 | 333 | 335 | 330 |

Verteilung der Hefezellen herbeiführte. Das angewendete sterile Gas musste, um mit Wasserdampf gesättigt zu werden, vor der Einführung steriles, destilliertes Wasser passieren. Sämtliche Glasgefäße waren in einen geräumigen Thermostat, dessen Temperatur auf $30°C$ ($\pm 0.05°$) gehalten wurde, gestellt. Der Hals und die Seitentuben der Gärungs-kolben waren zur Verhinderung von Luftinfektion mit steriler Watte bedeckt, außerdem wurde der Kolben mit gefüllter Würze im Auto-klav sterilisiert. Die in der vorliegenden Arbeit mitgeteilten Gärungs-versuche sind sämtlich mit Anwendung von Würze von einer Press-hefefabrik (Stockholm) ausgeführt und bilden Proben von zwei ver-schiedenen Herstellungstagen. Die Würze war aus Gerstenmalz und Roggen bereitet und wies eine Konzentration von $11.8°$ (A) resp. $12°$ (B) Balling auf; der Zuckergehalt, worunter hier alles, was alkalische Kupferlösung reduziert, verstanden wird, wurde auf $9.8\%$ (A) resp. $10.1\%$ (B), berechnet nach der Reduktionsfähigkeit bei reiner Mal-tose, bestimmt. Die von dem Zymotechnischen Laboratorium, Stock-holm, erhaltene Hefekultur bestand aus einer typischen Oberhefe mit großen, gleichförmigen Zellen, die eine ausgeprägte Glykogenreaktion gaben; die Hefe wurde ca. 24 Stunden von der Überimpfung in die Ver-suchswürze in gehopfter Bierwürze gezüchtet. Mittels steriler Pipetten wurden 10 bis 20 ccm der Gärungsflüssigkeit nach genau festgesetz-ten Zeiträumen herausgenommen und in Alkalilösung von abgepas-ster Konzentration laufen gelassen, wonach die vorhandene Zellmenge durch Zentrifugierung in dem unten beschriebenen Messröhrchen vo-lumetrisch bestimmt wurde. Es trat keine Infektion auf.'

Wie oben ist das Ergebnis des Experiments eine Zahlentabelle (vgl. Tabelle 2.2). Die Zeit $t$ hat die Einheit Stunden, und der Umfang $y$ der Population der Hefezellen ist in $\mu L$ Zellvolumen pro 100 mL Medium angegeben. Die Zahlen in der $y$-Zeile stammen nicht aus direkten Messwerten, sondern sind aus solchen errechnet (vgl. Carlson [9]).

**Tabelle 2.2.** Entwicklung einer Population von Hefezellen aus Carlson

| t | 1 | 2 | 3 | 4 | 5 | 6 | 7 | 8 | 9 |
|---|---|---|---|---|---|---|---|---|---|
| y | 18.3 | 29 | 47.2 | 71.1 | 119.1 | 174.6 | 257.3 | 350.7 | 441 |

| t | 10 | 11 | 12 | 13 | 14 | 15 | 16 | 17 | 18 |
|---|---|---|---|---|---|---|---|---|---|
| y | 513.3 | 559.7 | 594.8 | 629.4 | 640.8 | 651.1 | 655.9 | 659.6 | 661.8 |

### 2.2.2 Vom Experiment zur mathematischen Beschreibung

Die Beispiele in 2.2.1 legen einige einfache theoretische Überlegungen nahe, die sofort in den Gegenstand unserer Betrachtungen einführen. Zunächst sind die geschilderten Situationen aus mathematischer Sicht völlig gleich. Daher genügt es, sich auf eines der Beispiele zu konzentrieren. Wir wählen den Versuch mit den Käfern der Tabelle 2.1. Diese besteht aus zwei Zahlenkolonnen, genauer sind es **natürliche Zahlen** $\mathbb{N} = \{0, 1, 2, \ldots\}$ (zur Mengenklammer $\{\ldots\}$ vgl. die Abschnitte 2.3.1 und 2.3.3). Man sagt, die Resultate $x$ der Messungen **gehören zur Menge** $\mathbb{N}$ und schreibt dafür $x \in \mathbb{N}$. Wir können die

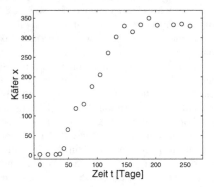

**Abb. 2.1.** Graphische Darstellung der Käferdaten

Zahlenreihen in ein Koordinatensystem eintragen und finden die Abb. 2.1. Man sieht, dass das Wachstum allmählich zurückgeht: Die Population sättigt. Unsere beiden Zahlenreihen sind nicht unabhängig: Jedem Zeitpunkt $t$ ist eine Anzahl $x$ an Käfern zugeordnet, oder in Zeichen

$$t \rightarrow x \text{ oder } x(t). \tag{2.1}$$

Z.B. ist (vgl. Tabelle 2.1) $x(14) = 2$, $x(119) = 261$, $x(203) = 332$. Eine Zuordnung dieser Art nennen wir **Funktion**. Wir sagen: $x$ ist eine Funktion der Zeit $t$. Es fällt auf, dass $x$ nur für gewisse natürliche Zahlen durch unsere Tabelle gegeben ist. Im Prinzip gibt es aber zu jedem Zeitpunkt 'zwischen den Messungen' Käferanzahlen, Abb. 2.1 ist eine 'diskrete Darstellung' einer ursprüglich kontinuierlichen Situation, verdeutlicht durch den Kurvenzug in Abb. 2.2, der zunächst 'mit freier Hand' den Messpunkten folgend eingezeichnet wird. Nun ist tatsächlich **jedem** Zeitpunkt $t$ auf dem waagerechten

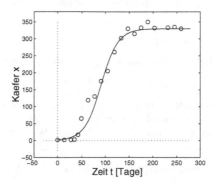

**Abb. 2.2.** Kontinuierliche Approximation der Käferdaten

Zeitstrahl eine Anzahl $x(t)$ an Käfern zugeordnet. Freilich kann $x(t)$ nicht mehr notwendig zu $\mathbb{N}$ gehören: Die Käferzahl liegt in den **reellen Zahlen** $\mathbb{R}$, ebenso wie $t \in \mathbb{R}$ gilt:

$$t \in \mathbb{R} \to x(t) \in \mathbb{R}. \qquad (2.2)$$

Die Messpunkte sind aus der Abb. 2.1 übernommen. Ein Blick auf die Tabelle 2.1 lehrt, dass (2.2) so nicht stehen bleiben darf: Da sich der Beobachtungszeitraum vom Zeitpunkt $T_A = 0$ bis zum Zeitpunkt $T_E = 259$ erstreckt, können wir aus dieser Messung nur Werte zwischen $T_A$ und $T_E$ erwarten. $T_A$ und $T_E$ definieren das reelle **Intervall**

$$[T_A, T_E] = \{t \in \mathbb{R} : T_A \le t \le T_E\} = [0, 259] \qquad (2.3)$$

(zur Mengenklammer $\{...\}$ vgl. die Abschnitte 2.3.1 und 2.3.3). Die Relation $t_1 \le t_2$ für zwei reelle Zahlen $t_1$ und $t_2$ besagt, dass die links von $\le$ stehende Zahl $t_1$ kleiner als die rechts stehende Zahl $t_2$ ist oder aber mit dieser übereinstimmt. So sind $5 \le 7.87$ aber auch $3.5 \le 3.5$ richtige Aussagen. Mehr dazu in den Abschnitten 2.3.2 und 2.3.4. Offenbar gehört die Zahl 15 zu $[0, 259]$, aber 340 nicht, in Zeichen:

$$15 \in [0, 259], \quad 340 \notin [0, 259].$$

Wir sagen, die Funktion $x$ ist definiert auf $[T_A, T_E]$, oder das Intervall $[T_A, T_E]$ ist der **Definitionsbereich** von $x$.

### 2.2.3 Veränderungen

Soweit werden zwei Begriffe, die für die Naturbeschreibung wichtig sind, separiert: **Zahlen** (als Messwerte von Größen) und **Funktionen** (zur Beschreibung von Vorgängen in der Natur). Wir müssen den Begriff der **Veränderungsrate** (als Analogon für Veränderung im weitesten Sinne) hinzufügen: Das Wachstum unserer Käferpopulation wird als deren Veränderung beschrieben! Der Quotient

$$Q([t_1, t_2]) = \frac{x(t_2) - x(t_1)}{t_2 - t_1} \qquad (2.4)$$

heißt **durchschnittliche Veränderung** von $x(t)$ im Intervall

$$[t_1, t_2] = \{t \in \mathbb{R} : t_1 \le t \le t_2\} \qquad (2.5)$$

oder **Differenzenquotienten** der Funktion $x$. Es ist lehrreich, einige Quotienten (2.4) aus unserer Tabelle 2.1 auszurechnen: Dazu geben wir Anfangs- und Endpunkt von $[t_1, t_2]$ und den zugehörigen Wert (2.4) an. Tabelle 2.3

**Tabelle 2.3.** Durchschnittliche Veränderung bei der Käferpopulation.

| $t_1$ | 0 | 28 | 77 | 119 | 161 | 231 |
|---|---|---|---|---|---|---|
| $t_2$ | 14 | 35 | 91 | 133 | 175 | 245 |
| $Q([t_1, t_2])$ | 0 | .1428 | 3.2142 | 2.9285 | 1.2857 | .1428 |

zeigt einige Zahlen. Die Differenzenquotienten der letzten Zeile schwellen an und nehmen dann wieder ab. Sie sind deutlich verschieden in einzelnen Zeitintervallen. Nach Tabelle 2.1 treten auch negative Werte auf, z.B. $Q([189, 203]) = -1.2857$. Dies passt nicht zu unseren Vorstellungen einer hochwachsenden Population. Das Resultat liegt aber an den Daten, nicht an der Definition (2.4).

**Übung 1.**
Die in der Tabelle 2.1 verzeichneten Zeitpunkte seien $t_1, \ldots, t_{20}$. Berechne die durchschnittlichen Veränderungsraten

$$\bar{v}_i = \frac{x(t_{i+1}) - x(t_i)}{t_{i+1} - t_i} \ , \quad i = 1, \ldots, 19$$

in den Intervallen $[t_i, t_{i+1}]$, wobei die Zuordnung $x : t_i \to x(t_i)$ durch Tabelle 2.1 gegeben ist. Zeichne die Funktionen $f : i \to t_i$, $i = 1, \ldots, 20$ und $g : t_i \to \bar{v}_i$, $i = 1, \ldots, 19$ in zwei Diagramme.

**Übung 2.**

Berechne die durchschnittlichen Veränderungsraten $\overline{v}_i$ der Funktion $x(t) = t^3$ in den Intervallen $[0, \frac{1}{i}]$ für $i = 2, 4, 6, 8$. Zeichne die Funktionen $x$ und $T_i$ : $t \to \overline{v}_i t$, $i = 2, 4, 6, 8$ in ein gemeinsames Diagramm.

Für eine erfolgreiche Naturbeschreibung hilft der Begriff der durchschnittlichen Veränderung nicht viel weiter, da er nur für Intervalle erklärt ist. Vielmehr benötigen wir den hieraus abgeleiteten Begriff der **Veränderungsrate in einem festen Zeitpunkt** $t$. Dieser ordnet jedem $t$ des Beobachtungsintervalls eine Veränderungsrate $\dot{x}(t)$ der Funktion $x(t)$ zu. Andere Schreibweisen sind: $x'(t)$, $\frac{dx}{dt}$. Die Veränderungsrate $\dot{x}(t)$ ist wieder eine Funktion, die **Ableitung** von $x$. Sie entsteht aus Quotienten

$$\frac{x(t + \tau) - x(t)}{\tau} \tag{2.6}$$

für $\tau \neq 0$ bei nach $0$ strebendem $\tau$-Wert. Es handelt sich also um die durchschnittliche Veränderungsrate (2.4) auf dem Zeitintervall

$$[t, t + \tau] \; (\tau > 0) \text{ bzw. } [t + \tau, t] \; (\tau < 0),$$

welches für $\tau$ gegen $0$ auf den Zeitpunkt $t$ zusammenschmilzt. Das Resultat ist dann nurmehr von $t$ abhängig: $\dot{x}(t)$. Natürlich muss die Funktion $x$ in einem Intervall um den Punkt $t$ definiert sein.

### 2.2.4 Ratengleichungen

Wir kehren zur Käferpopulation von Abb. 2.2 zurück und möchten ihren Verlauf $x(t)$ in der Zeit $t$ beschreiben. Noch mehr interessieren uns die inneren **Gesetzmäßigkeiten**, die Abb. 2.2 möglich machen und damit die Daten aus Tabelle 2.1 erklären. Zu diesem Ende versuchen wir, einen Zusammenhang zwischen der Veränderungsrate $\dot{x}(t)$ und dem Populationsumfang $x(t)$ herzustellen. Das führt zu **Ratengesetzen** oder **Ratengleichungen**, aus denen man $x(t)$ ausrechnen kann.

Die einfachste Vorstellung besteht darin, die Veränderungsrate $\dot{x}(t)$ **proportional** zum Umfang der Population $x(t)$ anzunehmen. Dann gibt es eine Zahl $R > 0$, den **Proportionalitätsfaktor**, mit

$$\dot{x}(t) = Rx(t) \quad \text{für } t \geq 0. \tag{2.7}$$

Da $x$ die Dimension [Populationsumfang] und $\dot{x}$ die Dimension [Populationsumfang $\times$ Zeit$^{-1}$] hat, verlangt (2.7)

$$[\text{Populationsumfang} \; \times \; \text{Zeit}^{-1}] = R \cdot [\text{Populationsumfang}],$$

so dass

$$R \text{ die Dimension } [\text{Zeit}^{-1}] \tag{2.8}$$

haben muss, damit auf beiden Seiten von (2.7) dieselben Dimensionen stehen. (2.7) ist eine **Differentialgleichung**, in den Naturwissenschaften auch **Rategleichung** genannt. Sie würde den Umfang $x(t)$ der Population weitgehend bestimmen, wenn auf ihrer rechten Seite die wesentlichen Wachstumseinflüsse berücksichtigt wären. Das werden die Ergebnisse aus den Abschnitten 3.2 und 3.6 zeigen.

Zuvor wollen wir jedoch testen, ob (2.7) im Falle der Käferpopulation aus Tabelle 2.1 so richtig sein kann. Dazu wenden wir (2.7) auf die Messungen an. Diesen müsste eine geeignete Konstante $R$ zugeordnet sein, so dass z.B.

$$\dot{x}(0) = Rx(0) = 2R, \quad \dot{x}(42) = Rx(42) = 17R$$

zutreffen. Weitere Werte zeigt die Tabelle 2.4. Diese signalisiert eine immer

**Tabelle 2.4.** Tabelle 2.1 und die Ratengleichung (2.7)

| $t$ | 0 | 35 | 42 | 133 | 175 |
|---|---|---|---|---|---|
| $\dot{x}(t)$ | 2R | 3R | 17R | 302R | 333R |

raschere Zunahme der Population im Gegensatz zu unseren Beobachtungen in den Abschnitten 2.2.2 und 2.2.3 (vgl. insbes. Tabelle 2.3). Es muss also einen Einfluss geben, der das Wachstum bremst, und dieser muss auf der rechten Seite von (2.7) angebracht werden. Wir finden einen solchen Faktor in der Feststellung, dass die Population ihr Wachstum einschränkt, sobald ihr Lebensraum zu klein wird. Das aber äußert sich darin, dass sich die Individuen der Population (häufig) treffen. Die Begegnung von $X$ mit $X$ modellieren wir durch $xx = x^2$. Die Veränderungsrate vermindert sich also um einen Anteil, der proportional zu $x^2$ ist. Wir setzen den Proportionalitätsfaktor gleich $RK^{-1}$ mit einer neuen Konstanten $K > 0$ und dem $R$ aus (2.8). Damit wird (2.7) ergänzt und lautet nunmehr

$$\dot{x}(t) = Rx(t) - \frac{R}{K}x(t)^2, \ t \geq 0. \tag{2.9}$$

Die Dimensionen von $R$, $x(t)$ und $Rx(t)^2$ sind der Reihe nach $[\text{Zeit}^{-1}]$, $[\text{Populationsumfang}]$ und $[(\text{Populationsumfang})^2 \times \text{Zeit}^{-1}]$. Daher hat die neue Konstante

$$K \text{ die Dimension } [\text{Populationsumfang}], \tag{2.10}$$

weil wie schon oben auf beiden Seiten von (2.9) Ausdrücke derselben Dimension stehen müssen

$$\frac{\text{Populationsumfang}}{\text{Zeit}} =$$

$$\frac{\text{Populationsumfang}}{\text{Zeit}} - \frac{\text{Populationsumfang}}{\text{Zeit}} \times \frac{\text{Populationsumfang}}{\text{K}} .$$

Wir können (2.9) auch in der Form

$$\dot{x}(t) = Rx(t)\left\{1 - \frac{x(t)}{K}\right\} , \ t \geq 0 \qquad (2.11)$$

schreiben. Diese Differentialgleichung wurde 1838 von P.F. Verhulst [37] angegeben und heißt heute nach ihm **Verhulstgleichung.**

Die Konstante $K$ aus (2.10) modelliert die Umwelteinflüsse, denen die Population ausgesetzt ist, in pauschaler Weise. Hier können mehrere Faktoren
eine Rolle spielen: der Lebensraum, die Nahrung, das Licht, die Temperatur
usw. Es stellt sich später heraus, dass $x(t)$ nach langer Zeit $t$ gegen $K$ strebt.
$K$ misst also, wie viele Individuen (vgl. die Dimension von $K$ in (2.10)) letztlich zur Population gehören werden. Daher interpretieren wir großes $K > 0$
(wir schreiben $K >> 1$ und sagen K sehr groß gegen 1) als gute Umweltbedingungen und kleines $K > 0$ (wir schreiben $0 < K << 1$ und sagen K
sehr klein gegen 1) als schlechte Umweltbedingungen. Grundsätzlich ist $K$
natürlich selbst wieder eine **dynamische Größe**, für die wieder eine **dynamische Gleichung** hinzuschreiben wäre. Dieser Aspekt führt tiefer in die
Modellbildung und sei zunächst ohne Belang.

Es ist nicht ohne weiteres klar, dass (2.11) den oben beschriebenen Nach-
teil des Modells (2.7) überwindet. Dies können wir erst an späterer Stelle (vgl.
die Abschnitte 2.4.6 und 2.5.5) einsehen, wenn die Entwicklung der mathematischen Theorie weiter fortgeschritten sein wird.

Sollte (2.11) erfolgreich die Abb. 2.2 erklären, dann gibt es Grund zu
der Annahme, dass die Population der Käfer auf der Grundlage einer Gesetzmäßigkeit wächst, die durch zwei Faktoren gekennzeichnet ist:

(i)     Replikation proportional zum Populationsumfang,
(ii)    Begrenzung durch Umwelteinflüsse.

Unser oben gestecktes Ziel, die Gesetzmäßigkeit, die zu Abb. 2.2 führt, zu
verstehen, wäre erreicht!

## 2.2.5 Ausblick

Die nun folgenden Abschnitte 2.3 - 2.5 konzentrieren sich auf das Verständnis einer Ratengleichung. Wir wählen die Verhulstgleichung (2.11) als Muster
und Fragen nach den Teilen, aus denen sie zusammengesetzt ist: Im Einzelnen
fragen wir

in 2.3 nach $t$, also nach **Zahlen**,
in 2.4 nach $x(t)$, also nach **Funktionen** und
in 2.5 nach $\dot{x}(t)$, also nach **Veränderungen**.

Alle Themen sind Anlass, verschiedene Fragen der Biologie aufzugreifen. So leiten uns die natürlichen Zahlen zu kombinatorischen Betrachtungen bei **Enzymaktionen** und in der **kinetischen Gastheorie**. Funktionen sowie Veränderungen bereiten den Boden, die oben aufgeworfenen Fragen zur **Populationsdynamik** zu beantworten. Gleichzeitig beschäftigen wir uns mit den Anfängen der **Enzymkinetik**. Hier werden die Untersuchungen im Abschnitt 2.6 eine zentrale Rolle spielen. Die Beziehung (2.11) selbst, deren Bauteile dann klar sein werden, ist Thema von Kapitel 3.

## 2.3 Kombinatorik in der Biologie: Zahlen

### 2.3.1 Eine kombinatorische Aufgabe der Enzymkinetik

Die natürlichen Zahlen $\mathbb{N}$ treten im Prozess des Zählens automatisch auf, verständlicherweise niemals die Menge $\mathbb{N}$ **als Gesamtheit**, sondern immer nur endliche Abschnitte

$$1, 2, \ldots, N, \tag{2.12}$$

wenn $N$ beliebige Dinge gegeben sind. $\mathbb{N}$ selbst ist ein logisches Konstrukt.

Gegeben sei ein Enzym $E$ mit $N$ Bindungsstellen für ein Substrat $X$. Die Wechselwirkung von $E$ mit $X$ erfolgt derart, dass eine Anzahl von $i$ Bindungsstellen durch das Substrat besetzt werden. Mit jedem Anlegen eines Substratmoleküls an einem Bindungsplatz entsteht ein neuer **Komplex** des Ausgangsmoleküls. Wir unterscheiden also zunächst zwischen dem unbesetzten $E$-Molekül, dem einmal besetzten $E$-Molekül usw. (siehe auch Abb. 2.3). Für die Konzentrationsberechnung solcher Komplexe ist es daher wichtig zu

**Abb. 2.3.** Schematische Darstellung eines Enzyms als Sequenz der Bindungsstellen. *Oben*: unbeladenes Protein, *unten*: nur Platz 2 ist beladen

wissen, auf wie viele Weisen $i$ Bindungsstellen besetzt sein können. Damit begegnet folgende **Grundaufgabe der Kombinatorik**:

Es seien $N$ Elemente gegeben, und es sei $i$ eine natürliche Zahl mit $1 \leq i \leq N$. Es sollen $i$ Elemente aus den $N$ gegebenen Elementen ausgesondert werden. Auf wie viele verschiedene Weisen können wir $i$ Elemente aus einer Gesamtheit von $N$ gegebenen Elementen herausgreifen?

Bevor wir zur Lösung kommen, müssen wir die Vorgehensweise genauer präzisieren: Die Elemente werden mit den ersten $N$ Zahlen bezeichnet. Für $i = 1$ findet man die $N$ Möglichkeiten der einpunktigen Mengen

$$\{1\}, \{2\}, \ldots, \{N\}.$$

Sie enthalten genau ein Element: Die **Mengenklammer** bindet die Elemente (hier genau eins) zur Menge zusammen. Eine kompliziertere Situation entsteht schon für $i = 2$. Nun wird nach allen Paaren $\{Zahl, Zahl\}$ gefragt. Wir schreiben einige Paare hin, und machen jeweils darauf aufmerksam, welche theoretischen Möglichkeiten bei unserem Zählexperiment unberücksichtigt bleiben:

$i = 2$ :
$\{1,2\}, \{1,3\}, \ldots$, nicht aber: $\{1,1\}$ (ohne Wiederholung!),
$\{2,3\}, \{2,4\}, \ldots$, nicht aber: $\{2,1\}$, weil $\{2,1\} = \{1,2\}$ (ohne Anordnung!),
$\{3,4\}, \{3,5\}, \ldots$, nicht aber: $\{3,1\}, \{3,2\}$, weil $\{3,1\} = \{1,3\}$, usw.

Ausgeschlossen sind also Wiederholungen und Auswahlen, welche von vorherigen nur durch ihre Reihenfolge unterschieden sind.

Die gesuchte Anzahl an Möglichkeiten, aus $N$ Elementen $i$ Elemente herauszugreifen, lautet

$$\binom{N}{i} := \frac{N!}{i!(N-i)!} \,. \tag{2.13}$$

Diese Formel beinhaltet gleich zwei Definitionen auf einmal: Zunächst wird die linke Seite (sprich: 'N über i') durch den Ausdruck auf der rechten Seite festgelegt. Das Zeichen := bedeutet, dass der Ausdruck auf der Seite mit dem Doppelpunkt durch den Ausdruck auf der anderen Seite des Gleichheitszeichens erklärt wird. Auf der rechten Seite von (2.13) wird **N Fakultät** benutzt:

$$N! := 1 \cdot 2 \cdot 3 \cdots (N-1) \cdot N,$$
$$0! := 1. \tag{2.14}$$

Wir gehen zwei Beispiele für den Fall $N = 4$ durch:

$i = 2$ : die auftretenden Paare sind $\{1,2\}; \{1,3\}; \{1,4\};$
$$\{2,3\}; \{2,4\};$$
$$\{3,4\}$$

der Ausdruck (2.13) liefert $\begin{pmatrix} 4 \\ 2 \end{pmatrix} = \frac{1\cdot2\cdot3\cdot4}{1\cdot2\cdot1\cdot2} = 6.$

$i = 3$ : die auftretenden Tripel sind $\{1,2,3\}; \{1,2,4\}$
$$\{1,3,4\}; \{2,3,4\}$$

der Ausdruck (2.13) liefert $\begin{pmatrix} 4 \\ 3 \end{pmatrix} = \frac{1\cdot2\cdot3\cdot4}{1\cdot2\cdot3\cdot1} = 4.$

Damit ist zugleich geklärt, dass ein Enzym mit $N$ Bindungsstellen für ein Substrat $X$ die Anzahl

$$\frac{N!}{i!(N-i)!}$$

Komplexe mit genau $i$ beladenen Bindungsstellen bilden kann.

**Übung 3.**
Ein Enzym hat $N = 5$ Bindungsstellen. Auf wie viele verschiedene Weisen können $i = 0, 1, 2, 3, 4, 5$ Bindestellen besetzt werden? Fertige ein schematisches Bild (wie Abb.2.3) der verschiedenen Enzym-Substrat-Komplexe an.

### 2.3.2 Kinetische Gastheorie als Sonderfall

In der **Kinetischen Gastheorie** muss die oben beschriebene Elementaraufgabe erweitert werden. Zunächst aber zur experimentellen Situation: Gasmoleküle in einem geschlossenen Volumen kann man nach ihrer Geschwindigkeit und ihrem Ort einigermaßen experimentell unterscheiden: Z.B. ist feststellbar, wie viele Moleküle in einem kleinen Unterbereich unseres Volumens vorhanden sind, außerdem kann der Experimentator ermitteln, wie viele Moleküle in einem festen Geschwindigkeitsbereich vorkommen. Damit sind die Moleküle in Klassen zusammengefasst, die durch Raumstücke oder Geschwindigkeitsbereiche festgelegt werden. Wir fragen, auf wie viele Weisen $N$ Moleküle auf die $k$ Klassen verteilt werden können.

Um die Diskussion vom obigen Sonderfall zu trennen, stellen wir uns $k$ Töpfe vor, auf die $N$ Kugeln verteilt werden sollen. Betrachte eine Aufteilung

$$N_1, N_2, \ldots, N_k : \quad N_1 + N_2 + \cdots + N_k = N \tag{2.15}$$

auf die $k$ Töpfe: Im i-ten Topf befinden sich $N_i$ Kugeln. In Topf 1 sind somit $N_1$ Kugeln. Das kann man nach (2.13) auf

$$\begin{pmatrix} N \\ N_1 \end{pmatrix} = \frac{N!}{N_1!(N-N_1)!} = \frac{N!}{N_1!(N_2 + \cdots + N_k)!} \tag{2.16}$$

Weisen erreichen.

Im Sonderfall $k = 2$ gilt

$$\binom{N}{N_1} = \frac{N!}{N_1! N_2!} \, . \tag{2.17}$$

Die jeweils restlichen $N_2$ Kugeln müssen sich in Topf 2 befinden, so dass (2.17) bereits die Anzahl der Möglichkeiten angibt, $N$ Kugeln auf genau zwei Töpfe so zu verteilen, dass in den ersten Topf $N_1$ und in den zweiten Topf $N_2$ Kugeln gelangen (beachte $N_2 = N - N_1$, weil hier $k = 2$).

Wir schreiten zum Fall $k = 3$ und stellen uns eine Aufteilung $N_1 + N_2 + N_3 = N$ vor: Diese Einteilung kann bezüglich des ersten Topfes auf

$$\binom{N}{N_1} = \frac{N!}{N_1! (N_2 + N_3)!}$$

Weisen geschehen. Jedes Mal bleiben $N_2 + N_3$ Kugeln zur Verteilung auf die restlichen beiden Töpfe übrig. Dies kann nach dem Ergebnis für den Fall $k = 2$ nur auf

$$\frac{(N_2 + N_3)!}{N_2! N_3!}$$

Weisen erfolgen. Insgesamt ist die Anzahl der Möglichkeiten, die in Rede stehende Verteilung zu bewerkstelligen, gegeben durch

$$\frac{N!}{N_1! (N_2 + N_3)!} \cdot \frac{(N_2 + N_3)!}{N_2! N_3!} = \frac{N!}{N_1! N_2! N_3!} \, . \tag{2.18}$$

Nun ist es nicht schwer einzusehen, dass es im allgemeinen Fall

$$\frac{N!}{N_1! N_2! \cdots N_k!} \tag{2.19}$$

Möglichkeiten gibt, die Verteilung vorzunehmen.

Zurück zur kinetischen Gastheorie: Soeben wurde gezeigt, dass die Aufteilung von $N$ Gasmolekülen in $k$ Klassen auf

$$\frac{N!}{N_1! N_2! \cdots N_k!}$$

Weisen möglich ist, wenn die $j$-te Klasse $N_j$ Moleküle aufnimmt. Darüber hinaus interessiert man sich für eine Aufteilung

$$N = N_1 + N_2 + \cdots + N_k,$$

welche eine maximale Anzahl von Möglichkeiten (2.19) zulässt. Für sehr große N ($N \gg 1$) wird die Natur im Laufe der Evolution dieser Verteilung zustreben, weil sie alle anderen Verteilungen an Wahrscheinlichkeit weit überragt.

Hieraus entsteht die Frage nach der Maximierung des Wertes des Ausdrucks in (2.19).

Angenommen wir hätten $N = kM$ Gasmoleküle auf $k$ Klassen zu verteilen. Unter diesen Umständen ist z.B. die Gleichverteilung

$$N_1 = N_2 = \cdots = N_k = M \tag{2.20}$$

möglich und (2.20) maximiert bereits den Ausdruck (2.19). Man kann nämlich

$$\frac{N!}{N_1! \cdots N_k!} < \frac{N!}{(M!)^k} \tag{2.21}$$

beweisen, wenn mindestens ein $N_i \neq M$ ist! Das Zeichen $<$ in (2.21) bedeutet, dass die vor $<$ stehende Zahl **kleiner** ist als die nachfolgende: etwa $5 < 10$ aber **nicht** $10 < 1$! Mehr dazu in Abschnitt 2.3.4.

Wir wollen (2.21) genauer verstehen und bemerken zunächst, dass diese Ungleichung mit

$$(M!)^k < N_1! \cdots N_k!,$$
$$\text{falls } kM = N_1 + \cdots + N_k \text{ und mindestens ein } N_j \neq M \tag{2.22}$$

gleichbedeutend ist. Im Sonderfall $k = 2$ behauptet (2.22) z.B.

$$M!M! < N_1!N_2!,$$
$$\text{falls } 2M = N_1 + N_2 \text{ und } N_1 \neq M. \tag{2.23}$$

Dies ist aber das Resultat der Übungen 4 und 5, so dass (2.22) für $k = 2$ bewiesen ist.

**Übung 4.**
Seien $N, k \in \mathbb{N}$ mit $0 < k \leq N$. Zeige:

$$N!N! < (N + k)!(N - k)!.$$

Schreibe die Behauptung in der Form

$$\frac{N!}{(N - k)!} < \frac{(N + k)!}{N!}$$

und verwende die Definition (2.14) auf beiden Seiten im Zähler und im Nenner.

**Übung 5.**
Seien $M, N_1, N_2 \in \mathbb{N}$ mit $2M = N_1 + N_2$ und $0 \leq N_1 < M$. Zeige:

$$M!M! < N_1!N_2!.$$

Wähle die Darstellung $N_1 = M - R$ (d.h. $R := M - N_1$) und verwende Übung 4.

### 2.3.3 Natürliche und ganze Zahlen

Wir haben bisher die Menge $\mathbb{N}$ der natürlichen Zahlen kennengelernt. $\mathbb{N}$ ist Teilmenge der **ganzen Zahlen**

$$\mathbb{Z} = \{\pm i : i \in \mathbb{N}\}.$$

Wir schreiben $\mathbb{N} \subset \mathbb{Z}$.

Die hier benutzte Symbolik innerhalb der Mengenklammer wird allgemein zur Festlegung der 'Menge aller **Dinge** mit einer **Eigenschaft**' gemäß

$$\{\textbf{Dinge} : \textbf{Eigenschaft}\}$$

verwendet. So bezeichnet

$$\{n \in \mathbb{Z} : (n + 1)(n - 1) = 0\}$$

jene ganzen Zahlen $n$, welche die Eigenschaft $(n + 1)(n - 1) = 0$ besitzen. Offenbar handelt es sich um $n = -1$ und $n = 1$, so dass

$$\{n \in \mathbb{Z} : (n + 1)(n - 1) = 0\} = \{-1, 1\}$$

gilt: Stillschweigend ist benutzt, dass Mengen genau dann gleich sind, wenn sie dieselben Elemente enthalten.

Zurück zu den Zahlen: $\mathbb{Z}$ ist Teilmenge der **rationalen Zahlen**

$$\mathbb{Q} = \left\{ \frac{p}{q} : p, q \in \mathbb{Z}, \ q \neq 0 \right\}.$$

### 2.3.4 Rationale und reelle Zahlen

Die rationalen Zahlen $\mathbb{Q}$ liegen auf der Zahlengeraden dicht, sie lassen dennoch Lücken. Diese werden durch Zahlen ausgefüllt, die zusammen mit $\mathbb{Q}$ reelle Zahlen $\mathbb{R}$ genannt werden. Offenbar ist $\mathbb{Q} \subset \mathbb{R}$. Die im täglichen Gebrauch auftretenden Zahlen sind im Allgemeinen rational. Dennoch begegnen immer wieder reelle Zahlen, welche nicht zu $\mathbb{Q}$ gehören: wie der Umfang $2\pi$ des Kreises mit dem Radius 1 oder die Länge der Diagonalen eines Quadrates. Allerdings kann die Maßzahl einer solchen Größe nur rational und damit bestenfalls eine **Näherung** für den theoretisch wahren Wert sein! Zur Theoriebildung freilich ist das Konstrukt der Menge $\mathbb{R}$ der reellen Zahlen unverzichtbar. Wir gehen daher nun einige Eigenschaften von $\mathbb{R}$ durch.

Die reellen Zahlen $\mathbb{R}$ sind **angeordnet**, d.h. es liegt fest, ob $a$ *kleiner oder gleich* $b$ ist für je zwei Zahlen $a, b \in \mathbb{R}$: in Zeichen

$$a \leq b \text{ oder gleichbedeutend } b \geq a. \qquad (2.24)$$

Z.B. ist $2 \leq 3$, $-15 \leq -1$, $1 \leq 1$ jedoch gilt nicht $1 < 1$ aber $2 < 3$. Dabei bedeutet $a < b$, dass $a \leq b$, aber $a \neq b$ ist. Wie in (2.24) sagen $a < b$ und $b > a$ dasselbe. Man sagt auch $b$ *größer oder gleich* $a$ für $b \geq a$ und $b$ *(echt) größer als* $a$ für $b > a$.

Mit Hilfe der Anordnung können **Intervalle** definiert werden. Dieses Konzept kommt z.B. bei der Beschreibung von Messdaten zum Einsatz (vgl. Abschnitt 2.2.2). Abschnitt 2.2.3 handelt von *Zeiträumen*, in denen Messungen vorgenommen werden. Solche *Zeiträume* sind Intervalle. Seien $a, b \in \mathbb{R}$, $a \leq b$. Dann ist

$$[a, b] := \{t \in \mathbb{R} : a \leq t \leq b\}, \ (a, b] := \{t \in \mathbb{R} : a < t \leq b\},$$

$$(a, b) := \{t \in \mathbb{R} : a < t < b\}, \ [a, b) := \{t \in \mathbb{R} : a \leq t < b\}.$$

Folgende Intervalle sind **Halbstrahlen**

$$(-\infty, b] := \{t \in \mathbb{R} : t \leq b\}, \ (a, +\infty) := \{t \in \mathbb{R} : a < t\}$$

(sprich 'unendlich' für $\infty$). Schließlich seien einige Regeln für das Rechnen mit Ungleichungen notiert, welche für $x, y, u, v, \alpha \in \mathbb{R}$ gelten:

$$\begin{aligned}
&x \leq y, \ y \leq v \Rightarrow x \leq v, \\
&x \leq y, \ u \leq v \Rightarrow x + u \leq y + v, \\
&x \leq y, \ \alpha \geq 0 \Rightarrow \alpha x \leq \alpha y \\
&x \leq y, \ \alpha \leq 0 \Rightarrow \alpha x \geq \alpha y.
\end{aligned} \qquad (2.25)$$

An dieser Stelle tritt zum ersten Mal der Pfeil $\Rightarrow$ auf. Er bedeutet, dass die Aussage auf der Seite der Spitze des Pfeils gültig ist, falls die Voraussetzung auf der anderen Seite des Pfeils angenommen wird. Die angegebenen Regeln über das Rechnen mit Ungleichungen bleiben richtig, falls dort überall das Zeichen $\leq$ durch $<$ ersetzt (in den Zeilen 3 und 4 also $\alpha \neq 0$ angenommen) wird. Schließlich sei auf die Beziehung $x \leq x$ hingewiesen: Offenbar trifft $x = x$ zu!

**Übung 6.**

**(a)** Zeichne die Intervalle $I_1 := [0, 2)$ und $I_2 := \{t \in \mathbb{R} : \frac{1}{\pi} \leq t\}$ qualitativ auf einem Zahlenstrahl ein.

**(b)** Finde in der Menge $\{0, \frac{1}{\pi}, \frac{1}{2+\pi}, \frac{\pi}{2}, 2, \pi^2, -\pi\}$ diejenigen Zahlen, die Element von $I_1$ und zugleich Element von $I_2$ sind. Es ist $\pi = 3.14159\ldots$.

## 2.3.5 Absoluter Betrag reeller Zahlen

Für $a \in \mathbb{R}$ ist der **absolute Betrag** $|a|$ definiert durch

$$|a| = \begin{cases} a, \text{ falls } a \geq 0, \\ -a, \text{ falls } a < 0. \end{cases} \tag{2.26}$$

$|a - b|$ heißt **Abstand** der Zahlen $a$ und $b$. Es gelten folgende Regeln für zwei Zahlen $a, b \in \mathbb{R}$:

$$|a| \geq 0,$$

$$|a| = 0 \text{ genau dann, wenn } a = 0,$$

$$|ab| = |a||b|,$$

$$|a + b| \leq |a| + |b| \quad (\text{Dreiecksungleichung}).$$

## 2.4 Beschreibung von Vorgängen: Funktionen

### 2.4.1 Funktionen

Funktionen sind mathematische Analoga für **Abhängigkeiten** in der Natur. Da alles Geschehen in der Zeit passiert, definiert z.B. jeder Vorgang eine Abhängigkeit einer Größe $x$ von der Zeit $t$, die offenkundigste und eigentlich immer vorhandene Abhängigkeit: $x(t)$.

Ein typisches Beispiel steht in Abschnitt 2.2.2: die zeitliche Entwicklung des Wachstums einer Käferpopulation. Tabelle 2.1 zeigt voneinander abhängige Messreihen. Sie ordnet jedem $t$-Wert **genau einen** $x$-Wert zu. Beachte, dass dies in der anderen Richtung nicht gilt: Für $x = 2$ finden wir $t = 0$ oder $t = 14$ oder $t = 28$. Die **eindeutige** Zuordnung ist in dieser Rückrichtung **nicht** gegeben! Wir definieren allgemeiner:

Seien $A$, $B$ zwei Mengen. Eine **Funktion**

$$f : A \to B \tag{2.27}$$

ist eine Vorschrift, welche jedem $x \in A$ **genau** ein Element $f(x) \in B$ zuordnet. Wir nennen $A$ den **Definitionsbereich** von $f$ und die Menge

$$f(A) := \{y \in B : y = f(x) \text{ für mindestens ein } x \in A\} \tag{2.28}$$

ihren **Wertebereich**: Dieser besteht aus allen Elementen aus $B$, welche als Bild eines $x$ aus $A$ unter der Funktion $f$ auftreten. Wir nennen $B$ auch die **Bildmenge** von $f$.

Im Falle der Käferpopulation aus Abschnitt 2.2.2 in ihrer kontinuierlichen Beschreibung der Abb. 2.2 ist

$$\text{der Definitionsbereich } A = [0, 270],$$
$$\text{der Wertebereich } = [2, 330), \tag{2.29}$$
$$\text{der Bildbereich oder die Bildmenge } B = \mathbb{R}.$$

Die Funktion $f$ heißt **reellwertig**, falls $B = \mathbb{R}$, sie heißt **reelle Funktion**, falls sie reellwertig ist und ihr Definitionsbereich $A$ zu den reellen Zahlen gehört. Unsere Käferpopulation aus 2.2.2 legt wegen (2.29) eine reelle Funktion fest.

Reelle Funktionen werden vorteilhaft in einem ebenen Koordinatensystem dargestellt. Abb. 2.2 in Abschnitt 2.2.2 ist ein erstes Beispiel. In dieser Darstellung erscheint $x(t)$ als Kurve in der Ebene. Die Punkte auf der Kurve bilden den **Graphen** von $x$.

In den jetzt folgenden Nummern stehen die reellen Funktionen im Mittelpunkt der Betrachtung. Wir lassen uns von den Bedürfnissen der Biologie leiten. Der Funktionsbegriff in seiner vollen Allgemeinheit (2.27) kommt erst in Kapitel 4 zur Entfaltung.

### 2.4.2 Die logistische Kurve, Verkettung von Funktionen

Eine in der **Populationsdynamik** zentrale Funktion ist die **logistische Kurve**

$$L(t) = \frac{a}{1 + \exp(b - ct)} \ , \quad a, b, c \in \mathbb{R}. \tag{2.30}$$

Wir werden später ihre Bedeutung für die Verhulstgleichung kennen lernen. An dieser Stelle sollen am Beispiel (2.30) grundlegende Überlegungen zum Funktionsbegriff angestellt werden.

Zunächst der Funktionsverlauf für verschiedene Werte der Parameter $a$, $b$ und $c$ in Abb. 2.4: Sie entsteht für $b = 4$, $c = .5$ und $a = 50$, $200$, $300$. Bei einem Vergleich fällt auf, dass Abb. 2.4 und Abb. 2.2 qualitativ gleich aussehen, ein erster Hinweis auf die Bedeutung der logistischen Kurve für das Wachstum von Populationen. Als Nächstes weisen wir auf die Bestandteile hin, aus denen $L(t)$ gebaut ist. Es sind die in der Biologie häufig auftretenden **analytischen Ausdrücke**

$$h(t) = b - ct, \tag{2.31}$$

$$g(x) = \exp(x), \tag{2.32}$$

$$f(y) = \frac{a}{1 + y} \ . \tag{2.33}$$

Diese Funktionen können wir in folgender Weise so verketten, dass die logistische Kurve entsteht. Zunächst definiert man die **Verkettung** der Funktionen $h$ und $g$ aus (2.31) und (2.32) durch

$$g(h(t)) = \exp(h(t)) = \exp(b - ct). \tag{2.34}$$

Die so beschriebene Funktion hat die Bezeichnung

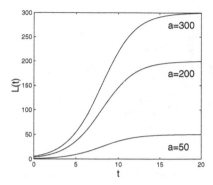

**Abb. 2.4.** Einige logistische Kurven: b=4, c=0.5

$$(g \circ h)(t) := g(h(t)) \tag{2.35}$$

(sprich: g 'Kreis' h). Eine Verkettung von $f$ aus (2.33) mit (2.35) liefert schließlich die logistische Kurve

$$(f \circ (g \circ h))(t) = f((g \circ h)(t)) = \frac{a}{1 + (g \circ h)(t)} = \frac{a}{1 + \exp(b - ct)} = L(t).$$

Wir besprechen nun nacheinander die Funktionen (2.31), (2.32) und (2.33) und versuchen auf dieser Grundlage vermöge des eben beschriebenen Verkettungsprozesses die logistische Kurve (2.30) besser zu verstehen.

### 2.4.3 Monotone Funktionen

Gegenstand der Betrachtung ist die **lineare Funktion** (2.31), nämlich

$$h(t) = b - ct. \tag{2.36}$$

Sie beschreibt eine Gerade in der Ebene. Ihr Graph gibt Anlass zu folgenden Festsetzungen: Eine reelle Funktion $k(x)$ mit dem Definitionsbereich $A$ heißt **streng monoton wachsend**, falls

$$x < y \Rightarrow k(x) < k(y) \text{ für alle } x, y \in A, \tag{2.37}$$

**monoton wachsend**, falls

$$x < y \Rightarrow k(x) \leq k(y) \text{ für alle } x, y \in A, \tag{2.38}$$

**streng monoton fallend**, falls

$$x < y \Rightarrow k(x) > k(y) \text{ für alle } x, y \in A, \tag{2.39}$$

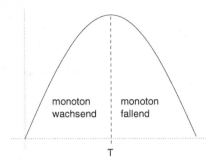

**Abb. 2.5.** Unterschiedliche Monotonie links und rechts des Fußpunkts T

und **monoton fallend**, falls

$$x < y \Rightarrow k(x) \geq k(y) \text{ für alle } x, y \in A \qquad (2.40)$$

gilt. Eine reelle Funktion, welche auf einer Menge $A$ definiert ist und dort eine der Implikationen (2.37), (2.38), (2.39) oder (2.40) erfüllt, heißt **monoton** (in A). In diesem Sinne definiert (2.36) lauter monotone Funktionen. Sie sind streng monoton, falls $c \neq 0$ und überall konstant, monoton wachsend und monoton fallend zugleich (vgl. (2.38) bzw. (2.40)), falls $c = 0$.

Abb. 2.5 zeigt qualitativ verschiedene Monotonieverhältnisse: einen streng monoton wachsenden Verlauf links von T und einen streng monoton fallenden Verlauf rechts von T. Der in Abb. 2.5 dargestellte vollständige Graph demonstriert, dass eine Funktion auf ihrem Definitionsbereich die Monotonieverhältnisse ändern wird. Eine Aussage über einheitliches Monotonieverhalten kann man in der Mehrzahl der Fälle nur auf Teilmengen des Definitionsbereiches erwarten. Ein Blick auf unsere Abb. 2.4 legt nahe, dass die logistische Kurve $L(t)$ streng monoton wachsend sein wird. Für ein sicheres Urteil in dieser Frage müssen wir unsere analytischen Kenntnisse erweitern.

### 2.4.4 Die Exponentialfunktion

Nun zur Funktion $g$ aus (2.32): Es handelt sich um die **Exponentialfunktion**. Sie ist für alle reellen Zahlen definiert, hat dort positive Werte und ist streng monoton wachsend auf ihrem Definitionsbereich $\mathbb{R}$. Eine qualitative Darstellung ihres Graphen gibt die Abb. 2.6. Wir notieren noch zwei Eigenschaften, welche in Abb. 2.6 schon angedeutet sind:

$$\exp(0) = 1, \ \exp(1) =: e , \qquad (2.41)$$

$$\exp(x) \to 0 \ \text{für } x \to -\infty. \qquad (2.42)$$

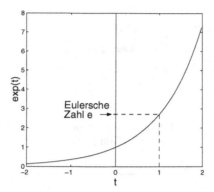

**Abb. 2.6.** Die Exponentialfunktion $\exp(t)$

Die letzte Eigenschaft besagt, dass die Funktionswerte der Exponentialfunktion sich der Null nähern, sobald das Argument $x$ nach $-\infty$ strebt. In (2.41) ist die **Eulersche Zahl** $e$ durch den Funktionswert der Exponentialfunktion an der Stelle $x = 1$ definiert. Sie hat den Wert $e = 2.71828\ldots$ und ist eine reelle aber keine rationale Zahl. Für die Exponentialfunktion gibt es Tabellen mit vielen Funktionswerten $\exp(x)$, etwa [1] oder [21]. Heute hat jeder (bessere) Taschenrechner eine Funktionstaste für $\exp(x)$. Die Exponentialfunktion genügt der **Funktionalgleichung**

$$\exp(x + y) = \exp(x)\exp(y) \text{ für } x, y \in \mathbb{R}. \tag{2.43}$$

Daraus folgt insbesondere

$$\exp(x)\exp(-x) = \exp(x - x) = \exp(0) = 1,$$

so dass

$$\exp(-x) = \frac{1}{\exp(x)} \text{ für alle } x \in \mathbb{R} \tag{2.44}$$

besteht (beachte $\exp(x) > 0$). Ferner finden wir mit (2.43) nach endlich vielen Schritten

$$\exp(nx) = \exp(x)\exp((n - 1)x) = \ldots = \exp(x)^n \text{ für } x \in \mathbb{R}, \, n \in \mathbb{N}. \tag{2.45}$$

Für $x = 1$ liefert (2.45)

$$\exp(n) = \exp(1)^n = e^n, \, n \in \mathbb{N}. \tag{2.46}$$

Davon ausgehend setzt man allgemeiner

$$e^x := \exp(x) \text{ für alle } x \in \mathbb{R}. \tag{2.47}$$

**Übung 7.**

Berechne $(f \circ g)(x)$ und $(g \circ f)(x)$ für

**(a)**  $f(x) = \dfrac{1}{x}$  $(x \neq 0)$,   $g(x) = \exp(2x)$,

**(b)**  $f(x) = \exp(-x^2)$,   $g(x) = x^2 + 1$.

### 2.4.5 Potenzen

Die Diskussion über die Exponentialfunktion in Abschnitt 2.4.4 hat uns auf **Potenzen** geführt. Für eine reelle Zahl $a$ gilt

$$a^n := \underbrace{a \cdot a \cdots a}_{n \text{ mal}}, \quad a^0 := 1 \ (n \in \mathbb{N}). \tag{2.48}$$

Zu jedem $a \geq 0$ gibt es dann genau eine reelle Zahl $x \geq 0$, welche die Gleichung

$$x^n = a \tag{2.49}$$

befriedigt. Wir bezeichnen die eindeutige nichtnegative Lösung von (2.49) mit

$$x = a^{\frac{1}{n}} \text{ oder } x = \sqrt[n]{a}. \tag{2.50}$$

Im Falle $n = 2$ schreibt man auch

$$x = \sqrt{a}. \tag{2.51}$$

Die durch (2.50) definierten $n$-**ten Wurzeln** sind $\geq 0$ und für alle nichtnegativen Zahlen erklärt. Es gilt

$$\left(a^{\frac{1}{n}}\right)^n = \left(\sqrt[n]{a}\right)^n = a,$$

denn (2.50) erfüllt Gleichung (2.49). Nun setzen wir für jede rationale Zahl $\frac{p}{q}, p, q \in \mathbb{N}, q \neq 0$ in Anlehnung an (2.50)

$$a^{\frac{p}{q}} := (a^p)^{\frac{1}{q}}, \ a \geq 0.$$

Schließlich wird

$$a^{-\frac{p}{q}} := \frac{1}{a^{\frac{p}{q}}} \text{ für } a > 0$$

festgelegt. Damit sind die Potenzen $a^x$ für positives $a$ und alle rationalen Zahlen $x$ definiert. Für die so erklärte Potenz gelten die **Potenzgesetze**

$$a^x a^y = a^{x+y},$$

$$(a^x)^y = a^{xy},$$

$$a^x b^x = (ab)^x,$$

welche für alle $x, y \in \mathbb{Q}$ und alle $a > 0$, $b > 0$ vorliegen. Im Falle $a = 0$ bleiben die Potenzgesetze bestehen, solange die vorkommenden Exponenten nichtnegativ sind. Unsere Definitionen erlauben nun die Identitäten

$$\sqrt[n]{a^m} = (a^m)^{\frac{1}{n}} = a^{\left(m\frac{1}{n}\right)} = a^{\frac{m}{n}} = (a^{\frac{1}{n}})^m = (\sqrt[n]{a})^m,$$

$$\sqrt[n]{\sqrt[m]{a}} = (\sqrt[m]{a})^{\frac{1}{n}} = \left(a^{\frac{1}{m}}\right)^{\frac{1}{n}} = a^{\frac{1}{mn}} = \sqrt[mn]{a}$$

hinzuschreiben.

### 2.4.6 Polynome, rationale Funktionen

Als letzten Bestandteil der logistischen Kurve treffen wir auf die Funktion (2.33), nämlich

$$f(y) = \frac{a}{1 + y}. \tag{2.52}$$

Sie gehört zur Klasse der **rationalen Funktionen**, welche aus allen Vorschriften der Art

$$\frac{p(y)}{q(y)} \tag{2.53}$$

besteht, wobei der Zähler $p$ und der Nenner $q$ **Polynome**

$$p(y) = a_0 y^m + a_1 y^{m-1} + \ldots + a_m =: \sum_{j=0}^{m} a_{m-j} y^j \tag{2.54}$$

sind. Die natürliche Zahl $m$ in (2.54) heißt der **Grad** des Polynoms $p$, falls der Koeffizient $a_0$ nicht verschwindet. Mit (2.54) ist zugleich das Symbol einer **endlichen Summe** erklärt. Drei Sonderfälle zur Verdeutlichung:

$$\sum_{j=0}^{0} a_{0-j} y^j = a_0, \quad \sum_{j=0}^{1} a_{1-j} y^j = a_1 + a_0 y, \quad \sum_{j=0}^{2} a_{2-j} y^j = a_2 + a_1 y + a_0 y^2.$$

Die rationale Funktion (2.52) entsteht, wenn

$$p(y) = a, \; q(y) = y + 1 \tag{2.55}$$

in (2.53) verwendet werden. Hier ist der Grad von $p$ gleich 0 und der Grad des Nennerpolynoms $q$ gleich 1.

Im Falle $y > 0$ liefert (2.54)

$$p(y) = y^m(a_0 + a_1 y^{-1} + \ldots + a_m y^{-m}). \tag{2.56}$$

Nun gilt

$$y^{-k} \to 0, \text{ falls } y \to +\infty \text{ für } k \in \mathbb{N}, \; k > 0. \tag{2.57}$$

Daher können alle Summanden in der Klammer von (2.56) mit Ausnahme des ersten vernachlässigt werden, sobald $y$ sehr groß ist. Für solche $y$ (wir schreiben $y \gg 1$) verhält sich das Polynom (2.56) wie die Potenz $a_0 y^m$ oder in Zeichen

$$p(y) \sim a_0 y^m \text{ für } y \gg 1. \tag{2.58}$$

Sei nun

$$q(y) = \sum_{j=0}^{n} b_{n-j} y^j \tag{2.59}$$

ein zweites Polnyom, dann finden wir für die rationale Funktion (2.53)

$$\frac{p(y)}{q(y)} \sim \frac{a_0 y^m}{b_0 y^n} = \frac{a_0}{b_0} y^{m-n} \text{ für } y \gg 1. \tag{2.60}$$

Diese Beziehung offenbart folgendes Verhalten rationaler Funktionen für große Argumente

$$\frac{p(y)}{q(y)} \xrightarrow{y \to +\infty} \begin{cases} +\infty, \text{ falls } m > n \text{ und } a_0 b_0 > 0, \\ -\infty, \text{ falls } m > n \text{ und } a_0 b_0 < 0, \\ \frac{a_0}{b_0}, \quad \text{ falls } m = n, \\ 0, \quad \text{ falls } m < n. \end{cases} \tag{2.61}$$

Im Falle unserer rationalen Funktion (2.52) liegt der Fall $m = 0$, $n = 1$ vor. Wegen (2.61) muss

$$f(y) \to 0 \text{ für } y \to +\infty \tag{2.62}$$

gelten. Ferner ist $f(0) = a$. Sei nun $a > 0$, dann kann man leicht beweisen, dass $f$ streng monoton fällt für $y \geq 0$: Sei nämlich $0 \leq x < y$, so folgt nacheinander

$$1 + x < 1 + y, \quad \frac{1}{1+y} < \frac{1}{1+x}, \quad f(y) = \frac{a}{1+y} < \frac{a}{1+x} = f(x).$$

Diese wenigen Eigenschaften setzen uns in den Stand, jedenfalls qualitativ ein Bild vom Kurvenverlauf der Funktion $f$ aus (2.52) zu entwerfen. Zwei Möglichkeiten sind in der Abb. 2.7 angegeben. Wir benötigen weitere analytische Kenntnisse, um zwischen den beiden Kurvenverläufen zu entscheiden.

Als kleine Anwendung lässt sich jetzt das Verhalten der **logistischen Kurve**

$$L(t) = \frac{a}{1 + \exp(b - ct)}, \ a, b, c \in \mathbb{R}. \tag{2.63}$$

(vgl. (2.30)) für $t \to +\infty$ klären: Sei dazu $b > 0$, $c > 0$, dann strebt $h(t)$ aus (2.31) gegen $-\infty$. Daher nähert sich die Verkettung $g \circ h$ aus (2.34) der Null, falls das Argument $t$ sehr groß wird. Beachte auch, dass die Funktion $\exp(x)$ nach Abb. 2.6 für betragsmäßig große aber negative Argumente nach Null strebt. So ist die Funktion $f$ aus (2.52) für Funktionswerte $y$ nahe bei Null zu diskutieren, falls die logistische Kurve $L(t)$ für große Argumente $t$ interessiert.

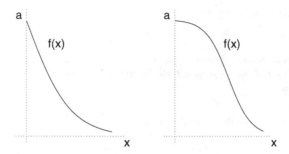

**Abb. 2.7.** Zwei mögliche Graphen der Funktion $f(x)$ aus (2.52)

Nun sagt aber die soeben gewonnene Abb. 2.7, dass sich die Funktionswerte $f(y)$ gegen $a > 0$ bewegen, falls $y$ nach Null strebt. Aus der Verkettungsdarstellung $L = f \circ g \circ h$ (vgl. Abschnitt 2.4.2) gewinnt man schließlich

$$L(t) \to a, \text{ für } t \to +\infty, \text{ falls } a > 0, \ b > 0, \ c > 0. \tag{2.64}$$

Damit ist das sättigende Verhalten der logistischen Kurve für große Argumente $t$ gesichert, das schon Abb. 2.4 andeutet. Der Leser möge beachten, dass wir nun die am Ende von Abschnitt 2.2.4 offen gebliebene Frage teilweise beantwortet haben, falls der Nachweis gelingt, dass die logistischen Kurven tatsächlich Lösungen der Verhulstgleichung (2.11) sind. Er erfordert mehr an analytischer Theorie und wird uns später beschäftigen.

### 2.4.7 Konstruktion von Funktionen

Der nun folgende Abschnitt behandelt einige grundlegende Konstruktionsprinzipien für Funktionen. Seien dazu $f$, $g$ reellwertige Funktionen mit dem Definitionsbereich $D$. Daraus können wir die drei folgenden Funktionen neu konstruieren

$$(f + g)(x) := f(x) + g(x) \ \ (x \in D),$$

$$(fg)(x) := f(x)g(x) \ \ (x \in D),$$

$$\left(\frac{f}{g}\right)(x) := \frac{f(x)}{g(x)} \ \ (x \in D, g(x) \neq 0). \tag{2.65}$$

Ist etwa $g(x) = \alpha$ für alle $x \in D$, so legt die zweite Zeile insbesondere

$$(\alpha f)(x) = \alpha f(x), \ \ x \in D \text{ und } \alpha \in \mathbb{R} \tag{2.66}$$

fest. Im Hinblick auf die erste Zeile ist dann auch

$$(f - g)(x) := (f + (-g))(x) = f(x) + (-g)(x) = f(x) - g(x). \tag{2.67}$$

Ausgehend von den Potenzen

$$x \to x^j \text{ für } x \in \mathbb{R}, \ j \in \mathbb{N} \tag{2.68}$$

konstruiert man über die erste Zeile von (2.65) und (2.66) die Polynome (2.54), und auf dieser Grundlage vermittelt die dritte Zeile von (2.65) die rationalen Funktionen.

**Übung 8.**
**(a)** Finde für die reellen Funktionen

$$f(x) = \sqrt{-x^2 + 4x + 5} \, ,$$
$$g(x) = 2x(x-2)^{-1}(x+1)^{-1},$$
$$h(x) = \frac{f(x)}{g(x)}$$

einen möglichst großen Definitionsbereich. Zeichne $f(x)$ qualitativ.

**(b)** Bestimme alle natürlichen Zahlen im Wertebereich der Funktion

$$x(t) = \frac{t}{t^2 + t + 1} \, , \quad t \geq 0.$$

**Hinweis:** Zeige $0 \leq x(t) < 1$ für alle $t \geq 0$.

Eine letzte Konstruktionsvorschrift liefert die **Umkehrfunktion**. Sei $x(t)$ ei-

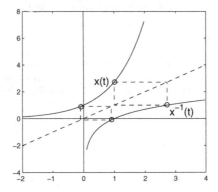

**Abb. 2.8.** Geometrische Konstruktion der Umkehrfunktion: es sind $x(t) = \exp(t)$ und $x^{-1}(t) = ln(t)$ gezeichnet

ne im Intervall $[a, b]$ streng monoton wachsende reelle Funktion. Dann besteht der Wertebereich aus dem Intervall (vgl. den oberen Graphen der Abb. 2.8)

$$x([a, b]) = [x(a), x(b)]. \tag{2.69}$$

Wegen des streng monotonen Verhaltens gibt es zu jedem $y \in [x(a), x(b)]$ genau ein $\bar{t} \in [a, b]$, welches die Gleichung

$$x(t) = y \tag{2.70}$$

erfüllt (vgl. den oberen Graphen der Abb. 2.8). Auf diese Weise ist die Zuordnung $y \to \bar{t}$ gegeben, welche das Intervall (2.69) auf das Intervall $[a, b]$ abbildet. Die so erklärte Zuordnung heißt **Umkehrfunktion** von $x$ und wird mit $x^{-1}$ bezeichnet. Die Beziehungen (2.70) und

$$t = x^{-1}(y) \tag{2.71}$$

sind gleichbedeutend. (2.71) kann als Darstellung der Lösung von Gleichung (2.70) gesehen werden.

Aus Abb. 2.8 geht die geometrische Konstruktion der Umkehrfunktion durch Spiegelung an der Winkelhalbierenden hervor. Hier sind zwei Rechtecke gezeichnet, deren Konstruktion mit Hilfe der Winkelhalbierenden unmittelbar einleuchtet. Die jeweils gegenüberliegenden Ecken, die **nicht** auf der Winkelhalbierenden liegen, zeigen, wie der Punkt $(t, x^{-1}(t))$ aus $(t, x(t))$ geometrisch entsteht.

Es ist klar, dass unsere Überlegungen auch für streng monoton fallendes $x(t)$ angestellt werden können. Daher existiert die Umkehrfunktion $x^{-1}$ für jede in $[a, b]$ definierte, streng monotone reelle Funktion $x$.

### 2.4.8 Der Logarithmus

Als Beispiel wählen wir die Exponentialfunktion. Nach Abb. 2.6 ist sie streng monoton wachsend auf den reellen Zahlen. Ihr Wertebereich umfasst die positiven reellen Zahlen. Dort existiert die Umkehrfunktion $\exp^{-1} : (0, +\infty) \to \mathbb{R}$, welche jeder positiven reellen Zahl eine reelle Zahl zuordnet. Wir bezeichnen die so gegebene Funktion als den **Logarithmus** (vgl. Abb. 2.8) und schreiben

$$\ln(t) := \exp^{-1}(t) \text{ für } t > 0. \tag{2.72}$$

(2.41) und (2.42) lehren

$$\ln(1) = 0, \ \ln(e) = 1, \tag{2.73}$$

$$\ln(t) \to -\infty \text{ für } t \to 0 \tag{2.74}$$

(beachte die Konstruktion der Umkehrfunktion durch (2.70) und (2.71)). Da die Umkehrfunktion einer streng monoton wachsenden Funktion wieder streng monoton wächst, folgt aus (2.73) weiter

$$\ln(t) < 0 \text{ für } 0 < t < 1, \ \ln(t) > 0 \text{ für } 1 < t. \tag{2.75}$$

Ferner gelten die **Logarithmengesetze**

$$\ln(uv) = \ln(u) + \ln(v) \quad (u, v > 0), \tag{2.76}$$

$$\ln(u^\alpha) = \alpha \ln(u) \quad (u > 0, \ \alpha \in \mathbb{Q}), \tag{2.77}$$

$$\ln\left(\frac{u}{v}\right) = \ln(u) - \ln(v) \quad (u, v > 0). \tag{2.78}$$

Aus (2.77) folgt insbesondere

$$u^\alpha = \exp(\alpha \ln(u)) \text{ für } u > 0, \ \alpha \in \mathbb{Q}. \tag{2.79}$$

Diese Beziehung gibt uns Anlass, die Potenz $u^x$ für alle reellen $x$ durch

$$u^x := \exp(x \ln(u)), \ u > 0, \ x \in \mathbb{R} \tag{2.80}$$

zu definieren. Man kann dann zeigen, dass die Potenzgesetze aus Abschnitt 2.4.5 für die allgemeine Potenzfunktion (2.80) gültig bleiben. Beachte, dass die Basis $u$ positiv zu wählen ist.

Wie bei der Exponentialfunktion so gibt es auch für den Logarithmus Tafelwerke, in denen man (nach eventueller Interpolation) die Funktionswerte $\ln(x)$ ermitteln kann, z.B. [1] oder [21], aber auch jeder Taschenrechner mit einer Funktionstaste für den Logarithmus leistet dies.

## 2.5 Die Veränderungsrate von Vorgängen: Ableitung

### 2.5.1 Die Idee der Veränderungsrate zu einem festen Zeitpunkt

**Zahlen** begegnen als Resultate von Messungen, **Funktionen** als Beschreibungen von Abhängigkeiten. So wird jeder Vorgang in der Zeit als Abhängigkeit einer Größe $x$ von der Zeit $t$ behandelt: $x(t)$. Es fehlt ein mathematisches Analogon zur Darstellung von **Veränderung** oder **Bewegung** in der Natur. Dies mag die Veränderung des Lichts an einem bestimmten Ort, der Bewaldung am Weg, des Umfangs einer Fischpopulation in einem Teich usw. sein.

Der Gegenstand, dessen Veränderung nunmehr beschrieben werden soll, sei durch eine reelle Funktion $x(t)$ in einem reellen Intervall $(a, b)$ gegeben. Sei $t \in (a, b)$ und

$$\frac{x(t + \tau) - x(t)}{\tau}, \ \tau > 0 \tag{2.81}$$

die durchschnittliche Veränderungsrate (vgl. Abb. 2.9 und Abschnitt 2.2.3) in einem kleinen Intervall $[t, t + \tau]$. Es wurde in 2.2.3 schon erwähnt, dass wir für gegen 0 strebendes $\tau$ eine nur von $t$ abhängige Zahl erwarten, die dann die **Veränderungsrate** von $x$ an der Stelle $t$ genannt und mit

$$\dot{x}(t) \ \text{ oder } \ x'(t) \ \text{ oder } \ \frac{d}{dt}x(t) \tag{2.82}$$

bezeichnet wird.

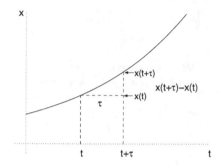

**Abb. 2.9.** Die durchschnittliche Veränderungsrate

## 2.5.2 Definition der Veränderungsrate: Ableitung einer Funktion

Sei wieder $x(t)$ eine reelle Funktion mit dem Definitionsbereich $(a, b)$ und sei $s \in (a, b)$ vorgegeben. Dann existiert der Quotient

$$Q(\tau) = \frac{x(s + \tau) - x(s)}{\tau}$$

für alle $\tau$ nahe bei, aber $\neq$ Null. Gilt für $Q(\tau)$ ein Bild wie Abb. 2.10 in einer Umgebung von $\tau = 0$, d.h. genauer

$$Q(\tau) \to A \text{ für } \tau \to 0,$$

so ergänzen wir den Definitionsbereich um den Wert $\tau = 0$ und setzen

$$Q(0) := A.$$

Die Zahl $A$ heißt **Ableitung von** $x(t)$ **an der Stelle** $t = s$:

$$A = \dot{x}(s) = x'(s) = \frac{d}{dt}x(s),$$

sie definiert die **Veränderungsrate von** $x(t)$ **im Punkte** $t = s$. Beachte, dass $A$ von $s$ abhängen wird, da sich Abb. 2.10 mit dem (bisher festen) Punkt $s$ ändert. Wir sagen auch $x(t)$ ist **differenzierbar an der Stelle** $t = s$. Schließlich heißt $x(t)$ **differenzierbar** in $(a, b)$, falls $x(t)$ an jeder Stelle $t \in (a, b)$ differenzierbar ist. Dann definiert $\dot{x}(t)$ eine reelle Funktion auf $(a, b)$, die **Ableitung von** $x(t)$ **in** $(a, b)$.

Wir sehen uns zwei Sonderfälle an. Zunächst

$$x(t) = \alpha t + \beta \text{ mit } \alpha, \beta \in \mathbb{R},$$

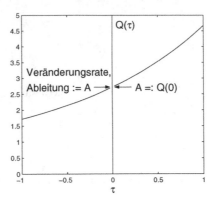

**Abb. 2.10.** Verhalten der durchschnittlichen Veränderungsrate; der Achsenabschnitt A als Ergänzung von $Q(\tau)$ bei $\tau = 0$, zugleich als **Definition der Veränderungsrate**

$$Q(\tau) = \frac{x(t+\tau) - x(t)}{\tau} = \frac{\alpha(t+\tau) + \beta - \alpha t - \beta}{\tau} = \frac{\alpha\tau}{\tau} = \alpha \text{ für alle } \tau \neq 0.$$

Der Leser möge beachten, dass $\frac{\alpha\tau}{\tau}$ für $\tau = 0$ keinen Sinn hat. Damit hat $Q(\tau)$ qualitativ den in Abb. 2.10 gezeichneten (in diesem Fall konstanten) Verlauf für alle $\tau \neq 0$. Es liegt also nahe, die Ergänzung

$$Q(0) = \alpha$$

vorzunehmen und diesen Wert als die Veränderungsrate $\dot{x}(t)$ von $x(t)$ an der Stelle $t$ zu definieren:

$$x(t) = \alpha t + \beta, \ \dot{x}(t) = \alpha \text{ für } t \in \mathbb{R}.$$

Unser zweites Beispiel ist
$$x(t) = t^2,$$
$$Q(\tau) = \frac{(t+\tau)^2 - t^2}{\tau} = \frac{2t\tau + \tau^2}{\tau} = 2t + \tau \text{ für } \tau \neq 0.$$

Wieder finden wir das in Abb. 2.10 gezeigte Verhalten von $Q(\tau)$ ($\tau \neq 0$). Die Zeichnung legt die Ergänzung

$$Q(0) = 2t$$

und damit die Definition

$$x(t) = t^2, \ \dot{x}(t) = 2t \text{ für } t \in \mathbb{R}$$

für die Veränderungsrate von $x(t)$ an der Stelle $t$ nahe.

Unser letztes Beispiel betrifft

$$x(t) = t^N,\ N \in \mathbb{N},\ N \geq 3,$$

$$Q(\tau) = \frac{(t+\tau)^N - t^N}{\tau},\ \tau \neq 0.$$

Zur Untersuchung von $Q(\tau)$ bei $\tau = 0$ benötigen wir die **binomische Formel**

$$(t+\tau)^N = \sum_{j=0}^{N} \binom{N}{j} t^j \tau^{N-j},\ t,\tau \in \mathbb{R},\ N \in \mathbb{N}. \qquad (2.83)$$

Hier ist wieder das Symbol für die endliche Summe aus 2.4.6 benutzt, also

$$(t+\tau)^N = \binom{N}{0} t^0 \tau^N + \binom{N}{1} t^1 \tau^{N-1} + \cdots + \binom{N}{N-2} t^{N-2}\tau^2 +$$

$$+ \binom{N}{N-1} t^{N-1}\tau^1 + \binom{N}{N} t^N \tau^0.$$

Damit finden wir die Darstellung

$$(t+\tau)^N = \tau^2 \sum_{j=0}^{N-2} \binom{N}{j} t^j \tau^{N-(j+2)} + \tau N t^{N-1} + t^N$$

und nach Einführung der Funktion

$$\varphi(\tau) := \sum_{j=0}^{N-2} \binom{N}{j} t^j \tau^{N-(j+2)}$$

weiter

$$(t+\tau)^N = \tau^2 \cdot \varphi(\tau) + \tau N t^{N-1} + t^N.$$

Subtraktion von $t^N$ auf beiden Seiten und Ausklammern von $\tau$ liefert

$$(t+\tau)^N - t^N = \tau \cdot (N t^{N-1} + \tau \varphi(\tau))$$

und daher die Darstellung

$$Q(\tau) = \frac{(t+\tau)^N - t^N}{\tau} = N t^{N-1} + \tau \varphi(\tau).$$

Offenbar ist

$$\varphi(0) = \binom{N}{N-2} t^{N-2},\ N - 2 \geq 1$$

(beachte $N \geq 3$!), so dass wir die Ergänzung

$$Q(0) := N t^{N-1}$$

vornehmen können und schließlich

$$x(t) = t^N,\ \dot{x}(t) = N t^{N-1}$$

erhalten.

**Übung 9.**
Zeige mit Hilfe der binomischen Formel, dass ein Enzym mit $N$ Bindungs-
plätzen, $N \in \mathbb{N}$, $N \geq 1$, insgesamt $2^N$ verschiedene Komplexe bilden kann.

Zum tieferen Verständnis geben wir eine nicht differenzierbare Situation an.
Betrachte die Funktion

$$x(t) = \begin{cases} q & \text{für } t \leq 0, \\ q \cdot (t+1) & \text{für } t > 0 \end{cases}$$

mit einer reellen Zahl $q > 0$. Sie ist in Abb. 2.11 (linke Zeichnung) veranschaulicht. Bei $t = 0$ gilt dann

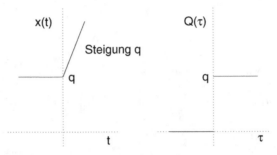

**Abb. 2.11.** Eine nicht differenzierbare Funktion (*linke Zeichnung*) mit ihrer durchschnittlichen Veränderungsrate (*rechte Zeichnung*)

$$Q(\tau) = \frac{x(\tau) - x(0)}{\tau} = \frac{x(\tau) - q}{\tau} = \begin{cases} q \cdot \frac{\tau}{\tau} & \text{für } \tau > 0, \\ \frac{0}{\tau} & \text{für } \tau < 0 \end{cases} = \begin{cases} q & \text{für } \tau > 0, \\ 0 & \text{für } \tau < 0. \end{cases}$$

Daher finden wir für $Q(\tau)$ die Abb. 2.11 (rechte Zeichnung). Die dargestellte
Situation ist nicht mit der Abb. 2.10 vergleichbar: Eine Ergänzung bei $\tau = 0$
müsste zwei Werte berücksichtigen: 0 oder $q > 0$, je nachdem ob man sich
$\tau = 0$ von links oder rechts nähert. Wir können bei $t = 0$ keine Veränderungsrate von $x(t)$ im Sinne von Abb. 2.10 definieren. Dies gilt immer, wenn der
Kurvenverlauf von $x(t)$ 'Ecken' hat (vgl. Abb. 2.11 (linke Zeichnung)).

### 2.5.3 Grundregeln der Differentialrechnung

Die Tabelle 2.5 sammelt einige in $D \subset \mathbb{R}$ differenzierbare Funktionen mit ihren
Ableitungen. Die oben genauer diskutierten Sonderfälle sind auch aufgeführt.
Die Tabelle 2.6 liefert eine Zusammenstellung der wichtigsten **Differentiati-
onsregeln**. Sie ermöglichen die Ableitung der meisten in den Anwendungen
auftretenden differenzierbaren Funktionen. Seien $x(t), y(t)$ in $(a, b)$ differenzierbar. Die in der ersten Zeile von Tabelle 2.6 aus $x(t)$ und $y(t)$ konstruierten

**Tabelle 2.5.** Ableitungen elementarer Funktionen

| $x(t)$ | c | $t^n$ $n \in \mathbb{N}, n \geq 1$ | $t^{-n}$ $n \in \mathbb{N}, n \geq 1$ |
|---|---|---|---|
| $\dot{x}(t)$ D | 0 $\mathbb{R}$ | $nt^{n-1}$ $\mathbb{R}$ | $-nt^{-n-1}$ $t \neq 0$ |
| $x(t)$ | $t^\alpha$ $\alpha \in \mathbb{R}, \alpha \notin \mathbb{Z}$ | $\exp(t)$ | $\ln(t)$ |
| $\dot{x}(t)$ D | $\alpha t^{\alpha-1}$ $t > 0$ | $\exp(t)$ $\mathbb{R}$ | $t^{-1}$ $t > 0$ |

Funktionen sind (soweit sie existieren) auf ihrem jeweiligen Definitonsbereich differenzierbar, und ihre Ableitung findet sich in der zweiten bzw. fünften Zeile von Tabelle 2.6. In der letzten Spalte ist $x'(x^{-1}(t)) \neq 0$ vorauszusetzen.

**Tabelle 2.6.** Ableitungsregeln

| $f(t)$ | $\alpha x(t) + \beta y(t)$ | $x(t)y(t)$ | $\frac{x(t)}{y(t)}$ |
|---|---|---|---|
| $f'(t)$ | $\alpha x'(t) + \beta y'(t)$ | $x'(t)y(t) + x(t)y'(t)$ | $\frac{y(t)x'(t) - x(t)y'(t)}{y(t)^2}$ |
| Name | Summenregel | Produktregel | Quotientenregel |

| $f(t)$ | $x(y(t))$ | $x^{-1}(t)$ |
|---|---|---|
| $f'(t)$ | $x'(y(t))y'(t)$ | $\frac{1}{x'(x^{-1}(t))}$ |
| Name | Kettenregel | Umkehrregel |

### 2.5.4 Konsistenz der Tabellen 2.5 und 2.6

Mit Hilfe der Regeln aus Tabelle 2.6 können einige der in Tabelle 2.5 genannten Ableitungen verifiziert werden.

a) Wegen $\ln(t) = \exp^{-1}(t)$ liefert die Umkehrregel:

$$\frac{d}{dt}\ln(t) = \frac{d}{dt}\exp^{-1}(t) = \frac{1}{\exp(\exp^{-1}(t))} = \frac{1}{t}, \quad (t > 0)$$

wie in Tabelle 2.5 behauptet.

b) Schließlich ist laut Quotientenregel

$$\frac{d}{dt}(t^{-n}) = \frac{d}{dt}\frac{1}{t^n} = \frac{-nt^{n-1}}{(t^n)^2} = -nt^{-n-1}, \ t \in \mathbb{R}, \ t \neq 0,$$

der Inhalt von Spalte 3 der Tabelle 2.5.

### Übung 10.
(a) Leite die Umkehrregel aus der Kettenregel her.
(b) Finde die Umkehrfunktion von $x(t) = t^N$, $N \in \mathbb{N}$, $N \geq 1$ für $t \geq 0$. Berechne $(x^{-1})'(t)$ für $t > 0$ mit Hilfe der Umkehrregel. Zeichne die Graphen von $x$, $x^{-1}$, $x'$ für $t \geq 0$ und $N = 2$ sowie den Graph von $(x^{-1})'$ für $t > 0$ und $N = 2$ in ein gemeinsames Diagramm.

### 2.5.5 Die logistische Kurve als Lösung der Verhulstgleichung

Als Beispiel versuchen wir die logistische Kurve

$$L(t) = \frac{a}{1 + \exp(b - ct)}, \quad a, b, c \in \mathbb{R}, \ a \neq 0 \tag{2.84}$$

zu differenzieren. Dabei kommen fast alle Regeln der Tabelle 2.6 zum Einsatz. Zunächst trifft auf (2.84) die Quotientenregel mit

$$x(t) = a, \ y(t) = 1 + \exp(b - ct) \tag{2.85}$$

zu. Dann gilt nach Spalte 1 von Tabelle 2.5

$$x'(t) = 0 \tag{2.86}$$

und nach der Summenregel sowie Tabelle 2.5 (Spalte 1)

$$y'(t) = (\exp(b - ct))'.$$

Die Kettenregel (vgl. auch Tabelle 2.5) liefert:

$$y'(t) = \exp(b - ct)(b - ct)'.$$

Nun greifen wir auf die Summenregel sowie auf die Tabelle 2.5 (Spalten 2 und 3) zurück:

$$y'(t) = \exp(b - ct)(-c), \tag{2.87}$$

verwenden (2.86) und (2.87) für die Quotientenregel und finden

$$L'(t) = \frac{-x(t)y'(t)}{y(t)^2} = \frac{ac \, \exp(b - ct)}{(1 + \exp(b - ct))^2}, \tag{2.88}$$

die Veränderungsrate der logistischen Kurve an der Stelle $t \geq 0$.

Zur Interpretation des Ergebnisses rechnen wir weiter:

$$L'(t) = \frac{a}{1 + \exp(b - ct)} \cdot \frac{c \, \exp(b - ct)}{1 + \exp(b - ct)}$$

$$= L(t)c \left[1 - \frac{1}{1 + \exp(b - ct)}\right] = L(t)c \cdot \left[1 - \frac{L(t)}{a}\right]. \tag{2.89}$$

Damit ist $L'(t)$ durch $L(t)$ ausgedrückt. (2.89) zeigt, dass $L(t)$ die Verhulstgleichung

$$\dot{x} = Rx \left(1 - \frac{x}{K}\right) \tag{2.90}$$

mit

$$R = c, \ K = a, a > 0 \tag{2.91}$$

erfüllt.

Nun sind wir am Ziel der Überlegungen, welche mit der Einführung der Verhulstgleichung in Abschnitt 2.2.4 und der logistischen Kurve in Abschnitt 2.4.2 einsetzten und am Ende von Abschnitt 2.4.6 fortgeführt worden sind: Die logistische Kurve beschreibt die Entwicklung einer Population mit dem Umweltparameter $K = a$ und der Replikationsrate $R = c$. Diese Population sättigt bei $K = a$ für große Zeiten $t$ (vgl. (2.64) in 2.4.6). Insbesondere haben die Konstanten $a$ und $c$ in (2.84) eine biologische Interpretation erhalten.

Nun zur Deutung der letzten in (2.84) auftretenden Konstanten $b$: Es ist

$$L(0) = \frac{a}{1 + \exp(b)},$$

also

$$0 < L(0) < a, \text{ falls } a > 0 \tag{2.92}$$

und somit

$$L(0) \exp(b) = a - L(0)$$

oder

$$b = \ln\left(\frac{a}{L(0)} - 1\right) ,$$

(2.93)

der gesuchte Zusammenhang von $b$ mit dem Anfangswert $L(0)$.

Wenn die Population zum Zeitpunkt $t = 0$ einen Wert $L(0)$ hat, der (2.92) genügt, dann erfährt $b$ die durch (2.93) ausgedrückte Interpretation, und es gilt

$$\exp(b - ct) = \exp(b)\exp(-ct) = \exp\left(\ln\left(\frac{a}{L(0)} - 1\right)\right)\exp(-ct)$$

$$= \left(\frac{a}{L(0)} - 1\right)\exp(-ct),$$

also

$$L(t) = \frac{L(0)a}{L(0) + (a - L(0))\exp(-ct)} .$$

(2.94)

An dieser Darstellung wird klar, welche Parameter wirklich vorkommen: der **Anfangswert** $L(0)$, der **Umweltparameter** $a$ und die **Replikationsrate** $c$. Es sei hervorgehoben, dass die Verhulstgleichung (2.90) nur den **Mechanismus** einer Evolution, nicht aber den **Anfangswert** $L(0)$ festlegt.

### 2.5.6 Exponentielles Wachstum

Als nächsten Sonderfall differenzieren wir

$$y(t) = \alpha \, \exp(Rt), \ \alpha, R \in \mathbb{R}.$$

(2.95)

Hier kommen die Kettenregel sowie die Tabelle 2.5 zur Anwendung:

$$\dot{y}(t) = \alpha R \, \exp(Rt).$$

Ein Vergleich mit (2.95) lehrt, dass

$$\dot{y} = Ry$$

(2.96)

gilt. Daher löst (2.95) die Ratengleichung (2.7), welche wir in Abschnitt 2.2.4 anlässlich unseres ersten Modellierungsversuchs gewonnen haben. Wegen (2.95) nennt man das durch (2.96) beschriebene Wachstum auch **exponentiell**. Aus (2.95) folgt noch $y(0) = \alpha$, so dass

$$y(t) = y(0)\exp(Rt)$$

(2.97)

gilt. Wieder tritt der Anfangswert $y(0)$ als Parameter in der Lösung auf.

Ungestörtes exponentielles Wachstum einer Größe führt zu ihrer unbegrenzten Ausbreitung:

$$y(t) \to +\infty,$$

sobald nur $y(0) > 0$ ausfällt (vgl. (2.97), (2.42) und (2.44)). Die Käferdaten in Abb. 2.1 signalisieren aber Sättigung und keine unbegrenzte Ausbreitung, so dass (2.96) als Beschreibung der Käferdaten ausfällt, ein Ergebnis, das in Abschnitt 2.2.4 schon auf anderem Wege aus dem Verhalten der Käferdaten geschlossen worden ist. Die zusätzliche Begrenzung des Wachstums durch Umwelteinflüsse liefert **logistisches Wachstum** (2.94) und das charakteristische Verhalten der Käferdaten.

## 2.6 Anwendungen der Ableitung: Monotonie, Extrema, Krümmung

### 2.6.1 Motivation

Die bisherigen Überlegungen sind immer wieder auf Graphen von Funktionen gestoßen, deren genauer Verlauf in vielen Fällen von entscheidender Bedeutung ist. Das **sättigende** Verhalten von Funktionen wurde schon behandelt. Ferner interessiert sich der Biologe in unterschiedlichen Zusammenhängen für **sigmoides** Verhalten. Ein typisches Beispiel ist das logistische Wachstum (vgl. Abschnitte 2.2.2 und 2.4.2). Sigmoides Verhalten der **Charakteristik von Enzymen** (vgl. Abschnitt 2.6.6) unterscheidet diese Proteine von solchen Enzymen, deren Charakteristiken einheitliche Krümmung haben und ganz andere Aufgaben im Stoffwechselkreislauf übernehmen. Die folgenden Abschnitte werden davon handeln. Sie geben dem Biologen Methoden zur Beurteilung von Messreihen verschiedener Experimente in die Hand, falls ein mathematisches Modell vorliegt.

### 2.6.2 Monotonie und Ableitung

Sei $x(t)$ eine reelle, differenzierbare Funktion auf $(a, b) \subset \mathbb{R}$. Dann sind folgende Implikationen beweisbar:

$$\dot{x}(t) > 0 \text{ in } (a, b) \Rightarrow x(t) \text{ wächst streng monoton in } (a, b), \qquad (2.98)$$

$$\dot{x}(t) \geq 0 \text{ in } (a, b) \Leftrightarrow x(t) \text{ wächst monoton in } (a, b), \qquad (2.99)$$

$$\dot{x}(t) < 0 \text{ in } (a, b) \Rightarrow x(t) \text{ fällt streng monoton in } (a, b), \qquad (2.100)$$

$$\dot{x}(t) \leq 0 \text{ in } (a, b) \Leftrightarrow x(t) \text{ fällt monoton in } (a, b). \qquad (2.101)$$

Ein Doppelpfeil $\Leftrightarrow$ bedeutet, dass unter der Voraussetzung einer Seite des Pfeils die Behauptung auf der anderen Seite richtig ist. Der Leser möge beachten, dass der Doppelpfeil in (2.98) oder (2.100) nicht richtig wäre, z.B. gilt für $x(t) = t^3$ die rechte Behauptung in (2.98) für $t \in (-\infty, +\infty)$, jedoch ist $\dot{x}(t) = 3t^2$, d.h. $\dot{x}(0) = 0$, so dass die linke Seite von (2.98) nicht besteht.

### 2.6.3 Monotonieverhalten bei der logistischen Kurve

Noch einmal die logistische Kurve

$$L(t) = \frac{a}{1 + \exp(b - ct)} \quad a, b, c \in \mathbb{R}, \quad a \neq 0$$

mit der Ableitung

$$\dot{L}(t) = \frac{ac \, \exp(b - ct)}{(1 + \exp(b - ct))^2}$$

aus Abschnitt 2.5.5: Wegen $\exp(b - ct) > 0$ für alle $t \in \mathbb{R}$ gilt

$$\dot{L}(t) > 0 \text{ in } \mathbb{R}, \text{ falls } ac > 0,$$

$$\dot{L}(t) < 0 \text{ in } \mathbb{R}, \text{ falls } ac < 0.$$

Die Implikationen (2.98) und (2.100) lehren

$$L(t) \text{ streng monoton wachsend in } \mathbb{R}, \text{ falls } ac > 0,$$

$$L(t) \text{ streng monoton fallend in } \mathbb{R}, \text{ falls } ac < 0.$$

Die biologisch sinnvollen Fälle sind durch $a > 0$, $c > 0$ (d.h. $ac > 0$) gekennzeichnet. Dann ist $L(t)$ streng monoton wachsend. Nach Abschnitt 2.4.6 sättigt $L(t)$. Beide Eigenschaften reichen aber nicht aus, um ein genügend genaues, qualitatives Bild zu entwerfen. Wir nehmen die Diskussion an dieser Stelle in Abschnitt 2.6.7 wieder auf.

### 2.6.4 Qualitative Kurvendiskussion

Als nächstes sei das Polynom $p(t) = \frac{1}{3}t^3 + t^2 - 3t + 5$ gegeben. Es hat die Ableitung $\dot{p}(t) = t^2 + 2t - 3 = (t + 3)(t - 1)$. Daraus sehen wir, dass $p(t)$ in $(-\infty, -3)$ und $(1, +\infty)$ streng monoton wächst (dort gilt $\dot{p}(t) > 0$) und in $(-3, 1)$ streng monoton fällt (hier finden wir $\dot{p}(t) < 0$). Diese Kenntnisse zusammen mit $p(1) = \frac{10}{3} > 0$ reichen aus, um qualitativ den Verlauf von $p(t)$ zu entwerfen. Offenbar gilt $\dot{p}(1) = 0 = \dot{p}(-3)$. In vielen Fällen reicht ein **qualitativer Überblick** dieser Art, genauere Kenntnisse sind oft nicht nötig.

### Übung 11.
Zeichne ein qualitatives Bild von $p(t) = \frac{1}{3}t^3 + t^2 - 3t + 5$. Verwende nur die oben zusammengetragenen Tatsachen.

### 2.6.5 Krümmung und zweite Ableitung

Sei $x(t)$ eine differenzierbare, reelle Funktion in $(a, b)$. Dann existiert die Funktion $\dot{x}(t)$ in $(a, b)$. Diese kann wieder in $(a, b)$ differenzierbar sein. In diesem Fall bezeichnen wir ihre Ableitung mit

$$\ddot{x}(t) \text{ oder } x''(t) \text{ oder } \frac{d^2}{dt^2}x(t)$$

und sprechen von der **2. Ableitung** der Funktion $x(t)$. Wir sagen auch, dass $x(t)$ **zweimal differenzierbar** ist in $(a, b)$.

Sei $x(t)$ zweimal differenzierbar in $(a, b)$. Gilt dann

$$\ddot{x}(t) > 0 \text{ in } (a, b), \tag{2.102}$$

so weist der Kurvenverlauf von $x(t)$ eine **Krümmung** gemäß der linken Zeichnung von Abb. 2.12 auf. Liegt dagegen

$$\ddot{x}(t) < 0 \text{ in } (a, b) \tag{2.103}$$

vor, so stellt die rechte Figur der Abb. 2.12 die Krümmungsverhältnisse dar. In einer Umgebung eines Punktes $\bar{t} \in (a, b)$ mit

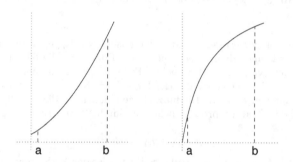

**Abb. 2.12.** Krümmung:*links* positive,*rechts* negative 2. Ableitung

$$\dot{x}(\bar{t}) = 0, \ \ddot{x}(\bar{t}) > 0 \tag{2.104}$$

liegt ein **relatives Minimum** für $x(t)$ vor und im Falle

$$\dot{x}(\bar{t}) = 0, \ \ddot{x}(\bar{t}) < 0 \tag{2.105}$$

ein **relatives Maximum**. (2.104) und (2.105) sind hinreichend für das Vorliegen eines relativen Minimums (Maximums). Wechseln die Krümmungsverhältnisse einer Funktion $x(t)$ bei $\bar{t}$ von denen in der linken zu denen der rechten Zeichnung von Abb. 2.12 oder umgekehrt, so reden wir von einem **Wendepunkt** von $x(t)$ bei $\bar{t}$. An einem Wendepunkt $\bar{t}$ gilt

$$\ddot{x}(\bar{t}) = 0. \tag{2.106}$$

Unter den Wendepunkten findet man die **Sattelpunkte**, die durch

$$\dot{x}(\bar{t}) = 0, \ \ddot{x}(\bar{t}) = 0$$

beschrieben sind.

### 2.6.6 Ligandenbindung an Proteine

Die Basisreaktion bei einem **Michaelis-Menten-Prozess** lautet

$$X + E_0 \rightleftharpoons E_1 \ . \tag{2.107}$$

Hier bedeutet $X$ ein Substrat, welches mit einem Enzym $E_0$ reagiert. Das Substrat setzt sich an die einzige Bindungsstelle von $E_0$ und bildet einen **Komplex** $E_1$. Der Doppelpfeil deutet an, dass die Reaktion **reversibel** ist, also in beide Richtungen ablaufen kann. Bezeichnet $e_0$ die Konzentration des freien Enzyms $E_0$ und $e_1$ die Konzentration des Komplexes $E_1$, so ist die **Charakteristik** des Enzyms $E_0$ durch das Verhältnis

$$Y_1 = \frac{e_1}{e_0 + e_1} \tag{2.108}$$

gegeben [10, 32]. Der Index 1 bei $Y$ deutet auf die einzige Bindungsstelle des Enzyms hin.

In einer komplizierteren Situation hat das Enzym $E_0$ genau zwei Bindungsstellen. Wir können dann neben dem freien Enzym $E_0$ die beiden Komplexe $E_1, E_2$ bilden (vgl. [31, 10]), wobei im Falle $E_1$ genau ein Bindungsplatz (irgendeiner von den beiden möglichen) durch das Substrat $X$ besetzt ist. Analog sind im Falle von $E_2$ beide Bindungsplätze beladen. In diesem allgemeineren Fall wird der Bindungsprozess nicht nur durch (2.107) sondern gleichzeitig durch

$$X + E_1 \rightleftharpoons E_2 \tag{2.109}$$

geregelt. Die Charakteristik für dieses Enzym ist das Verhältnis

$$Y_2 = \frac{e_1 + e_2}{e_0 + e_1 + e_2} \ . \tag{2.110}$$

Experimentell weiß man, dass die Verhältnisse (2.108), (2.110) von der angebotenen Konzentration $x$ für das Substrat $X$ abhängen, d.h. $e_j = e_j(x)$, $j = 0, 1, 2$. Wir erhalten also zwei Funktionen $Y_N(x)$, $N = 1, 2$. Man hat die Darstellungen

$$Y_N(x) = \frac{\eta_N(x)}{1 + \eta_N(x)} \ , \ N = 1, 2 \tag{2.111}$$

mit den Polynomen

$$\eta_1(x) = K_0 x, \ \eta_2(x) = K_0 x + K_0 K_1 x^2 \tag{2.112}$$

gefunden ([2, 10] vgl. auch (6.29) in Unterabschnitt 6.2.4, wo (2.111) für $N = 1$ nachgewiesen wird). Die Konstanten $K_0$, $K_1$ regeln die beiden Reaktionen (2.107) und (2.109): Genauer ist $K_0$ eine **Bindungskonstante** für (2.107) und $K_1$ Bindungskonstante für (2.109). Solche Konstanten sind typischerweise positiv, für große Werte ist die Reaktion (2.107) bzw. (2.109) überwiegend im gebundenen Zustand $E_1$ bzw. $E_2$. Fällt die Bindungskonstante positiv aber sehr klein aus, so ist die jeweilige Reaktion mehr in der Zerfallssituation der linken Seite anzutreffen. Für unsere Zwecke definiert (2.112) zwei Polynome mit positiven Koeffizienten $K_0$ und $K_0 K_1$, welche gemäß der ersten Zeile von

$$\eta_1(x) = \eta_2(x) \text{ für } K_1 = 0,$$

$$Y_1(x) = Y_2(x) \text{ für } K_1 = 0 \tag{2.113}$$

ineinander übergehen. Die zweite Zeile folgt direkt aus der ersten.

Wir wollen nun eine Kurvendiskussion für die beiden Funktionen (2.111) herstellen und müssen uns wegen (2.113) nur mit $Y_2(x)$ beschäftigen. Die Quotientenregel aus Tabelle 2.6 (vgl. Abschnitt 2.5.3) liefert die beiden Ableitungen

$$Y_2'(x) = \frac{\eta_2'(x)}{(1 + \eta_2(x))^2} \,,$$

$$Y_2''(x) = \frac{(1 + \eta_2(x))\eta_2''(x) - 2\eta_2'(x)^2}{(1 + \eta_2(x))^3} \,. \tag{2.114}$$

Wegen

$$\eta_2'(x) = K_0 + 2K_0 K_1 x$$

ist $\eta_2'(x) > 0$ für $x \geq 0$, so dass sofort

$$Y_2'(x) > 0 \text{ für } x > 0$$

folgt: $Y_2(x)$ wächst streng monoton, $Y_2(x)$ muss bei 1 sättigen, weil das Zähler- und das Nennerpolynom denselben Grad und denselben höchsten Koeffizienten besitzen (verwende (2.61) aus Abschnitt 2.4.6).

Für die Krümmungsverhältnisse ist das Vorzeichen der zweiten Zeile von (2.114) zu untersuchen. Da der Nenner ein Polynom mit lauter positiven Koeffizienten ist, nimmt dieser für $x \geq 0$ nur positive Werte an. Das Vorzeichen der zweiten Ableitung in der zweiten Zeile von (2.114) ist durch das Vorzeichen des Zählers gegeben. Wir rechnen daher diesen aus und finden

$$(1 + \eta_2(x))\eta_2''(x) - 2\eta_2'(x)^2 = (1 + K_0 x + K_0 K_1 x^2) 2 K_0 K_1$$

$$-2(K_0 + 2K_0 K_1 x)^2$$

$$= 2K_0 K_1 - 2K_0^2 - [-2K_0 K_1 (K_0 x + K_0 K_1 x^2) \tag{2.115}$$

$$+2(4K_0^2 K_1 x + 4K_0^2 K_1^2 x^2)]$$

$$= 2K_0(K_1 - K_0) - 6K_0^2 K_1 x[1 + K_1 x].$$

An dieser Darstellung ist sofort

$$K_1 - K_0 = 0 \Rightarrow Y_2''(x) < 0, \text{ für } x > 0,$$

$$K_1 - K_0 < 0 \Rightarrow Y_2''(x) < 0, \text{ für } x \geq 0$$

ersichtlich, weil jetzt der Zähler ein Polynom mit lauter negativen Koeffizienten wird. Unsere Charakteristik wäre dann eine streng monoton wachsende Funktion mit einheitlicher Krümmung, welche bei dem Wert 1 sättigt.

Ebenso einfach ist die Implikation

$$K_1 - K_0 > 0 \Rightarrow \text{ es gibt ein } \bar{x} > 0 \text{ mit } Y_2''(\bar{x}) = 0 \text{ sowie}$$

$$Y_2''(x) > 0 \text{ für } 0 \leq x < \bar{x}, \; Y_2''(x) < 0 \text{ für } \bar{x} < x. \tag{2.116}$$

Das Polynom in der letzten Zeile von (2.115) ist nämlich streng monoton fallend und beginnt bei $x = 0$ mit dem positiven Wert $2K_0(K_1 - K_0)$. Die Implikation (2.116) benötigt überdies, dass das Polynom in der letzten Zeile von (2.115) streng monoton nach $-\infty$ strebt. Nun liegt genau ein Krümmungswechsel für die Charakteristik $Y_2(x)$ mit genau einem Wendepunkt bei $\bar{x}$ vor. Man spricht von **sigmoidem Verhalten** der Charakteristik. Ein solcher Verlauf ist in der linken Zeichnung von Abb. 2.13 (siehe 2.6.7) dargestellt. Es ist klar, dass diese Charakteristik wieder bei 1 sättigt.

Im Falle eines Michaelis-Menten-Prozesses ist $K_1 = 0$, weil nur die Reaktion (2.107) vorhanden ist. Wir erkennen an (2.116), dass diese Implikation dann nicht mehr vorkommt und eine Charakteristik mit einheitlicher Krümmung wie in der rechten Zeichnung von Abb. 2.13 auftritt.

Ein Enzym mit sigmoider Charakteristik benötigt nach dieser Analyse mindestens zwei Bindungsstellen für das Substrat. Darüber hinaus muss

$$K_0 < K_1 \tag{2.117}$$

nach (2.116) sein. So wird der Unterschied zwischen Enzymen mit nur einer Bindungsstelle oder zweien, den wir in 2.6.1 erwähnt haben, in der mathematischen Analyse sichtbar.

**Übung 12.**
Zeichne qualitativ alle Möglichkeiten des Funktionsverlaufs von (2.111) mit (2.112) und $K_0 > 0$, $K_1 \geq 0$.

Die Sauerstoffbindung beim Haemoglobin [2] läuft sogar über vier Bindungsstellen mit Bindungskonstanten

$$K_0, \; K_1, \; K_2 \text{ und } \; K_3.$$

Hier findet man
$$K_0 < K_1 < K_2 < K_3$$
bei sigmoidem Verhalten der Charakteristik: Die in (2.117) beobachtete Monotonie wird übernommen und fortgesetzt!

### 2.6.7 Sigmoides Verhalten bei der logistischen Kurve

Es ist ferner möglich, den Verlauf der logistischen Kurve

$$L(t) = \frac{a}{1 + \exp(b - ct)} \ , \ a, b, c \in \mathbb{R}, \ a \neq 0 \tag{2.118}$$

vollständig zu klären. In Abschnitt 2.5.5 haben wir für ihre erste Ableitung zwei Darstellungen erhalten (vgl.(2.88) und (2.89))

$$L'(t) = \frac{ac \, \exp(b - ct)}{(1 + \exp(b - ct))^2} \ \text{und} \ L'(t) = cL(t)\left\{1 - \frac{L(t)}{a}\right\} . \tag{2.119}$$

Zur Berechnung der zweiten Ableitung eignet sich die zweite Darstellung besser. Sie liefert

$$L''(t) = cL'(t)\left\{1 - \frac{L(t)}{a}\right\} + cL(t)\left\{-\frac{L'(t)}{a}\right\} = $$

$$= cL'(t)\left\{1 - \frac{2L(t)}{a}\right\} . \tag{2.120}$$

Sei nun

$$a > 0, \ c > 0, \tag{2.121}$$

dann folgt aus der ersten Beziehung in (2.119), dass

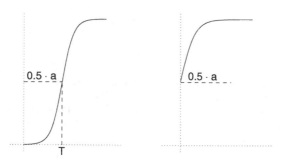

**Abb. 2.13.** Sigmoides Verhalten (*links*), einheitliche Krümmung (*rechts*)

$$L'(t) > 0 \text{ für } t \geq 0 \qquad (2.122)$$

gilt. Nach (2.98) wächst $L(t)$ streng monoton in $[0, +\infty)$. Wegen

$$L(0) = \frac{a}{1 + \exp(b)} > 0 \qquad (2.123)$$

folgt insbesondere $L(t) > 0$ in $(0, +\infty)$. Nun sei

$$b > 0. \qquad (2.124)$$

Dann finden wir nacheinander folgende Ungleichungen:

$$2 < 1 + \exp(b), \ 2a < a(1 + \exp(b)),$$

$$L(0) = \frac{a}{1 + \exp(b)} < \frac{a}{2} . \qquad (2.125)$$

Wegen $L(t) \to a$ für $t \to +\infty$ (vgl. Abschnitt 2.4.6) und wegen der strengen Monotonie von $L(t)$ zeigt (2.125), dass es genau ein $\bar{t}$ gibt mit

$$2L(\bar{t}) = a, \ \bar{t} > 0. \qquad (2.126)$$

Daher zeigt (2.120) die Beziehungen

$$L''(t) > 0 \text{ in } [0, \bar{t}), \ L''(\bar{t}) = 0, \ L''(t) < 0 \text{ in } (\bar{t}, +\infty). \qquad (2.127)$$

Nach Abschnitt 2.6.5 sind nun die Krümmungsverhältnisse der logistischen Kurve klar. Die linke Zeichnung von Abb. 2.13 zeigt ein qualitatives Bild unter den Voraussetzungen (2.121) und (2.124). Bei $\bar{t}$ liegt ein Wendepunkt vor. Gilt nun statt (2.124) die Voraussetzung

$$b \leq 0, \qquad (2.128)$$

so finden wir nacheinander:

$$\exp(b) \leq 1, \ a(1 + \exp(b)) \leq 2a,$$

$$\frac{a}{2} \leq \frac{a}{1 + \exp(b)} = L(0), \qquad (2.129)$$

so dass wegen der strengen Monotonie von $L(t)$ sofort $\frac{a}{2} < L(t)$ für $t > 0$ folgt. Daher liefert (2.120) weiter $L''(t) < 0$ in $[0, +\infty)$, so dass wir einheitliche Krümmungsverhältnisse nachgewiesen haben. Damit hat die logistische Kurve im Falle (2.121), (2.128) das qualitative Aussehen, welches die rechte Zeichnung der Abb. 2.13 demonstriert.

## 2.7 Übungsaufgaben

**Übung 13.**
Welche der folgenden vier Aussagen sind richtig? Begründe jede Entscheidung.
(i)     Für jede reelle Zahl $x \geq -1$ ist $(x+1)^2 < (x+2)^4$.

(ii)    Für jede reelle Zahl $x \geq -1$ ist $|x+1| < (x+2)^4$.

(iii)   Es gibt eine ganze Zahl $n$ mit $\left(n - \frac{1}{2}\right)^2 < \left(n + \frac{3}{2}\right)^3$.

(iv)    Sind $m, n$ natürliche Zahlen mit $1 \leq m < n$, dann ist $m! < n!$.

**Übung 14.**
Zeichne die Funktionen $L(x), R(x)$ und die Menge $M := \{x \in \mathbb{R} : L(x) \leq R(x)\}$ in ein gemeinsames Diagramm ein. Finde eine Darstellung von $M$ unter Verwendung von Intervallen.
**(a)** $L(x) = 2x + 1$, $R(x) = \frac{1}{2} - x$,
**(b)** $L(x) = -1$, $R(x) = |x| - 2$,
**(c)** $L(x) = x^2 - 2x$, $R(x) = 2x - x^2$.

**Übung 15.**
Gegeben sei die Funktion

$$h(x) = \frac{(3x - 100)^2 \cdot x^3 - 15x}{(1 - \frac{1}{2}x)^3 \cdot (x^2 + 10)} .$$

Bestimme die Menge aller reellen Zahlen, für die $h$ definiert ist. Wie verhält sich $h(x)$ für $x \to +\infty$?

**Übung 16.**
Finde einen möglichst großen Definitionbereich für jede der reellen Funktionen

$$f(x) = \sqrt{-x^2 + 2x + 3}, \quad g(x) = x(x-1)^{-1}(x+1)^{-1}, \quad h(x) = f(x)g(x).$$

Zeichne $f(x)$ qualitativ.

**Übung 17.**
Vereinfache bzw. berechne

(a) $\sqrt{x^2 x^6 x^7}$, $x \geq 0$,     (b) $\sqrt{x^2 y^4 z^0}$,

(c) $\sum_{i=1}^{3} \binom{4}{i-1} 2^i$,     (d) $\sum_{i=1}^{N} \binom{N}{i} 3^i(-5)^{N-i}$, $N \in \mathbb{N}$,

(e) $\sum_{i=1}^{9} \binom{10}{i-1}$,     (f) $\sum_{i=0}^{N} \binom{N}{i} 5^i(-3)^{N-i}$, $N \in \mathbb{N}$.

**Übung 18.**
Bestimme den Grenzwert der folgenden Ausdrücke für $x \to +\infty$

$$f(x) = \frac{5x^4 - 3x^2 + 6}{2(x+1)^4 + 3}, \quad g(x) = \frac{\sqrt{x^2+1}}{x+3}, \quad h(x) = \frac{\sum_{i=0}^{N} \binom{N}{i} (2x)^{N-i}}{(x-3)^N}.$$

**Übung 19.**
Gegeben seien die Funktionen

$$f(x) := \ln(\sqrt{2x^2+1}), \quad g(x) := \exp(4x), \quad h(x) := \frac{x^3 + 2x + 1}{x^2 + 1}.$$

(a) Bestimme den Definitions- und Wertebereich von $f$.
(b) Berechne $(g \circ f)(x)$ und vereinfache den entstehenden Ausdruck.
(c) Finde den Definitionsbereich von $h \circ g$.

**Übung 20.**
6 (12) Kugeln sollen auf 2 (3) Töpfe verteilt werden. Untersuche folgende Situationen:

(I)  Jeder Topf erhält gleich viele Kugeln.
(II) Topf eins erhält 4 (8) Kugeln und die restlichen Töpfe erhalten 2 Kugeln.

Auf wieviele verschiedene Arten können die Kugeln auf die Töpfe verteilt werden?

**Übung 21.**
$f, g, h$ seien in $\mathbb{R}$ zweimal differenzierbare Funktionen. Zeige: $(fgh)' = f'gh + fg'h + fgh'$. Sind $f$ und $g$ zweimal differenzierbar in $\mathbb{R}$, so gilt $(fg)'' = f''g + 2f'g' + fg''$.

**Übung 22.**
Das Enzym $E_0$ sei in einem Gefäß mit der Konzentration $E\left[\frac{Mol}{Vol}\right]$ vorhanden, bevor das Substrat $X$ zugegeben wird. $E_0$ besitze einen Bindungsplatz. Wird die Substratmenge $X[Mol]$ hinzugesetzt, so entsteht im Gefäß die Substratkonzentration $x\left[\frac{Mol}{Vol}\right]$, die als konstant vorausgesetzt wird. In Abhängigkeit von $x$ bildet sich dann die besetzte Enzymform bzw. die unbesetzte Enzymform in der Konzentration $e_1(x)$ bzw. $e_0(x)$ aus. Es gilt

$$E = e_1(x) + e_0(x), \quad e_1(x) = kx \cdot e_0(x), \quad x \geq 0$$

mit einer Konstanten $k > 0$, falls keine weiteren Reaktionen stattfinden. Finde $e_1(x), e_0(x)$ in Abhängigkeit von $E$ und $k$.

**Übung 23.**
Ein Experiment liefert zum Zeitpunkt $t = 1$ für die Messgröße $x$ den Wert $x = 2$. Kann zwischen $x$ und $t$ der Zusammenhang

$$x(t) = \frac{at+3}{-2t+1}$$

mit einer geeigneten positiven Konstanten $a \in \mathbb{R}$ bestehen? Betrachte ein anderes Experiment mit einer weiteren Messgröße $x$: Nach Ablauf einer großen Zeit nähere sich $x$ dem Wert $x = 3$ an. Kann der Prozess für große Zeiten durch die Beziehung

$$x(t) = \frac{b \exp(t)^2 + 1}{\exp(t)^2 + 2}$$

mit einer geeigneten Konstanten $b \in \mathbb{R}$ beschrieben werden?

**Übung 24.**
Berechne $x'$ für

   **(a)** $x(t) = \sqrt{t} + \exp(\sqrt{t}),\ t \in \mathbb{R}$   **(b)** $x(t) = \ln(\frac{3t^3+2t+1}{2t}),\ t > 0,$

   **(c)** $x(t) = \frac{2t^2-1}{t+1},\ t \neq -1,$   **(d)** $x(t) = \sqrt{\exp(t^2)+2},\ t \in \mathbb{R}.$

**Übung 25.**
Gegeben sei die logistische Kurve

$$L(t) = \frac{K}{1 + \exp(b - Rt)} \quad \text{für } t \geq 0.$$

Es seien $K > 0$, $R > 0$ und $b > 0$.
**(a)** Wieviele relative Extrema besitzt $L'(t)$?
**(b)** Wie verhält sich $L'(t)$ für $t \to \infty$?

**Übung 26.**
Welche der folgenden Aussagen sind wahr?

1. Jedes Polynom vom Grad 1 lässt eine Umkehrfunktion zu, die auf ganz $\mathbb{R}$ erklärt ist.

2. Es gibt reelle Funktionen $f$ und $g$, für die $f \circ g = g \circ f$ ist.

3. Seien $x(s)$ und $y(s)$ differenzierbare Funktionen im Intervall $(a, b)$. Dann gilt stets: $(xy)'(s) = x'(s) \cdot y'(s)$.

4. Es sei $p$ ein Polynom vom Grad $m$ und $q$ ein Polynom vom Grad $n$. Dann ist $p \circ q$ ein Polynom vom Grad $m + n$.

5. Für jede reelle Zahl $x$ mit der Eigenschaft $x \geq -1$ ist stets $(x+1)^2 < (x+2)^4$.

6. Ist $f$ eine auf ganz $\mathbb{R}$ differenzierbare Funktion, so ist auch $\exp \circ f$ auf ganz $\mathbb{R}$ differenzierbar.

# 3

## Evolutionen: Skalare Differentialgleichungen erster Ordnung

### 3.1 Das Geschehen in diesem Kapitel

Die biologische Welt ist voller Entwicklungen in der Zeit. Jede Größe ist betroffen. Aus dem Kapitel 2 kennen wir das mathematische Analogon einer solchen Entwicklung: eine Funktion

$$x : t \in \mathbb{R} \to x(t) \in \mathbb{R} \tag{3.1}$$

in der Zeit. Zum Beispiel die Entwicklung der Population der Käfer aus Abb. 2.2 in Unterabschnitt 2.2.2. Ein Ergebnis der Untersuchungen im Unterabschnitt 2.5.5 ist der **analytische Ausdruck**

$$x(t) = \frac{Kx(0)}{x(0) + (K - x(0))\exp(-Rt)} \ , \ t \geq 0, \ K > x(0) \geq 0 \tag{3.2}$$

mit

$K =$ Grenze für den maximal erreichbaren Populationsumfang,
$R =$ Wachstumsrate.

Es ist kaum denkbar, dass (3.2) direkt geraten wird. Wie aber können wir ein mathematisches Analogon zu einer Entwicklung in der Natur, die durch eine einzige Größe ausreichend beschrieben ist, konstruieren? Damit sind wir bei der Frage gelandet, die im Abschnitt 1.5 einleitend behandelt wird. Der Leser lernt dort, dass die gewünschte Konstruktion mit Hilfe der Darstellung der Veränderung $\dot{x}(t)$ des *gesuchten* Zustands $x(t)$ als **Differentialgleichung**

$$\dot{x}(t) = f(x(t)) \tag{3.3}$$

gelingt, wobei die reelle Funktion

$$f : \eta \in \mathbb{R} \longrightarrow f(\eta) \in \mathbb{R} \tag{3.4}$$

von reellen Parametern

$$\alpha_1, \ldots, \alpha_p$$

mit biologischer Bedeutung abhängen wird. Der Zugang über (3.3) ist eine *implizite* Definition für die gesuchte Evolution (3.1): Diese erscheint als Lösung einer Differentialgleichung (3.3), (3.4) und ist somit in (3.3) *enthalten* (implizit)! Im Gegensatz dazu nennt man die *direkte Angabe eines analytischen Ausdrucks* für $x(t)$ wie z.B. in (3.2) *explizit*. Die implizite Beschreibung (3.3), (3.4) liefert eine explizite, wenn die quantitative Analyse von (3.3) gelingt (vgl. den Schluß dieses Abschnitts)!

Zugleich wird im Unterabschnitt 1.5.1 für eine hochwachsende Population vorgemacht, wie die rechte Seite $f(\eta)$ von (3.3) aus allgemeinen Überlegungen entsteht: Tatsächlich ist (3.2) Lösung des Ratengesetzes

$$\dot{x}(t) = Rx(t)\left(1 - \frac{x(t)}{K}\right), \ t \geq 0 \tag{3.5}$$

und aus dieser Quelle gewonnen. Die durch die rechte Seite ausgedrückte Gesetzmäßigkeit definiert ein Polynom

$$R\eta\left(1 - \frac{\eta}{K}\right)$$

zweiten Grades in $\eta$, viel einfacher gebaut als die rechte Seite von (3.2)! Die Herleitung im Unterabschnitt 2.2.4 auf der Grundlage des Wachstums proportional zu $x(t)$ und einer Wachstumshemmung proportional zu $x(t)^2$ ist einsichtig. Entsprechende Argumente zur direkten Ableitung von (3.2) ohne den Umweg über (3.5) sind mir nicht bekannt.

Solche Argumente wären auch nicht hilfreich, weil die Kompexität der expliziten Darstellung (3.2) auf der Grundlage der deutlich einfacheren rechten Seite der Beschreibung (3.5) von selbst ensteht! Man beobachtet durchweg hohe Komplexität der Lösungen bei einfachen Differentialgleichungen. Viele durch mathematische Ausdrücke hinschreibbare Differentialgleichungen können nur numerisch mit Hilfe eines Komputers gelöst werden, ein Ausdruck des Sachverhaltes, dass Gesetzmäßigkeiten *einfacher* sind, als die resultierenden Zustände, oder: dass es einfach nicht soviele analytische Ausdrücke gibt, aus denen die Lösungen sämtlicher Differentialgleichungen hergestellt werden können.

Und ein weiteres Argument für die Behandlung von Differentialgleichungen in der Biologie tritt hinzu: **Jede Entwicklung** $x(t)$ einer einzelnen Größe $x$ ist Lösung einer Gleichung (3.3), (3.4), falls die Veränderung von $x$ zu jedem Zeitpunkt von ihrem aktuellen Wert $x(t)$ allein abhängt: Wären wir in der Lage, **alle** Lösungen von (3.3), (3.4) **wenigstens qualitativ** zu beschreiben, so hätten wir alle Evolutionen unter der genannten Annahme vor Augen!

Das aber ist das Ziel des vorliegenden Kapitels. **Jedes** Geschehen in der Zeit heißt Entwicklung oder Evolution: Es muss nicht notwendig zum Wachstum der in Rede stehenden Größe führen, ein Verfall bis hin zur Auslöschung ist genauso denkbar. So sind **Differentialgleichungen** (3.3) **die gemeinsame Form**, welche die Entwicklungen (3.1) implizit verwahren. Zugleich können die mathematischen Ausdrücke, aus denen sie zusammengebaut sind, durch sprachliche Argumentation nach dem Muster von Abschnitt 1.5 konstruiert werden: Dort entsteht die Gleichung (3.5), welche den expliziten Ausdruck (3.2) hervorbringt!

Die Diskussion aller Lösungen von (3.3) hat zwei Teile. In der **qualitativen Analyse** werden Monotonieverhalten, Krümmung und Wendepunkte, Maxima und Minima sowie Sättigung und das Existenzintervall einer Lösung bestimmt. Aus diesen Stücken kann eine qualitative Zeichnung einer jeden Lösung gefertigt werden. Die **quantitative Analyse** hat das Ziel, einen analytischen Ausdruck analog zu (3.2) in möglichst vielen Fällen (3.3) zu konstruieren. Diese Untersuchungen erfordern einen Einblick in die Integralrechnung und die Auffindung von Stammfunktionen. Eine kurze Bemerkung zu Existenz- und Eindeutigkeitsfragen für Lösung von (3.3) mit gegebenem **Anfangswert** beschließt das Kapitel.

**Lernziel** ist das Verständnis für das Aussehen einer Entwicklung gemäß (3.3) nach qualitativen oder sogar quantitativen Gesichtspunkten. In der Biologie steht immer die Frage nach einer sigmoiden Entwicklung im Gegensatz zu einer mit einheitlicher Krümmung im Vordergrund.

## 3.2 Qualitative Methoden

### 3.2.1 Evolution einer reellen Variablen

Die Ratengleichungen (2.7), (2.11) in Abschnitt 2.2.4 sind Sonderfälle der allgemeinen **Differentialgleichung**

$$\dot{x}(t) = f(x(t)),\ t \geq 0, \tag{3.6}$$

wobei $f$ eine 2-mal differenzierbare Funktion bezeichnet, die ein Intervall $I \subset \mathbb{R}$ in den Wertebereich $\mathbb{R}$ abbildet. Bisweilen wird die Zeit $t$ im Schriftbild unterdrückt, und man schreibt einfacher

$$\dot{x} = f(x). \tag{3.7}$$

Die Gleichung drückt die Entwicklung einer skalaren Größe $x$ im Laufe der Zeit $t \in [0, +\infty)$ aus. Wir sprechen auch von einer **Evolutionsgleichung** und nennen jede in einem (endlichen oder unendlichen) Intervall definierte, differenzierbare Funktion $x(t)$, welche (3.6) erfüllt, eine **Lösung** von (3.6) oder einfach **Evolution**. Sie besitzt daher an jedem Punkt $t$ ihres Definitionsbereiches eine Ableitung $\dot{x}(t)$, und diese kann gemäß $f(x(t))$, also durch Einsetzen des Wertes $x(t)$ in die Funktion $f$, berechnet werden. Im Falle der Verhulstgleichung ist

$$f(x) = Rx\left(1 - \frac{x}{K}\right). \tag{3.8}$$

Hier wird die Entwicklung einer Population beschrieben. Ähnliches gilt für

$$\dot{x} = Rx \ \text{ mit } \ f(x) = Rx \tag{3.9}$$

(vgl. (2.7) von Abschnitt 2.2.4).

Welches Interesse hat eigentlich die Biologie an dieser zunächst nur formalen Verallgemeinerung der Verhulstgleichung? Die Antwort wird offensichtlich, wenn wir die Frage umformulieren: Welches Interesse hat eigentlich die Biologie an Evolutionsprozessen? Da Leben Evolution und Biologie die Wissenschaft vom Leben ist, gehört Evolution fraglos zum Bereich der Biologie. Die Entwicklung einer einzigen Größe $x$ in der Zeit definiert aber eine Funktion $x(t)$ und deren Entwicklung ist durch (3.6) beschrieben!

Unsere Überlegungen machen folgende

**Annahme:** Die in Rede stehende Größe $x$ verändert sich zu jeder Zeit $t$ in Abhängigkeit von ihrem eigenen momentanen Wert $x(t)$ allein.

Dies besagt, dass die Veränderungsrate $\dot{x}(t)$ eine Funktion $f$ von $x(t)$ allein ist: $f(x(t))$. Der volle mathematische Ausdruck dieser Tatsache ist gerade unsere **Ratengleichung** (3.6)!

Es ist wichtig einzusehen, dass jede Veränderung einer Größe in der Zeit, welche die eben formulierte **Annahme** erfüllt, in der Form (3.6) mit einer geeigneten Funktion $f$ geschrieben werden kann. Kennen wir dann **alle** Lösungen von (3.6), so beherrschen wir alle möglichen Evolutionen, welche obige **Annahme** erfüllen. Es liegt nahe, dass wir dringend daran interessiert sein müssen, alle Lösungen von (3.6) wenigstens qualitativ beschreiben zu können. Das soll Gegenstand der folgenden Überlegungen sein.

Bei unserem Vorhaben müssen wir beachten, dass (3.6) viele Evolutionen festlegt, da über den **Anfangswert** $x(0)$ keine Annahme gemacht wird: Schließlich steht uns frei, die

$$\textbf{Anfangsbedingung} \ \ x(0) \in I \tag{3.10}$$

selbst festzulegen. Die Gleichung (3.6) bestimmt nur die **Gesetzmäßigkeit** der Entwicklung! Wir nennen (3.6) in Verbindung mit einer Anfangsbedingung

(3.10) eine **Anfangswertaufgabe**. Es wird sich herausstellen, dass (3.10) genau eine Evolution aus den vielen durch (3.6) gegebenen aussondert.

**Übung 27.**

Gegeben sei die Funktion

$$\bar{x}(t) := \frac{x_0}{1 - tx_0} \ , \ t \in [0, \frac{1}{x_0}) \text{ für ein } x_0 > 0.$$

Zeige, dass diese Funktion die Anfangswertaufgabe

$$\dot{x}(t) = x(t)^2, \ x(0) = x_0$$

löst. Zu welchem Zeitpunkt $\bar{t}$ hat sich der Anfangswert $x_0$ verdoppelt?

Es folgt die qualitative Beschreibung **aller** Lösungen von (3.6).

### 3.2.2 Zeitunabhängige Evolutionen: Stationäre Punkte

Jede Nullstelle von $f$, also jedes $u \in I$ mit

$$f(u) = 0 \tag{3.11}$$

definiert die (überall konstante) Lösung

$$y(t) = u \ \text{ für } \ t \geq 0$$

von (3.6): denn offenbar wird $\dot{y}(t) = 0$ (da $y(t)$ konstant ist), so dass wegen (3.11) sofort

$$\dot{y}(t) = 0 = f(u) = f(y(t)), \ t \geq 0$$

folgt. Wir nennen diese speziellen Lösungen auch **stationäre Punkte** von (3.6): Jede Evolution, die in einem stationären Punkt gestartet wird, verharrt an dieser Stelle für alle Zeiten.

**Übung 28.**

Gegeben sei die Differentialgleichung

$$\dot{x} = x^2(x^2 - 5x + 6) \cdot \exp(-x) =: f(x).$$

Berechne alle stationären Punkte.

### 3.2.3 Monoton wachsende Evolutionen

Sei $u \in I$ ein stationärer Punkt von (3.6). Wir starten eine Evolution bei $x(0) \in I$ mit $x(0) < u$. Ist dann $f(x) > 0$ für alle $x \in [x(0), u)$ (siehe Abb. 3.1), so existiert diese Lösung für alle Zeiten $t \geq 0$, und es gelten:

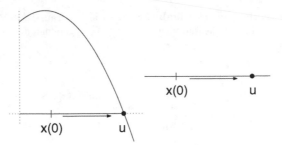

**Abb. 3.1.** Monoton wachsende Evolutionen, der **Phasenraum** ist *rechts* herausgehoben

$$\dot{x}(t) > 0, \text{ d.h. } x \text{ wächst streng monoton für } t \geq 0,$$
$$(3.12)$$
$$x(t) \to u \text{ für } t \to +\infty.$$

Die zweite Zeile beschreibt das **Langzeitverhalten** der Evolution. Die Funktionswerte $x(t)$ überstreichen das Intervall $[x(0), u)$ genau einmal streng monoton, wenn $t$ einmal von 0 nach $+\infty$ läuft. Wir nennen $[x(0), u)$ den **Orbit** der Evolution $x$. Abb. 3.1 stellt die Situation dar. Der Pfeil unterhalb der $x$-Achse zeigt die **Bewegungsrichtung** in positiv laufender Zeit an. Wir bezeichnen die $x$-Achse (in Abb. 3.1 rechts herausgezeichnet) als **Phasenstrahl** oder **Phasenraum**. Jeder stationäre Punkt definiert einen Orbit, nämlich jenen der Evolution $y(t) = u$, welche in Abschnitt 3.2.2 behandelt wird.

### 3.2.4 Monoton fallende Evolutionen

Sei $u \in I$ ein stationärer Punkt von (3.6). Wir starten eine Evolution bei $x(0) \in I$ mit $u < x(0)$. Ist dann $f(x) < 0$ für alle $x \in (u, x(0)]$, so existiert diese Lösung für alle Zeiten $t \geq 0$, und es gelten (vgl. Abb. 3.2):

$$\dot{x}(t) < 0, \text{ d.h. } x \text{ fällt streng monoton für } t \geq 0,$$
$$(3.13)$$
$$x(t) \to u \text{ für } t \to +\infty.$$

### 3.2.5 Langzeitverhalten von Evolutionen

Soweit sind alle monotonen Evolutionen $x(t)$ (wachsende und fallende) beschrieben, welche für alle Zeiten $t \geq 0$ definiert sind und

$$|x(t)| \leq \kappa \text{ für jedes } t \geq 0 \qquad (3.14)$$

mit einem positiven (von $t \geq 0$ unabhängigen) $\kappa \in \mathbb{R}$ erfüllen. Die Evolution $x(t)$, $t \geq 0$ heißt **beschränkt**, falls (3.14) für ein geeignetes $\kappa \in \mathbb{R}$ besteht.

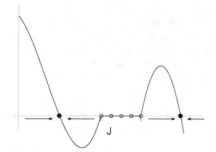

**Abb. 3.2.** Monotone Evolutionen

Abb. 3.2 zeigt einen allgemeinen Funktionsverlauf $f(x)$. Auf der $x$-Achse sind sämtliche Möglichkeiten für Orbits bezeichnet, die sich aus der bisherigen Diskussion zusammenstellen lassen. Im Intervall $J$ verschwindet $f(x)$. $J$ besteht mithin aus lauter stationären Punkten, die alle einzeln Orbits repräsentieren.

Die Bedingung (3.14) ist aus biologischer Sicht ohne Belang, interesssieren doch nur solche Wirkungen, die **nicht** über alle Grenzen wachsen. Genau das aber fordert (3.14)!

### 3.2.6 Stabilität von stationären Punkten

Die Nullstellen von $f(x)$ sind in zwei Klassen eingeteilt: solche, auf die von beiden Seiten Pfeile weisen, und solche, von denen der Pfeil auf mindestens einer Seite fortweist. Die stationären Punkte der ersten Klasse heißen **stabil**, diejenigen der zweiten **instabil**. Eine genügend kleine Auslenkung aus einem stabilen stationären Punkt setzt eine Evolution in Gang, welche auf diesen Punkt zurücktreibt (beachte die Pfeile in Abb. 3.2 in der Nähe der beiden äußeren Nullstellen). Im Falle eines instabilen stationären Punktes gilt dies nicht (siehe die Pfeile in der Nähe der Nullstellen im Intervall $J$ der Abb. 3.2). Man pflegt stabile stationäre Punkte mit einem vollen und instabile stationäre Punkte mit einem offenen Kreis zu kennzeichnen.

### 3.2.7 Wendepunkte

Sei wieder $\bar{x}(t)$, $t \geq 0$ eine Lösung von

$$\dot{x}(t) = f(x(t)).\tag{3.15}$$

Eine qualitative Kurvendiskussion für $f(x)$ reicht aus, um die Monotonieverhältnisse und das Langzeitverhalten von $\bar{x}(t)$ vorherzusagen. Dazu ist die

Angabe eines analytischen Ausdrucks für $\bar{x}(t)$ überraschenderweise unnötig. Man kann ebenso über die Wendepunkte ohne eine Darstellung für $\bar{x}(t)$ entscheiden. Dazu sei angenommen, dass unsere Lösung beschränkt ist, also nach den bisherigen Überlegungen nur streng monoton oder konstant sein kann. Die konstante Lösung schließen wir aus, weil wir an Wendepunkten interessiert sind. Dann aber ist $\bar{x}(t)$ streng monoton. Rechne

$$\dot{\bar{x}}(t) = f(\bar{x}(t)),$$

$$\ddot{\bar{x}}(t) = f'(\bar{x}(t)) \cdot \dot{\bar{x}}(t)$$

(3.16)

und finde wegen

$$\dot{\bar{x}}(t) \neq 0 \text{ für } t \geq 0$$

die Äquivalenz

$$\ddot{\bar{x}}(t) = 0 \Leftrightarrow f'(\bar{x}(t)) = 0.$$

(3.17)

Nun überstreicht $\bar{x}(t)$ den

$$\text{Orbit: } I = [\bar{x}(0), b) \text{ oder } (b, \bar{x}(0)]$$

(3.18)

genau einmal, so dass wegen (3.17) ein Wendepunkt nur auftreten kann, wenn

$$f'(\eta) = 0 \text{ für mindestens ein } \eta \in I \ (= \text{Orbit von } \bar{x}(t))$$

(3.19)

besteht. Er tritt tatsächlich auf, wenn ein **Krümmungswechsel**, also

$$f'(s) \cdot f'(\sigma) < 0 \text{ für } s < \eta < \sigma$$

in einer Umgebung von $\eta$ besteht, bei jedem Maximum (oder Minimum) von $f$ also, das einen **Vorzeichenwechsel** von $f'$ bei $\eta$ zeigt. Im Falle von Abb. 3.3 z.B. muss der Orbit im Intervall $(0, K)$ links vom Maximum des Graphen von $f$ gestartet werden, damit er einen Wendepunkt aufweist, weil er streng monoton wächst und den Fußpunkt vom Maximum überstreichen wird.

### 3.2.8 Qualitative Analyse: die Verhulstgleichung

In dieser Nummer führen wir eine qualitative Analyse für die Verhulstgleichung vor. $f(x)$ ist durch (3.8) gegeben. Wir erkennen, dass jede positiv gestartete Evolution monoton dem Wert $K$ zustrebt (vgl. Abb. 3.3). Dieser Tatbestand wird in 2.2.4 zur Interpretation von $K$ als Umwelteinfluss benutzt. Da die Population nach unserer Analyse nur bis zu dem Wert $K$ wachsen kann, ist $K$ ein Maß für die Umweltverhältnisse, wenn man davon ausgeht, dass diese mit der Wachstumsfreudigkeit der Population unmittelbar einhergehen. Es ist einsichtig, dass bei $x(0) = 0$ die Anzahl der Individuen nicht wachsen kann: Der Nullpunkt ist ein instabiler stationärer Punkt.

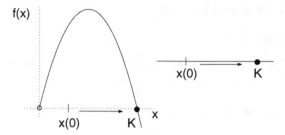

**Abb. 3.3.** Qualitative Analyse der Verhulstgleichung, Phasenraum *rechts* herausgehoben

### 3.2.9 Qualitative Analyse: Allgemeine Evolutionen

Zusammenfassend haben wir gefunden, dass (3.7) nur monotone Lösungen hat. Beschränkte Evolutionen $x(t)$ sättigen an einem stationären Punkt, alle anderen streben wachsend oder fallen nach $+\infty$ bzw. $-\infty$, wachsen also betragsmäßig über alle Grenzen. Beispielsweise kann ein Vorgang mit einem nicht monotonen Verlauf über der Zeit (etwa ein periodischer Vorgang) keine Beschreibung durch eine skalare Evolutionsgleichung zulassen. Ferner wird eine Gleichung (3.7) mit einer rechten Seite $f$ gemäß Abb. 3.4 kein sinnvolles

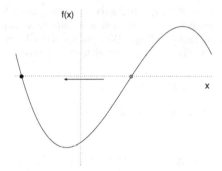

**Abb. 3.4.** Ratengesetz $f(x)$ mit Lösungen, die von positiven zu negativen Werten wandern

mathematisches Modell sein, wenn bei jedem Anfangswert $\geq 0$ eine nichtnegative Evolution erwartet wird: Beachte, dass jede Evolution zur Abb. 3.4, die links der positiven Nullstelle gestartet wird, notwendig negative Werte annehmen muss!

## 3.3 Quantitative Methoden

### 3.3.1 Motivation

Vorgelegt sei wieder eine Evolution $x(t)$ in $[0, +\infty)$, welche einer Gleichung

$$\dot{x}(t) = f(x(t)) \tag{3.20}$$

mit einer zweimal differenzierbaren Funktion

$$f : \mathbb{R} \to \mathbb{R}$$

genügt. Der Abschnitt 3.2 beschreibt alle Lösungen von (3.20) **qualitativ**. Es besteht aber darüber hinaus vielfach das Bedürfnis nach der Angabe eines **analytischen Ausdrucks** für die Lösung $x(t)$. So wissen wir aus Abschnitt 2.5.5, dass der analytische Ausdruck

$$x(t) = \frac{x(0)K}{x(0) + (K - x(0))exp(-Rt)}$$

die Verhulstgleichung, also (3.20) mit

$$f(x) = Rx\left(1 - \frac{x}{K}\right)$$

erfüllt. Man spricht von einer **quantitativen Analyse** der Verhulstgleichung. Im vorliegenden Abschnitt wollen wir sehen, ob eine quantitative Analyse auch im allgemeinen Fall (3.20) gelingt. Wir nutzen die Überlegungen zu einem Einstieg in die **Integralrechnung**, der sich unmittelbar anbietet.

### 3.3.2 Die einfachste Rategleichung

Die einfachste skalare Evolutionsgleichung (3.20) lautet

$$\dot{x}(t) = 0. \tag{3.21}$$

Hier ist $f(x) = 0$ für alle $x \in \mathbb{R}$. Daher sind alle reellen Zahlen stationäre Punkte und sämtliche Lösungen von (3.21) haben die Form

$$x(t) = c \text{ für } t \geq 0 \text{ mit einem } c \in \mathbb{R}. \tag{3.22}$$

### 3.3.3 Stammfunktion

Sei $\varphi(t)$ eine reellwertige Funktion, welche auf einem reellen Intervall $(a, b)$ $(a < b)$ erklärt ist. Jede Lösung $y(t)$ in $(a, b)$ der Differentialgleichung

$$\dot{x}(t) = \varphi(t) \ (t \in (a, b)) \tag{3.23}$$

heißt **Stammfunktion** von $\varphi(t)$ (beachte, dass im Unterschied zu (3.20) die rechte Seite in (3.23) **nicht** von der unbekannten Funktion $x$ abhängt!). Seien $y(t)$, $z(t)$ Stammfunktionen von $\varphi(t)$, so gelten $\dot{y}(t) = \varphi(t)$, $\dot{z}(t) = \varphi(t)$ in $(a, b)$, also auch

$$\frac{d}{dt}(y(t) - z(t)) = \dot{y}(t) - \dot{z}(t) = 0 \text{ in } (a, b).$$

Nach 3.3.2 folgt nun

$$y(t) - z(t) = c \text{ für } t \in (a, b) \text{ mit einem } c \in \mathbb{R}. \tag{3.24}$$

Zwei Stammfunktionen unterscheiden sich also höchstens um eine Konstante.

### 3.3.4 Angabe einfacher Stammfunktionen

Es ist ausreichend, eine einzige Stammfuntion für $\varphi(t)$ in $(a, b)$ zu finden. Alle anderen ergeben sich gemäß (3.24). Man entdeckt Stammfunktionen durch Raten und Ableiten des geratenen Ausdruckes. Es gibt viele Tabellenwerke, welche eine große Anzahl von Beispielen gesammelt haben, etwa [8] oder [17, 18]. Hilfreich sind auch Programmpakete wie Maple oder Mathematica, die immer auf dem neusten Stand alle verfügbaren Stammfunktionen bereithalten. Unsere Tabelle 3.1 zeigt nur vier der wichtigsten Stammfunktionen. Es bezeichnet $\Phi(t)$ eine Stammfunktion von $\varphi(t)$ in dem Intervall I $(= (a, b), \ a < b)$. Das

**Tabelle 3.1.** Elementare Stammfunktionen $\Phi(t)$ für $\varphi(t)$

| $\varphi(t)$ | $t^n$, $n \in \mathbb{N}$ | $\exp(t)$ | $t^{-1}$ | $t^{-\alpha}$, $\alpha \in \mathbb{R}$ |
|---|---|---|---|---|
| $\Phi(t)$ | $\frac{1}{n+1}t^{n+1}$ | $\exp(t)$ | $\ln(t)$ | $\frac{t^{1-\alpha}}{1-\alpha}$ , $\alpha \neq 1$ |
| $I$ | $\mathbb{R}$ | $\mathbb{R}$ | $(0, +\infty)$ | $(0, +\infty)$ |

bedeutet genauer

$$\Phi'(t) = \varphi(t) \text{ in } I \tag{3.25}$$

(und damit natürlich auch in jedem Teilintervall von I). Man sollte die Angabe einer Stammfunktion stets durch Differentiation gemäß (3.25) überprüfen (sog. **Probe**). So wird jede Regel der Differentiation *rückwärts* gelesen zu einer Angabe für eine Stammfunktion. Z.B. geht

$$\frac{d}{dt}(\alpha\Phi_1(t) + \beta\Phi_2(t)) = \alpha\Phi_1'(t) + \beta\Phi_2'(t) = \alpha\varphi_1(t) + \beta\varphi_2(t)$$

über in die Aussage, dass $\alpha\Phi_1 + \beta\Phi_2$ eine Stammfunktion von $\alpha\varphi_1 + \beta\varphi_2$ ist, falls $\Phi_1, \Phi_2$ Stammfunktionen von $\varphi_1, \varphi_2$ sind. Unter Benutzung dieser Regel und der Tabelle 3.1 finden wir, dass

$$\Phi(t) = \sum_{j=0}^{N} \frac{a_j}{j+1} t^{j+1}, \ a_j \in \mathbb{R}, \ j = 0, \dots, N \tag{3.26}$$

eine Stammfunktion des Polynoms

$$\varphi(t) = \sum_{j=0}^{N} a_j t^j \tag{3.27}$$

ist. Differenziere einfach (3.26) und finde (3.27)! Wir werden in den folgenden Abschnitten Gelegenheit haben, weitere Rechenregeln der Differentialrechnung im obigen Sinne umzudeuten.

### 3.3.5 Quantitative Analyse: Separation der Variablen

Bevor wir diese Gedanken weiter verfolgen, wollen wir uns vom Nutzen einer in 3.3.4 angedeuteten Entwicklung für das Lösen einer Differentialgleichung

$$\dot{x}(t) = f(x(t)), \ t \geq 0 \tag{3.28}$$

überzeugen. Sei $\bar{x}(t)$ eine streng monotone Lösung von (3.28) mit dem Orbit $[\bar{x}(0), b)$ oder $(b, \bar{x}(0)]$. Dann gilt $\bar{x}(t) \to b$ für $t \to +\infty$. Die Funktionswerte $\bar{x}(t)$ durchmessen einmal den Orbit, wenn $t$ von 0 nach $+\infty$ läuft (vgl. die Abschnitte 3.2.3 und 3.2.4). Insbesondere gilt $f(x) \neq 0$ in $[\bar{x}(0), b)$ bzw. $(b, \bar{x}(0)]$. Daher ist $\frac{1}{f(x)}$ in diesem Intervall definiert.

Sei nun $F(x)$

$$\text{Stammfunktion für } \frac{1}{f(x)} :$$

$$F'(x) = \frac{1}{f(x)} \ \text{ in } [\bar{x}(0), b) \text{ bzw. } (b, \bar{x}(0)]. \tag{3.29}$$

Dann gilt

$$\frac{d}{dt}(F(\bar{x}(t))) = F'(\bar{x}(t))\dot{x}(t) = \frac{\dot{\bar{x}}(t)}{f(\bar{x}(t))} = 1 \tag{3.30}$$

für alle $t \geq 0$ (beachte (3.29) und dass $\bar{x}(t)$ (3.28) löst). (3.30) besagt, dass $F(\bar{x}(t))$ eine Stammfunktion von $\varphi(t) = 1$ in $[0, +\infty)$ ist. Anderereits liefert die Tabelle 3.1, dass $\varphi(t) = 1$ in $[0, +\infty)$ die Stammfunktion $\Phi(t) = t$ besitzt. Nach 3.3.3 gibt es eine Konstante $c \in \mathbb{R}$ mit

$$F(\bar{x}(t)) = t + c \text{ für } t \geq 0.$$

Ist $t = 0$, so folgt insbesondere $F(\bar{x}(0)) = c$, also

$$F(\bar{x}(t)) = t + F(\bar{x}(0)) \text{ für } t \geq 0. \tag{3.31}$$

Dieses ist eine **implizite Gleichung** für die gesuchte Lösung $\bar{x}(t)$, welche man (möglicherweise) explizit nach $\bar{x}(t)$ auflösen kann. Dann wäre ein **analytischer Ausdruck** für $\bar{x}(t)$ gewonnen. Die soeben beschriebene Methode bezeichnet man als **Separation der Variablen**.

### 3.3.6 Quantitative Analyse: exponentielles und logistisches Wachstum

Vorgelegt seien unsere beiden Beispiele:

a) Zunächst
$$\dot{x}(t) = Rx(t) \text{ für } t \geq 0. \tag{3.32}$$

Hier ist $f(x) = Rx$. Daher suchen wir eine Stammfunktion für $\frac{1}{Rx}$. Tabelle 3.1 liefert

$$F(x) = \frac{1}{R}\ln(x) \text{ in } (0, +\infty).$$

Damit lautet (3.31) hier

$$\ln \bar{x}(t) = Rt + \ln \bar{x}(0) \text{ für } t \geq 0, \tag{3.33}$$

falls der Orbit von $\bar{x}(t)$ zu $(0, +\infty)$ gehört. Aus (3.33) folgt $\ln\left(\frac{\bar{x}(t)}{\bar{x}(0)}\right) = Rt$ oder nach Anwendung der Exponentialfunktion und Multiplikation mit $\bar{x}(0)$

$$\bar{x}(t) = \bar{x}(0)\exp(Rt), \ t \geq 0. \tag{3.34}$$

Wir sind gut beraten, das Ergebnis zu prüfen (**Probe!**). Nun folgt aber leicht $\dot{\bar{x}}(t) = \bar{x}(0)R\exp(Rt) = R\bar{x}(t)$ für $t \geq 0$ aus (3.34). Wir erkennen, dass (3.34) ohne Einschränkungen eine Lösung von (3.32) liefert, obwohl wir bei der Herleitung die Annahme, dass der Orbit von $\bar{x}(t)$ in $(0, \infty)$ liegt, benötigt haben. Man sollte grundsätzlich die **Probe** machen, wenn man formal durch Separation der Variablen einen analytischen Ausdruck für eine (mögliche) Lösung einer Differentialgleichung gewonnen hat. Bei der Berechnung der Stammfunktion und der Auflösung der impliziten Gleichung lasse man zunächst alle Voraussetzungen unbeachtet, also **freies Rechnen** walten. Die anschließende Probe bringt mögliche Einschränkungen automatisch an den Tag!

b) Weiter mit der Verhulstgleichung:

$$\dot{x}(t) = Rx(t)\left(1 - \frac{x(t)}{K}\right), \ R > 0, \ K > 0. \tag{3.35}$$

In diesem Fall ist $f(x) = Rx\left(1 - \frac{x}{K}\right)$. Gesucht ist eine Stammfunktion von

$$\varphi(x) = \frac{K}{Rx(K - x)}.$$

Nun bestätigt man leicht

$$\varphi(x) = \frac{1}{R}\left[\frac{1}{x} + \frac{1}{K - x}\right] \text{ für } x \neq 0, \ x \neq K.$$

Da $x^{-1}$ bzw. $(K - x)^{-1}$ die Stammfunktion $\ln(x)$ bzw. $-\ln(K - x)$ hat, finden wir mit 3.3.4 die Stammfunktion

$$\Phi(x) = \frac{1}{R}\{\ln(x) - \ln(K - x)\} = \frac{1}{R}\ln\left(\frac{x}{K - x}\right)$$

von $\varphi(x)$ in $(0, K)$. Daher sieht (3.31) hier so aus ($F = \Phi$!)

$$\frac{1}{R}\ln\left(\frac{\bar{x}(t)}{K - \bar{x}(t)}\right) = t + \frac{1}{R}\ln\left(\frac{\bar{x}(0)}{K - \bar{x}(0)}\right)$$

oder etwas umgeformt:

$$\ln\left(\frac{\bar{x}(t)(K - \bar{x}(0))}{\bar{x}(0)(K - \bar{x}(t))}\right) = Rt,$$

$$\bar{x}(t)(K - \bar{x}(0)) = \bar{x}(0)(K - \bar{x}(t))\exp(Rt),$$

$$\bar{x}(t)(K - \bar{x}(0) + \bar{x}(0)\exp(Rt)) = \bar{x}(0)K\exp(Rt).$$

Damit wird

$$\bar{x}(t) = \frac{K\bar{x}(0)\exp(Rt)}{K - \bar{x}(0) + \bar{x}(0)\exp(Rt)} \tag{3.36}$$

oder aber

$$\bar{x}(t) = \frac{K}{1 + \left[\frac{K}{\bar{x}(0)} - 1\right]\exp(-Rt)}, \text{ falls } \bar{x}(0) > 0. \tag{3.37}$$

An (3.36) erkennen wir, dass der Nenner für $\bar{x}(0) \geq 0$ und $t \geq 0$ nicht verschwindet, da er monoton wächst und bei $t = 0$ den Wert $K > 0$ annimmt. Daher existiert auch (3.37) für alle $t \geq 0$.

Zur **Probe** setzen wir (3.36) bzw. (3.37) in unsere Ausgangsgleichung (3.35) ein. Zunächst impliziert $\bar{x}(0) = 0$ sofort $\bar{x}(t) = 0$ (siehe (3.36)), und diese Funktion erfüllt offenbar (3.35). Sei nun $\bar{x}(0) > 0$. Dann benutzen wir (3.37), setzen

$$B := \frac{K}{\bar{x}(0)} - 1$$

und rechnen mit dem Ziel, die Verhulstgleichung entstehen zu lassen

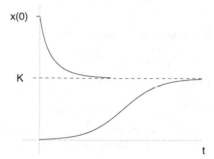

**Abb. 3.5.** Fallende (*oben*) und wachsende (*unten*) Lösungen der Verhulstgleichung

$$\dot{\bar{x}}(t) = K \frac{RB \ \exp(-Rt)}{(1 + B \ \exp(-Rt))^2} = \bar{x}(t)R \frac{B \ \exp(-Rt)}{1 + B \ \exp(-Rt)}$$

$$= \bar{x}(t)R \left[ 1 - \frac{1}{1 + B \ \exp(-Rt)} \right] = \bar{x}(t)R \left[ 1 - \frac{\bar{x}(t)}{K} \right].$$

Damit ist bestätigt, dass (3.36) die Verhulstgleichung löst, falls $\bar{x}(0) \geq 0$ ist. Man beachte, dass wir (wie beim Beispiel a) auf dem Wege der Herleitung von (3.36) Voraussetzungen benötigt haben. Die Probe offenbart, dass diese für das Endergebnis überflüssig sind. Für $0 < \bar{x}(t) < K$ ist der Kurvenverlauf von (3.37) durch die untere Kurve in Abb. 3.5 dargestellt (vgl. auch Abb. 2.13 in Abschnitt 2.6.7). Die Gleichung (3.36) beschreibt eine konstante Funktion, falls $\bar{x}(0) = 0$ oder $\bar{x}(0) = K$ ist. Für $K < \bar{x}(0)$ zeigt die obere Kurve der Abb. 3.5 das Verhalten von (3.37). Damit sind alle (biologisch relevanten) Lösungen der Verhulstgleichung beschrieben. Nur die Lösungen mit $0 \leq \bar{x}(t) \leq K$ wachsen. Im Falle $0 < \bar{x}(t) < K$ spricht man von **logistischem Wachstum** im Gegensatz zum **exponentiellen Wachstum** aus Abschnitt 2.5.6. In diesem Sinne definiert die Verhulstgleichung das logistische Wachstum.

## 3.4 Integrale: Summenregel und Partialbruchzerlegung

### 3.4.1 Motivation

Im vorigen Abschnitt haben wir gelernt, dass das Konzept der Stammfunktion in der Tat ein wichtiges Hilfsmittel ist, **analytische Ausdrücke** für Lösungen einer Evolutionsgleichung

$$\dot{x}(t) = f(x(t)) \tag{3.38}$$

mit einer zweimal differenzierbaren Funktion $f(x)$ zu finden. Daher verfolgen wir diesen Weg weiter. Der Ausbau zum **Integral** liegt unmittelbar am Weg.

### 3.4.2 Integrale

Seien $y(t), z(t)$ zwei Stammfunktionen der reellen Funktion $\varphi(t)$ in $[a, b]$. Nach (3.24) gilt

$$y(t) = z(t) + c \text{ für } t \in [a, b] \tag{3.39}$$

mit einer Konstanten $c \in \mathbb{R}$. Daher besteht

$$y(b) - y(a) = (z(b) + c) - (z(a) + c) = z(b) - z(a),$$

die Differenz $y(b) - y(a)$ ist also unabhängig von der ausgewählten Stammfunktion. Wir nennen diese Größe das **Integral** von $\varphi(t)$ über $[a, b]$ und schreiben dafür

$$\int_a^b \varphi(t)dt := y(b) - y(a) \tag{3.40}$$

mit irgendeiner Stammfunktion $y$ von $\varphi$.

### 3.4.3 Geometrische Interpretation des Integrals

Sei $\varphi(t) > 0$ in $(a, b)$. Ausgangspunkt ist eine Unterteilung von $[a, b]$, welche durch die Schrittweite $h = \frac{1}{N}(b - a)$ und die Stützpunkte $t_j = a + jh$, $j = 0, 1, \ldots, N$ definiert wird, also

$$t_0 = a, \ t_N = b, \ t_{j+1} - t_j = h, \ \text{ für } j = 0, \ldots, N - 1.$$

Die Intervalle $[t_j, t_{j+1})$, $j = 0, \ldots, N - 1$ überdecken offenbar unser Grundintervall $[a, b]$. Rechne nun

$$\int_a^b \varphi(t)dt = y(b) - y(a) = y(t_N) - y(t_0)$$

$$= (y(t_N) - y(t_{N-1})) + (y(t_{N-1}) - y(t_{N-2})) + \cdots + (y(t_1) - y(t_0))$$

$$= (y(t_{N-1} + h) - y(t_{N-1})) + \cdots + (y(t_0 + h) - y(t_0)) \tag{3.41}$$

$$= \sum_{j=0}^{N-1} \frac{y(t_j + h) - y(t_j)}{h} \cdot h.$$

Vergrößerung der Anzahl $N$ der Stützstellen führt zu einer Verkleinerung der Schrittweite $h$. Für hinreichend kleine Schrittweite approximieren die Differenzenquotienten, welche in der letzten Zeile von (3.41) auftreten, die Ableitung von $y$ gemäß

$$\frac{y(t_j + h) - y(t_j)}{h} \approx y'(t_j) = \varphi(t_j). \tag{3.42}$$

Dazu sei auf die Einführung der Veränderungsrate in Abschnitt 2.5.2 verwiesen. Das letzte Gleichheitszeichen in (3.42) ist gerade die Definition einer Stammfunktion für $\varphi$. Verwenden wir (3.42) in (3.41), so sieht man

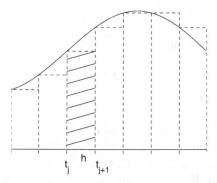

**Abb. 3.6.** Integral und Flächeninhalt: schraffiertes Rechteck hat die Fläche (Grundseite · Höhe =) $h \cdot \varphi(t_j)$

$$\int_a^b \varphi(t)dt \approx \sum_{j=0}^{N-1} \varphi(t_j) \cdot h. \qquad (3.43)$$

Die rechts stehende Darstellung approximiert das Integral immer besser, wenn die Schrittweite $h > 0$ immer kleiner gewählt wird. Beachte, dass die erste Beziehung in (3.42) durch diese Maßnahme immer genauer wird! Mit (3.43) ist unsere **geometrische Interpretation des Integrals** erreicht: Das Produkt $\varphi(t_j) \cdot h$ ist nämlich der Flächeninhalt des Rechtecks, welches über dem Intervall

$$[t_j, t_j + h] = [t_j, t_{j+1}]$$

der Länge $h$ errichtet wird, wenn die Höhe des Rechtecks gerade $\varphi(t_j) > 0$ ausmacht. Die rechte Seite von (3.43) liefert die Summe dieser Flächeninhalte. Die zugehörige Fläche approximiert gerade die Fläche, welche mit Hilfe der Funktion $\varphi(t)$ über dem Intervall $[a, b]$ entsteht (vgl. Abb. 3.6).

### 3.4.4 Integration als Umkehrung der Differentiation

Für jedes $t \in [a, b]$ gilt offenbar

$$\int_a^t \varphi(s)ds = y(t) - y(a),$$

für irgendeine Stammfunktion $y(t)$ von $\varphi(t)$. Da die rechte Seite dieser Gleichung differenzierbar ist, gilt dies auch für die linke, und es gilt

$$\frac{d}{dt}\int_a^t \varphi(s)ds = \dot{y}(t) = \varphi(t). \qquad (3.44)$$

Somit ist $\int_a^t \varphi(s)ds$ eine Stammfunktion von $\varphi(t)$, für die auch kürzer die Schreibweise

$$\int \varphi(s)ds$$

verwendet wird. Wir finden

$$\frac{d}{dt}\int \varphi(s)ds = \varphi(t), \tag{3.45}$$

nennen die Beispiele

$$\int s^n ds = \frac{1}{n+1}t^{n+1} + c, \quad \int \frac{ds}{s(1-s)} = \ln\frac{t}{1-t} + c,$$

und verweisen auf die Abschnitte 3.3.4 und 3.3.6. Formeln dieser Art besagen, dass die Ableitung der rechten Seite die Funktion unter dem Integralzeichen auf der linken Seite liefert. Damit wird noch einmal auf die notwendige **Probe** nach Auffinden einer (möglichen) Stammfunktion hingewiesen.

### 3.4.5 Summenregel

Wir machen davon gleich Gebrauch und behaupten die **Summenregel**

$$\int (\alpha\varphi_1(s) + \beta\varphi_2(s))ds = \alpha\int \varphi_1(s)ds + \beta\int \varphi_2(s)ds. \tag{3.46}$$

Die Probe verlangt die Ableitung der rechten Seite, welche (beachte (3.44)!)

$$\frac{d}{dt}\left[\alpha\int \varphi_1(s)ds + \beta\int \varphi_2(s)ds\right] = \alpha\varphi_1(t) + \beta\varphi_2(t),$$

also die Funktion unter dem Integralzeichen der linken Seite von (3.46) liefert.

Die Summenregel und die **Partialbruchzerlegung** gehören zum Handwerkszeug bei der Angabe einer Stammfunktion für

$$\varphi(t) = \frac{1}{(\alpha - t)(\beta - t)} , \ \alpha, \beta \in \mathbb{R}, \ \alpha < \beta \tag{3.47}$$

in einem Intervall $[a, b]$ mit $\alpha, \beta \notin [a, b]$. Wir versuchen eine Zerlegung der Form

$$\frac{1}{(\alpha - t)(\beta - t)} = \frac{A}{\alpha - t} + \frac{B}{\beta - t} \tag{3.48}$$

mit geeigneten Konstanten $A$ und $B$. Nach der Summenregel folgt dann

$$\int \frac{ds}{(\alpha - s)(\beta - s)} = -A\ln(\alpha - t) - B\ln(\beta - t). \tag{3.49}$$

Zur Sicherheit die Probe:

$$\frac{d}{dt}[-A\,\ln(\alpha - t) - B\,\ln(\beta - t)] = \frac{A}{\alpha - t} + \frac{B}{\beta - t} = \varphi(t)$$

für $t < \alpha(< \beta)$. Es bleibt nur übrig, $A$ und $B$ zu konstruieren: Aus (3.48) folgt sofort

$$\frac{1}{(\alpha - t)(\beta - t)} = \frac{A(\beta - t) + B(\alpha - t)}{(\alpha - t)(\beta - t)} \text{ , falls } (\beta - t)(\alpha - t) \neq 0$$

und damit auch

$$1 = A\beta + B\alpha - t(A + B). \tag{3.50}$$

Auf beiden Seiten von (3.50) stehen Geraden, welche nur dann übereinstimmen, wenn Steigungen und Achsenabschnitte gleich sind. Das aber bedeutet

$$\text{Steigungen: } 0 = A + B, \text{ Achsenabschnitte: } 1 = A\beta + B\alpha \tag{3.51}$$

(**Koeffizientenvergleich**). Die Bedingungen (3.51) verlangen

$$A = -B \quad \text{und} \quad 1 = A\beta - A\alpha = A(\beta - \alpha)$$

oder

$$A = (\beta - \alpha)^{-1} \quad \text{und} \quad B = -A.$$

Zusammen mit (3.49) wird

$$\int \frac{ds}{(\alpha - s)(\beta - s)} = \frac{1}{\beta - \alpha}\{\ln(\beta - t) - \ln(\alpha - t)\} + c$$

$$= \frac{1}{\beta - \alpha}\,\ln\left(\frac{\beta - t}{\alpha - t}\right) + c, \text{ falls } (\beta - t)(\alpha - t) > 0 \text{ und } \alpha < \beta. \tag{3.52}$$

Wir überlassen dem Leser die Probe!

**Übung 29.**
Zeige durch Differentiation der rechten Seite von (3.52), dass die Gleichung (3.52) besteht.

### 3.4.6 Quantitative Behandlung einer Ratengleichung

Als Anwendung behandeln wir die Evolutionsgleichung

$$\dot{x}(t) = (\alpha - x(t))(\beta - x(t)) =: f(x(t)), \; \alpha < \beta. \tag{3.53}$$

Die qualitative Analyse besteht aus der Abb. 3.7. Sie zeigt zwei stationäre Punkte $\alpha, \beta$, ersterer ist stabil und letzterer instabil. Die übrigen Orbits sind durch Pfeile am herausgehobenen Phasenstrahl angedeutet.

Nun aber zur quantitativen Analyse: Wegen (3.52) ist

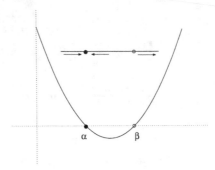

**Abb. 3.7.** Qualitative Analyse für (3.53): $f(\eta) = (\alpha - \eta)(\beta - \eta)$

$$F(x) = \frac{1}{\beta - \alpha} \ln\left(\frac{\beta - x}{\alpha - x}\right)$$

eine Stammfunktion von $(\alpha - x)^{-1}(\beta - x)^{-1}$. Daher lautet die implizite Gleichung (3.31) aus Abschnitt 3.3.5 hier so:

$$\frac{1}{\beta - \alpha} \ln\left(\frac{\beta - x(t)}{\alpha - x(t)}\right) = t + \frac{1}{\beta - \alpha} \ln\left(\frac{\beta - x(0)}{\alpha - x(0)}\right).$$

Es folgt

$$\ln\left(\frac{(\beta - x(t))(\alpha - x(0))}{(\alpha - x(t))(\beta - x(0))}\right) = (\beta - \alpha)t,$$

oder

$$(\beta - x(t))(\alpha - x(0)) = (\alpha - x(t))(\beta - x(0))\exp((\beta - \alpha)t),$$

$$x(t)\{(\beta - x(0))\exp((\beta - \alpha)t) - (\alpha - x(0))\}$$

$$= \alpha(\beta - x(0))\exp((\beta - \alpha)t) - \beta(\alpha - x(0)),$$

also schließlich

$$x(t) = \frac{\alpha(\beta - x(0)) - \beta(\alpha - x(0))\exp(-(\beta - \alpha)t)}{(\beta - x(0)) - (\alpha - x(0))\exp(-(\beta - \alpha)t)}. \tag{3.54}$$

Damit ist das **freie Rechnen** abgeschlossen, und nun die **Probe**: Sie setzt voraus, dass der Ausdruck (3.54) vorhanden ist, sein Nenner

$$N(t) := (\beta - x(0)) - (\alpha - x(0))\exp(-(\beta - \alpha)t)$$

**nicht** verschwindet! Dazu fällt uns auf, dass $N(t)$ monoton wächst, falls $\alpha - x(0) \geq 0$. Daher ist

$$N(t) \geq N(0) = \beta - \alpha > 0, \text{ falls } x(0) \leq \alpha \text{ und } t \geq 0. \tag{3.55}$$

Solange der Nenner in (3.54) nicht verschwindet (hier bleibt er wegen (3.55) positiv), existiert der analytische Ausdruck (3.54).

Nun zum Fall

$$\alpha < x(0) \leq \beta.$$

Dann fällt $N(t)$ streng monoton, und es gilt

$$N(0) = \beta - \alpha > 0, \ N(t) \overset{t \to \infty}{\longrightarrow} \beta - x(0) \geq 0,$$

so dass $0 < N(t) \leq N(0) = \beta - \alpha$ für $t \geq 0$ besteht. Wie eben existiert auch hier (3.54) für alle $t \geq 0$.

Zusammenfassend sei festgehalten, dass der Ausdruck (3.54) für

$$x(0) \leq \beta \tag{3.56}$$

stets vorhanden ist.

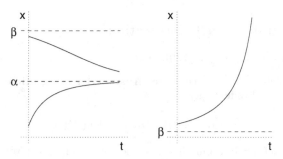

**Abb. 3.8.** Sättigende (*links*) und über alle Grenzen wachsende (*rechts*) Lösungen von (3.53)

Der Vollständigkeit halber sehen wir uns die Möglichkeit $\beta < x(0)$ an: Nun spielt der Wert

$$\bar{t} := \frac{1}{\beta - \alpha} \ \ln \left[ \frac{x(0) - \alpha}{x(0) - \beta} \right] > 0$$

eine Sonderrolle: Durch Einsetzen in $N(t)$ stellt man nämlich $N(\bar{t}) = 0$ sofort fest: Für $\bar{t}$ ist (3.54) nicht definiert! Weiter zeigt eine leichte Rechnung

$$N(t) > 0 \Leftrightarrow t < \bar{t}.$$

Die Kurve in der rechten Zeichnung von Abb. 3.8 ist oberhalb von $\beta$ gestartet: Wir erkennen, dass die Funktionswerte in der Nähe einer endlichen Zeit $\bar{t}$ über alle Grenzen wachsen, in Übereinstimmung mit unserer theoretischen Analyse. Ein solcher Vorgang würde nach endlicher Zeit 'explodieren'. Da allein Lösungen interessieren, die für alle Zeiten $t \geq 0$ bestehen, ist die Annahme (3.56) zwingend. Dann aber liest man

$$x(t) \to \alpha \text{ für } t \to \infty \text{ und } x(0) < \beta,$$

$$x(t) = \beta \text{ für } t \geq 0 \text{ und } x(0) = \beta,$$

in (3.54) ab. Die unterhalb $\beta$ gestarteten Kurven der linken Figur in Abb. 3.8 zeigen den zeitlichen Verlauf.

Nach dieser Vorarbeit kann die **Probe** beginnen. Sie steht freilich unter der Voraussetzung (3.56). Die nötige Ableitung bleibe dem Leser überlassen: Dazu die **unverzichtbare**

**Übung 30.**
Sei (3.56) erfüllt. Differenziere den analytischen Ausdruck (3.54) und zeige, dass dieser die Differentialgleichung (3.53) löst.

## 3.5 Integral: partielle Integration

### 3.5.1 Umkehrung der Produktregel

In diesem Abschnitt verfolgen wir den **Ausbau der Integrationsmethoden** und wollen die Produktregel

$$\frac{d}{dt}(u(t)v(t)) = \dot{u}(t)v(t) + u(t)\dot{v}(t) \tag{3.57}$$

in eine Regel der Integralrechnung umdeuten. Man spricht von **partieller Integration**. Offenbar besagt (3.57), dass $u(t)v(t)$ eine Stammfunktion von $\dot{u}(t)v(t) + u(t)\dot{v}(t)$ ist:

$$\int (\dot{u}(s)v(s) + u(s)\dot{v}(s))ds = u(t)v(t).$$

Die Verwendung der Summenregel führt auf

$$\int \dot{u}(s)v(s)ds + \int u(s)\dot{v}(s)ds = u(t)v(t), \tag{3.58}$$

oder bei festen Intervallgrenzen

$$\int_a^b \dot{u}(s)v(s)ds + \int_a^b u(s)\dot{v}(s)ds = u(b)v(b) - u(a)v(a) =: u(t)v(t)|_a^b. \tag{3.59}$$

Der Leser möge die mit dem letzten Gleichheitszeichen eingeführte Symbolik beachten. Die Verwendung von (3.59) geht von

$$\int_a^b \dot{u}(s)v(s)ds = u(t)v(t)|_a^b - \int_a^b u(s)\dot{v}(s)ds$$

$$\underset{\substack{\textbf{schwer}\\ \text{zu berechnen}}}{} \qquad \underset{\substack{\textbf{leicht}\\ \text{zu berechnen}}}{} \tag{3.60}$$

aus. Es muss also 'leicht' sein, von dem rechts stehenden Integranden $u(s)\dot{v}(s)$ eine Stammfunktion zu finden, während die Stammfunktion des links stehenden Integranden $\dot{u}(s)v(s)$ gesucht wird.

### 3.5.2 RNA-Gehalt einer Zelle

Die Zellen einer exponentiell sich vermehrenden Population mögen in der Zeit $T > 0$ jeweils einen Zellzyklus durchlaufen. Der mittlere RNA-Gehalt aller Zellen während des Zeitintervalls $[0, T]$ ist bis auf einen konstanten Faktor gegeben durch das Integral

$$I := \int_0^T \left( \frac{\Theta}{T} + 1 \right) \cdot \exp(-k\Theta)d\Theta \tag{3.61}$$

mit der gemäß

$$kT = \ln(2) \tag{3.62}$$

definierten Konstanten $k$. Zu diesem Themenkreis sei der Leser auf [3] verwiesen. In unserem Zusammenhang interessiert die Auswertung des Integrals (3.61). Zunächst liefert die Summenregel

$$I = \frac{1}{T} \int_0^T \Theta \exp(-k\Theta)d\Theta + \int_0^T \exp(-k\Theta)d\Theta. \tag{3.63}$$

Das letzte Integral ist sofort ausgerechnet:

$$\int_0^T \exp(-k\Theta)d\Theta = \left[ -\frac{1}{k} \exp(-k\Theta) \right]_0^T = \frac{1}{k}(1 - \exp(-kT)). \tag{3.64}$$

**Übung 31.**
Bestätige die in (3.64) behauptete Stammfunktion!

Wir wenden uns nun dem ersten Integral in (3.63) zu und versuchen geeignete Funktionen $u(\theta)$, $v(\theta)$ zu raten, so dass (3.59) benutzt werden kann. Setze

$$\dot{u}(\Theta) = \exp(-k\Theta), \quad v(\Theta) = \Theta \tag{3.65}$$

und finde

$$\int_0^T \Theta \exp(-k\Theta)d\Theta = \int_0^T \dot{u}(\Theta)v(\Theta)d\Theta = u(\Theta)v(\Theta) \big|_0^T - \int_0^T u(\Theta)\dot{v}(\Theta)d\Theta$$

mit (3.59). Wegen (3.65) wird $u(\Theta) = -k^{-1} \exp(-k\Theta)$, $\dot{v}(\Theta) = 1$, so dass

$$\int_0^T \Theta \, \exp(-k\Theta) d\Theta = -\frac{1}{k} T \exp(-kT) + \int_0^T \frac{1}{k} \, \exp(-k\Theta) d\Theta$$

$$= -\frac{1}{k} T \, \exp(-kT) + \left[ -\frac{1}{k^2} \, \exp(-k\Theta) \right]_0^T$$

$$= -\frac{1}{k} \left[ T \, \exp(-kT) + \frac{1}{k}(\exp(-kT) - 1) \right]$$

gilt. Zusammen mit (3.64), (3.62) findet man schließlich

$$I = -\frac{1}{kT} \left[ T \, \exp(-kT) + \frac{1}{k}(\exp(-kT) - 1) \right] + \frac{1}{k} \left[ 1 - \exp(-kT) \right]$$

$$= -\frac{2}{k} \exp(-kT) + \frac{1}{k} - \frac{1}{k^2 T}(\exp(-kT) - 1) = \frac{1}{k} \left[ -1 + 1 - \frac{1}{\ln(2)} \left( \frac{1}{2} - 1 \right) \right]$$

wegen

$$\exp(-kT) = \frac{1}{\exp(kT)} = \frac{1}{\exp(\ln 2)} = \frac{1}{2} \, .$$

Unser Ergebnis lautet $I = (2k \, \ln(2))^{-1}$.

### 3.5.3 Zur Idee der partiellen Integration

Die Methode der partiellen Integration, so wie sie in 3.5.2 verwendet wird, läuft auf folgendes Schema hinaus:

$$\int_0^T \underbrace{\Theta}_{v} \underbrace{\exp(-k\Theta)}_{\dot{u}} d\Theta$$

$$= \left[ \underbrace{\Theta}_{v} \left( \underbrace{-\frac{1}{k} \exp(-k\Theta)}_{u} \right) \right]_0^T - \int_0^T \underbrace{1}_{\dot{v}} \left( \underbrace{-\frac{1}{k} \exp(-k\Theta)}_{u} \right) d\Theta.$$

Es geht also darum, das zu integrierende Produkt mit dem Integral auf der linken Seite von (3.60) zu identifizieren. Damit sind $u$ und $v$ festgelegt, (3.60) wird mit diesen Funktionen hingeschrieben, wobei das Integral auf der rechten Seite von (3.60) 'einfach auswertbar' sein muss. Im obigen Fall kann man auch folgenden Versuch unternehmen:

$$\int_0^T \underbrace{\Theta}_{\dot{u}} \underbrace{\exp(-k\Theta)}_{v} d\Theta =$$

$$= \left[ \underbrace{\frac{1}{2}\Theta^2}_{u} \underbrace{\exp(-k\Theta)}_{v} \right]_0^T - \int_0^T \underbrace{\frac{1}{2}\Theta^2}_{u} \underbrace{\left( -k \ \exp(-k\Theta) \right)}_{\dot{v}} d\Theta.$$

Nur scheint das letzte Integral komplizierter zu sein als das erste, so dass wir diesen Versuch aufgeben (vgl. (3.60)!).

## 3.6 Existenz und Eindeutigkeit

### 3.6.1 Lösbarkeit von Anfangswertaufgaben

Zum letzten Mal: Gegeben sei

$$\dot{x}(t) = f(x(t)) \tag{3.66}$$

mit einer zweimal differenzierbaren Funktion

$$f : \mathbb{R} \to \mathbb{R}.$$

Es besteht dann der **Existenz- und Eindeutigkeitssatz**, welcher besagt, dass (3.66) für jeden

$$\text{Anfangswert } \bar{x}(0) \in \mathbb{R}$$

**genau** eine Lösung $\bar{x}(t)$ besitzt, welche in einem Intervall $[0, T)$ mit

$$T \in \mathbb{R}, \ T > 0 \ \text{oder} \ T = +\infty \tag{3.67}$$

erklärt ist.

Biologisch interessante Lösungen sollten $T = +\infty$ erfüllen, weil es i.A. keinen Grund dafür gibt, dass die Evolution nach endlicher Zeit aufhört zu existieren. So zeigen die Ausführungen in Abschnitt 3.2, dass es alle **beschränkten** Evolutionen $x(t)$ auch für alle Zeiten $t \geq 0$ gibt. Dabei heißt eine Evolution beschränkt, falls es ein reelles (von $t \geq 0$ unabhängiges) $\kappa > 0$ gibt mit

$$|x(t)| \leq \kappa, \ \text{für alle } t \text{ in } \textbf{jedem} \text{ Existenzintervall der Lösung } x(t). \tag{3.68}$$

Wirkungen, die nicht über alle Grenzen wachsen (das besagt gerade (3.68)), gibt es stets für alle Zeiten $t \geq 0$! Eine Population z.B., die ihren Umfang begrenzt hält, existiert auch für alle Zeiten! Demgegenüber lässt (3.53) aus Abschnitt 3.4.6 Lösungen zu, die es nicht für alle Zeiten $t \geq 0$ gibt und 'unbegrenzte Wirkung' zeigen (vgl. die rechte Zeichnung von Abb. 3.8).

### 3.6.2 Lösungsgesamtheit

Eine weitere Folge des Existenz- und Eindeutigkeitssatzes lautet so: **Alle** Lösungen für (3.66) sind gefunden, wenn wir zu **jedem** Anfangswert $x(0) \in \mathbb{R}$ die zugehörige Lösung von (3.66) angeben können. So wird in Abschnitt 3.3.6 der analytische Ausdruck

$$\bar{x}(t) = \frac{K\bar{x}(0)}{\bar{x}(0) + (K - \bar{x}(0)) \exp(-Rt)} \, , \, t \geq 0, \;\; x(0) \geq 0 \qquad (3.69)$$

gewonnen und erkannt, dass er die Verhulstgleichung

$$\dot{x}(t) = Rx(t)\left(1 - \frac{x(t)}{K}\right) \, , \, x(0) \geq 0 \qquad (3.70)$$

löst. Dann kann es aber keine weiteren Lösungen von (3.70) geben, weil (3.69) für jeden Anfangswert $\bar{x}(0) \geq 0$ eine Lösung vorsieht! Vergleiche dazu das weitere Beispiel in Abschnitt 6.6.3, welches von einem System handelt.

## 3.7 Übungsaufgaben

### 3.7.1 Differentialgleichungen, Anfangswertaufgaben

**Übung 32.**
(a) Zeige, dass die Funktion

$$x(t) = a + b \exp(-ct), \; t \geq 0$$

für beliebige reelle Konstanten $a$, $b$, $c$ die Differentialgleichung

$\dot{x} = c(a - x)$ löst.

(b) Sei $x_0 \in \mathbb{R}$ gegeben. Wie muss $b$ in Abhängigkeit von $a$ und $x_0$ gewählt werden, damit $x(0) = x_0$ gilt? Finde $x(t)$ in Abhängigkeit von $a$, $c$ und $x_0$. Bestimme nun eine Lösung $x(t)$ der Anfangswertaufgabe

$$\dot{x} = 1 - x, \; x(0) = x_0.$$

Diskutiere für $x(t)$ das Monotonieverhalten und das Grenzverhalten für $t \to \infty$ in den Fällen $x_0 < 1$, $x_0 = 1$ und $x_0 > 1$. Zeichne die zugehörigen Graphen qualitativ in ein gemeinsames Diagramm.

**Übung 33.**
Gegeben sei die Differentialgleichung

$$\dot{x} = x(1 - x)(x^2 - 5x + 6) \exp(x) =: f(x).$$

Berechne die stationären Punkte.

**Übung 34.**

Das Substrat $X$ werde durch das Enzym $E$ abgebaut. In dimensionsloser Form bestehe zu jedem Zeitpunkt $t \geq 0$ zwischen der Konzentrationsveränderung $\dot{x}(t)$ und der Substratkonzentration $x(t)$ der Zusammenhang

$$\dot{x}(t) = -\frac{x(t)}{1 + x(t)} \ .$$

Durch diese Beziehung wird eine Funktion $v$ definiert, die jeder Anfangskonzentration $x(0)$ die Veränderungsrate $\dot{x}(0)$ zuordnet. Finde den analytischen Ausdruck für $v = v(\eta)$. Zeichne $v = v(\eta)$ qualitativ für $\eta \geq 0$. Gegeben seien nun die Anfangskonzentrationen $x_i(0) = i$, $i = 0, 1, 2, 3$. Zeichne für $t \geq 0$ die Graphen der Funktionen $T_i : t \to x_i(0) + v(x_i(0))t$ für $i = 0, 1, 2, 3$ in ein gemeinsames Diagramm.

**Übung 35.**

Betrachtet wird die Differentialgleichung

$$\dot{x} = f(x) := -5x\,(x - 4)^2. \tag{3.71}$$

**(a)** Zeichne den Graphen von $f$ qualitativ, finde die stationären Punkte von (3.71), bestimme deren Stabilität und trage die Richtungspfeile der skalaren Evolutionen ein.

**(b)** Für welche Anfangswerte $x(0)$ besitzt die zugehörige Lösung von (3.71) einen Wendepunkt?

**(c)** Übertrage die Ergebnisse in ein $(t, x)$-Diagramm: Zeichne dazu die Lösungen zu den Anfangswerten $-2, 1, 3$ qualitativ.

**Übung 36.**

Fertige eine qualitative Skizze der Funktion $x(t)$, welche die Anfangswertaufgabe

$$\dot{x}(t) = x(t) \cdot (1 - x(t)) \cdot \exp(-3x(t)), \quad x(0) = 3$$

löst, aus der

(i)     die Monotonieverhältnisse,

(ii)    das Langzeitverhalten,

(iii)   die Krümmungsverhältnisse

klar hervorgehen.

**Übung 37.**

Die Funktion $y(t)$, $t \geq 0$ mit $y(0) = 0$ besitze qualitativ die Gestalt der Abb. 3.9. Zum Zeitpunkt $t_{\mathrm{WP}}$ liegt ein Wendepunkt vor. Welche der folgenden Anfangswertaufgaben könnte $y(t)$ lösen?

(i)     $\dot{x} = -x^2 + 2x, \ x(0) = 0,$

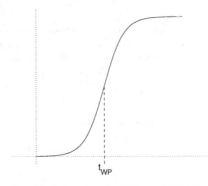

**Abb. 3.9.** Kann diese Funktion eine der Differentialgleichungen (i)-(iv) lösen?

(ii)    $\dot{x} = \frac{1-x^2}{1+x^2}$, $x(0) = 0$,

(iii)   $\dot{x} = (x+1)(2-x)$, $x(0) = 1$,

(iv)   $\dot{x} = 2 - x$, $x(0) = 0$.

**Übung 38.**

Finde einen analytischen Ausdruck (mit der Probe!) für die Lösung $\bar{x}(t)$, $t \geq 0$ der Anfangswertaufgabe

$$\dot{x}(t) = x(t) \cdot (x(t) - 3), \quad x(0) = 2.$$

Zu welchen Zeitpunkten besitzt $\bar{x}(t)$ Wendepunkte?

**Übung 39.**

Berechne die Lösung der skalaren Evolution

$$\dot{x} = -x^4 \,,$$

die zur Zeit $t = 0$ den Wert 8 hat (Probe!). Welchen Wert findet man an der Stelle $t = 1$?

### 3.7.2 Integration

**Übung 40.**

Bestimme eine Stammfunktion $F(t)$ von

(i)     $f(t) = 1 + t + t^4$,

(ii)    $f(t) = \exp(t) + t^{3/2}$,

(iii)   $f(t) = t^{-2} - 2t^{-1} + t^{1/2} - 1 - (4t)^{1/2} + \sqrt{t} + (2t+1)^2 + 3.5t^{2.5}$,

(iv)   $f(t) = (5t+4)^3 + \exp(6t)$

für $t > 0$.

## Übung 41.
Berechne durch Partialbruchzerlegung:

(a) $\displaystyle\int_2^5 \frac{\mathrm{d}x}{x^2 + 6x - 7}$,

(b) $\displaystyle\int \frac{x + 3}{x^2 + x}\,\mathrm{d}x$.

## Übung 42.
(a) Finde eine Stammfunktion von

$$f(x) = \frac{x^4 - 25}{(x^3 + 3x^2 - 5x - 15)(x^2 + 5)} \, , x \geq 6.$$

(b) Berechne:

$$\int_{-1}^1 \frac{x + 3}{(x^2 - 9)(x - 4)}\,\mathrm{d}x.$$

## Übung 43.
Berechne mittels partieller Integration:

(a) $\displaystyle\int_1^2 x^3 \ln(x^2)\,dx$,

(b) $\displaystyle\int_0^1 t^2 \exp(-t)\,dt$,

(c) $\displaystyle\int_1^2 \sqrt{x}\ln(x)\,dx$.

# 4

## Beschreibung von Vorgängen mit mehr als einer unabhängigen Variablen

### 4.1 Das Geschehen in diesem Kapitel

Unsere Beispielgröße $x$ sei wieder der Umfang einer Population, die bisher als Entwicklung in der Zeit $t$ behandelt worden ist und zur Untersuchung von Funktionen $x(t)$ geführt hat. Es ist sofort verständlich, dass die Population sich nicht nur in der Zeit, sondern z. B. auch in einer vorgegebenen Situation der Umwelt entwickelt. Das können widrige Umstände sein, welche durch Wetter oder Feinde hervorgerufen werden. In unseren bisherigen Überlegungen tritt die Umweltkonstante $K$ auf, eine Größe, die für die hier angesprochenen Geschehnisse zuständig ist. So tritt uns eine weitere Abhängigkeit der Größe $x$ von einer anderen Größe $K$ entgegen, es entsteht

$$x(t, K),$$

eine Funktion $x$ von zwei Variblen $t$ und $K$. Der analytische Ausdruck

$$x(t, K) = \frac{x(0)K}{x(0) + (K - x(0))\exp(-Rt)} \tag{4.1}$$

aus dem ersten Kapitel (vgl. (2.94) in 2.5.5) sieht diese Abhängigkeit bereits vor. Er offenbart gleichzeitig eine Abhängigkeit vom Anfangswert $x(0)$. Der allgemeine Rahmen für so entstehende mathematische Konstrukte ist eine reellwertige Funktion $G$ in Abhängigkeit von $N$ unabhängigen reellen Variablen

$$G(\eta_1, \ldots, \eta_N). \tag{4.2}$$

$G$ wie auch $\eta_j$, $j = 1, \ldots, N$ sind Größen, und (4.2) beschreibt eine Abhängigkeit der einen von den anderen.

Wie im ersten Kapitel tritt auch hier die Frage nach der **Veränderung** von $G$ auf. Veränderung aber gibt es niemals 'an sich' sondern ist immer 'in Bezug auf etwas anderes'. Im Falle von (4.2) kann sich die Veränderung von

$G$ nur auf jede der anderen Größen $\eta_j$ beziehen. Dies führt zur Definition der **partiellen Ableitungen**

$$G_{\eta_j}(\eta_1, \ldots, \eta_N), \ j = 1, \ldots, N. \tag{4.3}$$

Sie beschreiben die Veränderung der Größe $G$ bezüglich $\eta_j$. Im Falle einer Abhängigkeit (4.2) ist man auch daran interessiert, die Veränderung von $G$ bezüglich der Gesamtheit $\eta_1, \ldots, \eta_N$ zu behandeln. Dies führt zum **vollständigen Differential** $dG$ in der Form

$$dG(\eta_1, \eta_2) = G_{\eta_1}(\eta_1, \eta_2)d\eta_1 + G_{\eta_2}(\eta_1, \eta_2)d\eta_2, \tag{4.4}$$

wenn $N = 2$ ist. $d\eta_1$ und $d\eta_2$ bezeichnen die jeweiligen Differentiale der Größen $\eta_1$, $\eta_2$. So ist durch (4.4) die **totale Veränderung** von $G$ in Abhängigkeit der totalen Veränderung der Größen $\eta_1$ und $\eta_2$ beschrieben. Die **Taylor-Entwicklung** kann als Approximation von (4.4) gedeutet werden.

Damit ist das **Lernziel** klar: Beherrschung von Funktionen (4.2) und ihren partiellen Veränderungen (4.3) sowie der totalen Veränderung (4.4) als mathematische Analoga für eine Abhängigkeit einer Größe von anderen Größen in der Natur.

## 4.2 Funktionen mehrerer Veränderlicher: Größen

### 4.2.1 Motivation

Soweit war nur von Funktionen $f(x)$ **einer** Veränderlichen $x$ die Rede. Meistens hängt der Zustand eines natürlichen Systems jedoch von mehreren unabhängigen Variablen $x_1, \ldots, x_N$ ab, ist also eine Funktion von ihnen:

$$f(x_1, \ldots, x_N). \tag{4.5}$$

Der in Abschnitt 2.4.1 angelegte allgemeine Funktionsbegriff kommt nun zum Einsatz!

Wir beginnen unsere Untersuchungen von (4.5) mit Beispielen zur Interaktion von Populationen allgemeiner Art. In 4.2.2 geht es um eine klassische Situation der **Mikrobiologie**. In 4.2.3 weisen wir auf **Räuber-Beute**-Interaktionen hin. Schließlich stellt 4.2.4 ein spekulatives Modell zu einer Frage aus der **präbiotischen Evolution** vor. Es geht uns in diesem Kapitel nur darum, Funktionen in Abhängigkeit von mehreren Variablen zu begegnen und ihre wichtigsten Eigenschaften zu behandeln. Solche Funktionen können Größen beschreiben, an deren Veränderung wir naturgemäß interessiert sind. Die in den folgenden Unterabschnitten auftretenden Systeme von dynamischen Gleichungen selbst werden erst in Kapitel 6 Gegenstand einer ausführlicheren Betrachtung sein.

## 4.2.2 Wachstum einer Population auf einem Substrat

Gegeben sei eine **Population** $Y$ von Organismen in einem stillen Teil eines Gewässers. Ihre Konzentration zum Zeitpunkt $t$ in dem Beobachtungsgebiet sei $y(t)$. Für ihre Entwicklung gilt eine Gleichung

$$\dot{y} = \mu y. \tag{4.6}$$

Die Größe $\mu$ wird i.A. eine Funktion sein, etwa

$$\mu = R\left(1 - \frac{y}{K}\right) \tag{4.7}$$

im Falle der Verhulstgleichung. Hängt $\mu$ nur von $y$ ab, d.h. $\mu = \mu(y)$, so beschreibt (4.6) die Entwicklung der Population allein aufgrund ihres eigenen Umfangs $y$. Dies führt stets auf ein skalares Modell (vgl. Abschnitt 3.2.1), die bisher ausschließlich behandelte Situation.

Die vorliegenden Untersuchungen berücksichtigen, dass die Population $Y$ von einem Substratangebot $X$ lebt. Dann ist nicht nur $y(t)$ eine dynamische Größe, sondern auch $x = x(t)$, die Konzentration des **Substrats** $X$ zum Zeitpunkt $t$: Z.B. wird der Vorrat $X$ sinken, weil $Y$ ihn verbraucht. Es soll die Interaktion beider Populationen $X$ und $Y$ beschrieben werden. Nun wird $\mu$ von $x$ abhängen: $\mu = \mu(x)$, wir finden

$$\dot{y}(t) = \mu(x(t))y(t) \tag{4.8}$$

und stellen uns eine qualitative Darstellung von $\mu(x)$ gemäß Abb. 4.1 vor. Wesentlich ist das monotone und sättigende Verhalten der Kurve. Es ent-

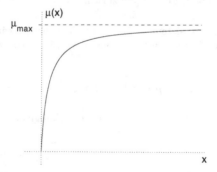

**Abb. 4.1.** Qualitative Abhängigkeit der Replikationsrate $\mu$ vom Substrat $x$

spricht der Annahme, dass die Vermehrungsrate bei steigendem Nahrungsangebot zwar wächst, aber über einen Grenzwert nicht hinausgeht, wie viel

Substrat auch vorhanden sein mag. Ein möglicher analytischer Ausdruck mit den genannten qualitativen Eigenschaften lautet

$$\mu(x) = \frac{\mu_{\max} \cdot x}{K + x} \ , \ K, \ \mu_{\max} \in \mathbb{R}, \ \mu_{\max} > 0, \ K > 0. \tag{4.9}$$

Die Nahrungsaufnahme durch die Organismen beeinflusst die Veränderungsrate $\dot{x}$ des Substrats negativ, wir können $\dot{x}$ proportional zu der Vermehrung $\mu(x)y$ der Organismen in (4.8) ansetzen, also

$$\dot{x}(t) = -\frac{1}{\gamma}\mu(x(t))y(t) \tag{4.10}$$

mit dem Proportionalitätsfaktor $\gamma^{-1}$. Die Dimensionen

$$\left[\frac{\text{Organismen}}{\text{Zeit}}\right] \ \text{für} \ \mu(x)y$$

bzw.

$$\left[\frac{\text{Substrat}}{\text{Zeit}}\right] \ \text{für} \ \dot{x}$$

liefern die Dimension

$$\left[\frac{\text{Organismen}}{\text{Substrat}}\right] \ \text{für} \ \gamma, \tag{4.11}$$

weil (4.10) die Beziehung

$$\frac{\text{Substrat}}{\text{Zeit}} = \frac{1}{\gamma} \cdot \frac{\text{Organismen}}{\text{Zeit}}$$

nach sich zieht. Man nennt $\gamma$ wegen (4.11) auch den **Ertrag**. Das Modell (4.8), (4.9), (4.10) geht auf J. Monod [30] zurück.

In dem hier interessierenden Zusammenhang heben wir hervor, dass die rechten Seiten des dynamischen Systems (4.8), (4.10) von zwei Unbekannten $x, y$ abhängen:

$$f(x,y) = \mu(x)y \ \text{bzw.} \ g(x,y) = -\frac{1}{\gamma}\mu(x)y, \tag{4.12}$$

zwei Beispiele reeller Funktionen von zwei unabhängigen Variablen.

### 4.2.3 Räuber-Beute-Interaktion

In der Situation von 4.2.2 kann man die Organismen $Y$ als Räuber ansehen, welche die Beute (das Substrat) $X$ jagen. Üblicherweise (vgl. [40] oder [39]) wird bei Räuber-Beute-Interaktionen

$$\mu(x) = \delta x, \ \delta > 0 \tag{4.13}$$

und ein Sterbeterm für die Räuber (proportional zu $-y$) sowie natürliche Entstehung der Beute (proportional zu $x$) angenommen. Dann geht (4.8), (4.10) in das **Räuber-Beute-Modell**

$$\dot{y}(t) = \delta x(t)y(t) - \alpha y(t) = y(t)(\delta x(t) - \alpha),\ \alpha > 0,$$

$$\dot{x}(t) = -\gamma^{-1}\delta x(t)y(t) + \beta x(t) = x(t)(\beta - \gamma^{-1}\delta y(t)),\ \beta > 0,$$

(4.14)

über. Uns interessieren an (4.14) zunächst nur die beiden reellen Funktionen

$$f(x,y) = y(\delta x - \alpha),\ \ g(x,y) = x(\beta - \gamma^{-1}\delta y) \qquad (4.15)$$

von zwei Variablen auf der rechten Seite. Genauer gesagt, handelt es sich um **Polynome in $x$ und $y$**. Halten wir $x$ oder $y$ fest, so sind (4.15) Geraden in $y$ oder $x$.

Die beiden Systeme (4.8), (4.9), (4.10) einerseits und (4.14) andererseits, so nahe sie auch beieinander zu sein scheinen, lassen grundsätzlich verschiedene Phänomene im Langzeitverhalten ihrer Lösungen erkennen. Während jede Evolution von (4.8), (4.9), (4.10) mit positiven Anfangswerten stationär wird, schwingen die entsprechenden Lösungen von (4.14), falls sie nicht im stationären Punkt gestartet werden! Mehr dazu in 6.3 und 6.4.

### 4.2.4 Präbiotische Evolution

Als letztes Beispiel wählen wir ein **Konkurrenzmodell**. Es handelt sich um zwei Arten von RNA-Strängen, die in der Konzentration $x(t)$, $y(t)$ zum Zeitpunkt $t$ in einem Beobachtungsvolumen vorhanden seien. Beide Arten treten in Konkurrenz mit dem Ergebnis, dass im Langzeitverhalten die eine ausstirbt (ihre Konzentration also für $t \to \infty$ nach 0 strebt) und die andere das Beobachtungsvolumen ausfüllt (ihre Konzentration sättigt bei einem positiven Wert für große Zeiten $t$). Das so beschriebene Verhalten entspricht der Vorstellung, dass während der präbiotischen Evolution Auswahlprozesse abgelaufen sind, bei denen weniger geeignete RNA-Stränge den besser angepassten unterlegen und ausgestorben sind. Dafür gibt M. Eigen in [13] ein Modell an, welches in seiner einfachsten Form so lautet:

$$\dot{x}(t) = [a - \Phi(x(t),y(t))]x(t),\ a > 0,$$

$$\dot{y}(t) = [b - \Phi(x(t),y(t))]y(t),\ b > 0.$$

(4.16)

Die reelle Funktion $\Phi$ von zwei Variablen ist rational

$$\Phi(x,y) = \frac{ax + by}{x + y}\,. \qquad (4.17)$$

Der erste Summand $ax$ bzw. $by$ auf der rechten Seite von (4.16) signalisiert exponentielles Wachstum von $x$ und $y$. Der weitere Summand mit der Funktion $\Phi$ aus (4.17) sorgt dafür, dass die Gesamtkonzentration $x(t) + y(t)$ während der Evolution konstant bleibt.

**Übung 44.**
Sei $x(t)$, $y(t)$, $t \in [\alpha, \beta)$ eine Lösung von (4.16). Es sei $\alpha \leq 0 < \beta$ und $x(t) + y(t) \neq 0$ in $[\alpha, \beta)$. Sei $u(t) := x(t) + y(t)$. Zeige: $\dot{u}(t) = 0$ für alle $t \in (\alpha, \beta)$ und leite daraus den **Erhaltungssatz**

$$x(t) + y(t) = x(0) + y(0) \text{ für } t \in [\alpha, \beta)$$

her.

Auf diese Weise wird das exponentielle Wachstum gebremst. Für weitere Einzelheiten mit einer näheren Betrachtung der biochemischen Hintergründe sei der Leser auf [14] verwiesen. Die tieferen mathematischen Zusammenhänge werden in [20] diskutiert. Abschnitt 6.7 behandelt die Evolutionsgleichungen

$$\dot{x}(t) = x(t) F(\alpha_F x(t) + \beta_F y(t)),$$

$$\dot{y}(t) = y(t) G(\alpha_G x(t) + \beta_G y(t)),$$

$$\alpha_F \geq 0, \quad \beta_F \geq 0, \quad \alpha_G \geq 0, \quad \beta_G \geq 0,$$

welche mit (4.16) verwandt sind. $F$ und $G$ stehen für reelle Funktionen mit geeigneten Voraussetzungen.

### 4.2.5 Zustände von natürlichen Systemen mit mehr als einer Größe

Nun aber zurück zum eigentlichen Gegenstand der Untersuchung, den reellen Funktionen mehrerer Variabler. Zur Vorbereitung ihrer Definition müssen wir mathematische Objekte $(u_1, u_2, \ldots, u_N)$ betrachten. Es sind **Vektoren** mit den **Komponenten** $u_i \in \mathbb{R}$ $(i = 1, \ldots, N)$. Z.B. ist (4.17) für gewisse reelle Paare $(x, y)$ erklärt: Für jedes solche Paar kann man die rechte Seite auswerten, falls $x + y \neq 0$, etwa

$$\Phi(1, 1) = 0.5(a + b).$$

Die Paare $(u_1, u_2)$ sind die 2-dimensionalen Vektoren, analog werden die $N$-Tupel reeller Zahlen $(u_1, u_2, \ldots, u_N)$ $N$-dimensionale Vektoren genannt. $\mathbb{R}^N$ bezeichnet die Menge aller $N$-dimensionalen Vektoren, z.B.

$$(1, 2) \in \mathbb{R}^2, \ (1, 1, 0, -3, -8) \in \mathbb{R}^5.$$

Die Elemente von $\mathbb{R}^2$ lassen sich in der Ebene darstellen, und die Elemente des $\mathbb{R}^3$ können im Raum veranschaulicht werden. Beispielsweise ist in der $(u_1, u_2)$-Ebene der Abb. 4.2 der Punkt $(2, 1) \in \mathbb{R}^2$ markiert. Dieselbe Abbildung zeigt den Punkt $(2, 1, 2.5)$ im Anschauungsraum $\mathbb{R}^3$. Für höhere Dimensionen hört diese Darstellbarkeit auf.

Es ist üblich, die Komponenten des Vektors $u \in \mathbb{R}^N$ mit demselben Buchstaben und einem angehängten Index zu bezeichnen:

$$u_j, \; j = 1, \ldots, N,$$

folglich

$$u = (u_1, u_2, \ldots, u_N) \text{ oder } w = (w_1, w_2, \ldots, w_N).$$

Diese Praxis soll im Text möglichst durchgehalten werden. Die Verabredung kann ungünstig sein, wenn ein konkretes System unserer Lebenswelt beschrieben werden soll: So handelt der Abschnitt 4.2.2 von Organismen und Substrat, also vom Vektor

$$(\text{Organismendichte, Substratkonzentration}), \tag{4.18}$$

dessen Komponenten nicht unbedingt nur 'durchgezählt', sondern mit eigenen Symbolen bezeichnet werden sollten. Damit bleibt die Nähe zum natürlichen System erhalten.

Allgemein ist zu sagen, dass biologische Systeme in der Regel nicht skalare Zustände haben, nicht nur durch eine einzige reelle Größe $x$ beschrieben werden, sondern durch endlich viele $u_1, \ldots, u_N$ reelle Größen, die dann zum Vektor $u = (u_1, \ldots, u_N)$ zusammengefasst den **Zustand** des Systems beschreiben. So legt (4.18) den Zustand des Systems aus Abschnitt 4.2.2 fest.

### 4.2.6 Reelle Funktionen auf Teilmengen des $\mathbb{R}^N$

Wir können Teilmengen des $\mathbb{R}^N$ auszeichnen, z.B.

$$\{(u_1, u_2, u_3) : 1 \leq u_1 \leq 2, \; -1 \leq u_2 \leq 1, \; -6 \leq u_3 \leq 0\},$$

$$\{(u_1, u_2) : u_1^2 + u_2^2 = 1\}, \tag{4.19}$$

$$\{(u_1, u_2) : u_1^2 + u_2^2 > 1\}.$$

Die erste Zeile definiert einen Kasten im Raum mit drei Kanten der Länge 1 (in $u_1$-Richtung), 2 (in $u_2$-Richtung) und 6 (in $u_3$-Richtung). Die zweite Zeile beschreibt eine Kreislinie mit dem Radius 1 und die dritte Zeile schließlich bezeichnet den Außenbereich dieses Kreises (ohne die Kreislinie selbst).

Nun erinnern wir an den allgemeinen **Funktionsbegriff** aus 2.4.1. Gegenstand der folgenden Betrachtungen sind reellwertige Funktionen mit einem **Definitionsbereich** $D \subset \mathbb{R}^N$ und einem **Wertebereich** in der **Bildmenge** $\mathbb{R}$. Sie können in der Form $g(u_1, \ldots, u_N)$ oder kürzer $g(u)$ geschrieben werden

$$g : D \to \mathbb{R},$$

$$(u_1, \ldots, u_N) \in D \to g(u_1, \ldots, u_N) \in \mathbb{R},$$

wenn wir den Vektor $(u_1, \ldots, u_N)$ wieder mit dem Buchstaben $u$ abkürzen. Z.B. ist (4.17) für alle Paare $(x, y) \in \mathbb{R}^2$ mit $x + y \neq 0$ definiert, d.h. $D = \{(x, y) \in \mathbb{R}^2 : x \neq -y\}$, und es gilt

$$\Phi(1, 2) = \frac{a + 2b}{3} \, .$$

Die Funktionen (4.15) sind ohne Einschränkung für alle $(x, y) \in \mathbb{R}^2$ definiert, also $D = \mathbb{R}^2$.

### 4.2.7 Graphische Darstellungsmöglichkeiten

Sei $g(u_1, u_2)$ eine reellwertige Funktion von 2 Variablen mit dem Definitionsbereich $D \subset \mathbb{R}^2$. Man kann dann den Punkt $(u_1, u_2, g(u_1, u_2)) \in \mathbb{R}^3$ im Raum veranschaulichen (vgl. Abb. 4.2). Dies liefert eine Darstellung von $g$, wenn $(u_1, u_2)$ durch $D$ läuft. Es entsteht eine Fläche im Raum, z.B. jene der Abb. 4.3. Eine kompliziertere Fläche dieser Art zeigt Abb. 4.4 mit steileren Höhendifferenzen, die einfacher in einer **Höhenkarte** (siehe Abb. 4.5) veranschaulicht wird. Solche Karten stellen in einer $(x_1, x_2)$-Ebene eine Schar endlich vieler Kurven

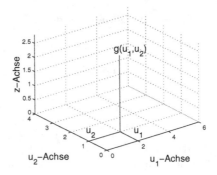

**Abb. 4.2.** Darstellung eines Punktes einer durch $g(u_1, u_2)$ definierten Fläche im $\mathbb{R}^3$

$$(x_1(\sigma), x_2(\sigma)) : g(x_1(\sigma), x_2(\sigma)) = h \text{ für } \sigma \in I_h$$

mit dem Kurvenparameter $\sigma$ und dem zugehörigen Parameterintervall $I_h$ dar (vgl. auch Unterabschnitte 4.5.2 und 4.5.4). Jedes $h \in \mathbb{R}$ beschreibt die Kurve aller Punkte auf der durch $g$ definierten Fläche, welche dieselbe Höhe $h$ über der $(x_1, x_2)$-Ebene aufweisen. Die Kurven werden mit der zugehörigen Höhenzahl $h$ beschriftet (siehe Abb. 4.5). Beide Abbildungen 4.4 und 4.5 sind aus dem Demoteil des Graphikangebots von *MATLAB*.

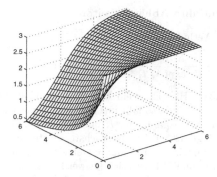

**Abb. 4.3.** Darstellung einer reellwertigen Funktion definiert im $\mathbb{R}^2$

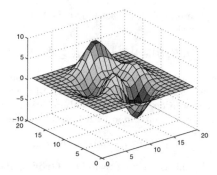

**Abb. 4.4.** Relief einer Funktion aus dem Graphikangebot von *MATLAB*

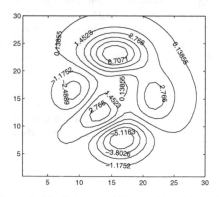

**Abb. 4.5.** Höhenkarte der Funktion aus Abb. 4.4 (Graphikangebot von *MATLAB*)

### 4.2.8 Größen und ihre Abhängigkeiten

Die Lösungen der Verhulstgleichung lauten

$$x(t) = \frac{K}{1 + B \cdot \exp(-Rt)} \ , \ B := \frac{K}{x(0)} - 1 \ \text{für} \ x(0) > 0 \qquad (4.20)$$

(vgl. (3.37) in 3.3.6). Hier ist $x$ ein Maß für den Umfang der Population. Betrachten wir (4.20) näher, so fällt uns auf, dass $x$ nicht nur von der Zeit $t$, sondern auch vom Umweltparameter $K$ und dem Anfangswert $x(0)$, der in $B$ versteckt ist, abhängt. $R > 0$ ist die Wachstumsrate der Population $X$ und bleibt konstant, wenn wir eine bestimmte Gemeinschaft untersuchen. Soll die Abhängigkeit von $K$ und $B$ berücksichtigt werden, so müssen wir genauer

$$x(t, K, B) \qquad (4.21)$$

schreiben. Dabei variieren $t, K \in [0, +\infty)$, $B \in (-1, +\infty)$, der Definitionsbereich von (4.21) lautet also

$$D = \{(t, K, B) \in \mathbb{R}^3 : t \geq 0, \ K \geq 0, \ B > -1\}. \qquad (4.22)$$

Bei dieser Auffassung ist der Umfang $x$ der Population gegenüber $t, K, B$ noch herausgehoben: Es ist die **abhängige Variable**, während alle anderen **unabhängig** gesehen werden. Soll die Gleichberechtigung von $x, t, K$ und $B$ demonstriert werden, so schreibe man (4.20) einfach in der Form

$$(1 + B \cdot \exp(-Rt))x - K = 0. \qquad (4.23)$$

Nun steht nur noch eine Beziehung zwischen **Größen** da: dem Umfang $x$ einer Population, dem Umweltfaktor $K$ usw. Nach [29] ist eine Größe eine 'generelle Bezeichnung für mess- oder zählbare Eigenschaften, ferner für das bestimmte Resultat einer Zählung oder Messung'. Im Grunde handelt Naturbeschreibung von Größen und deren Beziehungen untereinander. Wollen wir die Abhängigkeit einer Größe $G$ mit der Maßzahl $g \in \mathbb{R}$ von anderen Größen $X_j$ mit der Maßzahl $x_j \in \mathbb{R}$, $j = 1, \ldots, N$ studieren, so untersuchen wir $g$ in Abhängigkeit von den Variablen $x_1, x_2, \ldots, x_N$:

$$g(x_1, \ldots, x_N).$$

So handelt (4.10) von der Abhängigkeit der Veränderungsrate der Organismen von ihrem Umfang $y$ und dem Nahrungsangebot $x$. Es wird die momentane Situation des Systems durch den Vektor

$$(\text{Nahrungsangebot } x, \ \text{Umfang der Population } y) \qquad (4.24)$$

beschrieben. Das Konzept des Vektors hat u.a. seinen Ursprung darin, dass ein natürliches System i.A. nur durch die Angabe verschiedener, ihm zugeordneter Größen hinreichend beschrieben werden kann. Im Falle von (4.10) sind dies die Komponenten des Vektors (4.24).

### 4.2.9 Implizite Gleichungen

Einige Größen der **Thermodynamik** sind Volumen $V$ (oder das molare Volumen $\bar{V}$), Temperatur $T$, Druck $P$, Entropie $S$, Enthalpie $H$, freie Enthalpie $G$ usw. Definition und Bedeutung dieser Größen werden in [2] genau erklärt. Dort findet man zwischen diesen Größen die Beziehungen

$$PV = RT, \; G = H - TS,$$

$$\bar{V} = \bar{V}_0(1 + \beta_0(T - T_0) - \kappa_0(P - P_0)) \tag{4.25}$$

mit geeigneten Konstanten $\bar{V}_0, \beta_0, \kappa_0, T_0, P_0$. In der zweiten Zeile wird $\bar{V}$ als Funktion von $T$ und $P$ aufgefasst. Dann legt die rechte Seite die Funktion $\bar{V}(T, P)$ fest. Insbesondere gilt nun $\bar{V}(T_0, P_0) = \bar{V}_0$. In der ersten Gleichung von (4.25) bezeichnet $R$ eine Konstante (vgl. auch [2], wo klargemacht wird, dass $R$ das Produkt der universellen Gaskonstanten mit einer Stoffmenge ist). Die Beziehung liefert z.B. die Abhängigkeit des Volumens $V$ von $P$ und $T$ gemäß

$$V(P, T) = R \cdot \frac{T}{P} \; (P \neq 0). \tag{4.26}$$

Auf diese Weise entstehen aus Beziehungen der Form (4.25) zwischen Größen bei Festlegung der Abhängigkeiten Funktionen. Wir sagen, die Funktion (4.26) ist implizit durch die Gleichung

$$f(P, T, V) := PV - RT = 0 \tag{4.27}$$

erklärt, und meinen damit, dass

$$f(P, T, V(P, T)) = 0$$

für alle Argumente $(P, T)$ mit $P \neq 0$ gilt. Wir sagen auch, (4.27) ist nach $V$ auflösbar. Man sieht leicht, dass (4.27) auch nach $P$ auflösbar ist. Dann entsteht die Funktion $P(T, V) = RTV^{-1}$ ($V \neq 0$), welche offenbar $f(P(T, V), T, V) = 0$ befriedigt. Nun ist der Vektor $(T, V)$ die unabhängige und $P$ die abhängige Variable.

### 4.2.10 Implizit definierte Funktionen: allgemeiner Fall

Allgemeiner sei $g$ eine reellwertige Funktion mit dem Definitionsbereich $D \subset \mathbb{R}^N$. Die Gleichung

$$g(x_1, x_2, \ldots, x_N) = 0 \tag{4.28}$$

mag für gewisse $(x_2, x_3, \ldots, x_N) \in \mathbb{R}^{N-1}$ eindeutig nach $x_1$ auflösbar sein. Die Lösung sei $x_1 = \sigma$. Dann hängt $\sigma$ von $x_2, x_3, \ldots, x_N$ ab, und (4.28) definiert die für diese Argumente erklärte Funktion

$$x_1 = \sigma(x_2, x_3, \ldots, x_N) \tag{4.29}$$

in impliziter Weise. Wir sagen, (4.29) ist implizit durch (4.28) gegeben oder (4.28) ist eine **implizite Gleichung** für (4.29). Definitionsgemäß gilt die Identität

$$g(\sigma(x_2, \ldots, x_N), x_2, \ldots, x_N) = 0 \qquad (4.30)$$

für alle $(x_2, \ldots, x_N)$ im Definitionsbereich der implizit definierten Funktion (4.29).

Als Beispiel sei die Methode der Separation der Variablen zur Lösung von

$$\dot{x}(t) = f(x(t)) \qquad (4.31)$$

aus Abschnitt 3.3.5 gewählt. Sie liefert die Beziehung

$$F(x) - F(\bar{x}(0)) - t = 0 \qquad (4.32)$$

(vgl.(3.31) in 3.3.5). Dies ist eine Gleichung der Form (4.28) mit

$$g(x, t) := F(x) - F(\bar{x}(0)) - t, \qquad (4.33)$$

welche die Lösung $x(t)$ von (4.31) mit dem vorgegebenen Anfangswert $\bar{x}(0)$ implizit definiert (falls (4.33) nach $x$ auflösbar ist und die **Probe** erfolgreich verläuft). Das Resultat der in Abschnitt 3.3.5 beschriebenen Methode ist demnach eine implizite Gleichung für eine (mögliche) Lösung von (4.31). In Abschnitt 3.3.6 sind zwei konkrete Fälle durchgerechnet, bei denen (4.32) unter Angabe eines analytischen Ausdrucks nach $x$ aufgelöst werden kann. Meistens ist es das Ziel, einen konkreten analytischen Ausdruck für die Lösung $x(t)$ von (4.32) zu finden, der dann wiederum eine Lösung der Differentialgleichung (4.31) ist, wenn die **Probe** dies bestätigt. Die Probe besteht darin nachzurechnen, dass $x(t)$ die Gleichung (4.31) tatsächlich löst!

## 4.3 Veränderungsrate in Richtung verschiedener Variabler: partielle Ableitung

### 4.3.1 Motivation

Die Beschreibung der Veränderung einer Funktion $f(x)$ von einer Variablen führt auf den Begriff der **Veränderungsrate**

$$\frac{d}{dx} f(x) \qquad (4.34)$$

**in einem Punkt x**. Wie verändert sich aber $f(x_1, \ldots, x_N)$ bei N unabhängigen Veränderlichen $x_1, \ldots, x_N$? So vermittelt (4.25) die Abhängigkeit

$$V(P, T) = R \cdot \frac{T}{P} \quad (P \neq 0) \qquad (4.35)$$

des Volumens $V$ von der absoluten Temperatur $T$ und dem Druck $P$ in einem thermodynamischen System. Welchen Einfluss hat nun eine Veränderung von $T$ oder $P$ auf $V$? Wie variiert $V$, wenn man $T$ oder $P$ ändert? Ein Sonderfall der oben aufgeworfenen Frage für $N = 2$!

Zunächst aber weitere Beispiele.

### 4.3.2 Verschiedene Abhängigkeiten bei der logistischen Kurve

Wir kehren zur Gleichung (4.23) in 4.2.8 zurück, sie sei hier wiederholt:

$$(1 + B \cdot \exp(-Rt))x - K = 0. \tag{4.36}$$

Betrachten wir eine feste Organismenpopulation mit dem Umfang $x$, so trägt diese eine feste Replikationsrate $R$, so dass $R$ vernünftigerweise konstant bleibt. Alle anderen Größen $B, t, x$ und $K$ können grundsätzlich variieren! Im ersten Schritt seien $B, t$ fest, die linke Seite von (4.36) wird eine Funktion $f_1(x, K)$. Dann definiert (4.36) die Abhängigkeit

$$x(K) = \frac{K}{1 + B \cdot \exp(-Rt)} \tag{4.37}$$

implizit, und diese Funktion ist differenzierbar (beachte $B$, $R$, $t$ sind fest!)

$$\frac{dx}{dK} = \frac{1}{1 + B \cdot \exp(-Rt)} \cdot \tag{4.38}$$

Im zweiten Schritt seien $t$, $K$ konstant, die linke Seite von (4.36) ist nun eine Funktion $f_2(x, B)$, und (4.36) definiert

$$x(B) = \frac{K}{1 + B \cdot \exp(-Rt)} \tag{4.39}$$

implizit mit der Ableitung

$$\frac{dx}{dB} = -\frac{K \cdot \exp(-Rt)}{(1 + B \cdot \exp(-Rt))^2} \cdot \tag{4.40}$$

Allgemeiner ist durch (4.36) die Funktion

$$\bar{x}(K, B, t) = \frac{K}{1 + B \cdot \exp(-Rt)} \tag{4.41}$$

implizit festgelegt. Die rechte Seite von (4.38) erscheint, wenn wir (4.41) bei festgehaltenen $B, t$ nach $K$ differenzieren. Für die Funktion $\bar{x}$ aus (4.41) entsteht die sog. **partielle Ableitung** nach $K$

$$\frac{\partial}{\partial K}\bar{x}(K,B,t) = \frac{1}{1 + B \cdot \exp(-Rt)} \ . \tag{4.42}$$

Sie beschreibt die Veränderungsrate des Umfangs $\bar{x}$ der Population bei sich ändernden Umweltverhältnissen $K$ und sonst festen Parametern $B, t$.

Analog interpretieren wir (4.40):

$$\frac{\partial}{\partial B}\bar{x}(K,B,t) = -\frac{K \cdot \exp(-Rt)}{(1 + B \cdot \exp(-Rt))^2} \tag{4.43}$$

als Veränderungsrate von $\bar{x}$ bei variablem $B$ aber festen $t, K$. Nun ist die weitere partielle Ableitung und ihre Bedeutung klar:

$$\frac{\partial}{\partial t}\bar{x}(K,B,t) = \frac{R \cdot K \cdot B \cdot \exp(-Rt)}{(1 + B \cdot \exp(-Rt))^2} \ . \tag{4.44}$$

### 4.3.3 Partielle Ableitung

Sei $f(x_1,\ldots,x_N)$ eine reellwertige Funktion mit dem Definitionsbereich $D \subset \mathbb{R}^N$. Sie heißt im Punkte $(y_1,\ldots,y_N) \in D$ **partiell differenzierbar** nach $x_j$, falls die reelle Funktion

$$g(x) := f(y_1,\ldots,y_{j-1},x,y_{j+1},\ldots,y_N) \tag{4.45}$$

bei $x = y_j$ differenzierbar ist (beachte, dass die Variablen

$$y_1,\ldots,y_{j-1},y_{j+1},\ldots,y_N$$

in (4.45) festgehalten werden und dass $g$ eine reelle Funktion im Sinne von Abschnitt 2.4.1 ist). Die Ableitung

$$g'(x) \ \ bei \ \ x = y_j$$

heißt **partielle Ableitung** von $f$ nach $x_j$ im Punkte $(y_1,\ldots,y_N) \in D$. Mit den Bezeichnungen

$$\frac{\partial}{\partial x_j}f(y_1,\ldots,y_N) \ \text{oder} \ f_{x_j}(y_1,\ldots,y_N) \ \text{oder} \ D_{x_j}f(y_1,\ldots,y_N) \tag{4.46}$$

für die partielle Ableitung besteht die Definitionsgleichung

$$\frac{\partial}{\partial x_j}f(y_1,\ldots,y_N) := g'(y_j).$$

Schließlich heißt $f$ nach $x_j$ **partiell differenzierbar in** $D$, falls $f$ in jedem Punkt $(x_1,\ldots,x_N)$ des Definitionsbereichs $D$ nach $x_j$ partiell differenzierbar ist. So entstehen $N$ partielle Ableitungen (4.46) für $j = 1,\ldots,N$, welche den **Gradienten** von $f$ bilden:

$$\text{grad } f(x_1, \ldots, x_N) =$$

$$(f_{x_1}(x_1, \ldots, x_N), f_{x_2}(x_1, \ldots, x_N), \ldots, f_{x_N}(x_1, \ldots, x_N)). \tag{4.47}$$

Dies ist eine auf $D$ definierte Funktion mit Werten in $\mathbb{R}^N$. Sie fasst sämtliche Veränderungsraten von $f$ zusammen. In dieser Sprechweise wird in 4.3.2 der Gradient der Funktion (4.41) berechnet.

### 4.3.4 Zweite partielle Ableitung

Sei $f$ wie in Abschnitt 4.3.3 eine reellwertige Funktion mit dem Definitionsbereich $D \subset \mathbb{R}^N$. Es existiere der Gradient auf $D$. Dann ist $f_{x_j}$ eine reelle Funktion auf $D$, deren Gradient wieder für alle $x = (x_1, \ldots, x_N) \in D$ vorhanden sein möge. Seine Komponenten $\frac{\partial}{\partial x_i}(f_{x_j})$ heißen **2. partielle Ableitungen** von $f$ und haben die Bezeichnungen:

$$\frac{\partial^2}{\partial x_i \partial x_j} f(x_1, \ldots, x_N) \text{ oder } f_{x_j x_i}(x_1, \ldots, x_N) \text{ oder } D_{x_j x_i} f(x_1, \ldots, x_N).$$
$$\tag{4.48}$$

Für $i = j$ schreibt man auch

$$\frac{\partial^2}{\partial x_i^2} f(x_1, \ldots, x_N) \text{ oder } D_{x_i}^2 f(x_1, \ldots, x_N).$$

Unter sehr allgemeinen (in den Anwendungen durchweg als erfüllt anzusehenden) Voraussetzungen an $f$ besteht die Symmetrie

$$\frac{\partial}{\partial x_i}\left[\frac{\partial}{\partial x_j} f\right](x_1, \ldots, x_N) = \frac{\partial}{\partial x_j}\left[\frac{\partial}{\partial x_i} f\right](x_1, \ldots, x_N) \tag{4.49}$$

oder kürzer $f_{x_i x_j} = f_{x_j x_i}$. (4.49) wurde 1873 von H.A. Schwarz bewiesen. Der vollständige Satz wird heute als **Satz von Schwarz** zitiert.

Als Beispiel wählen wir die Funktion (4.41). Wegen (4.42) ist

$$\frac{\partial^2}{\partial B \partial K} \bar{x}(K, B, t) = -\frac{\exp(-Rt)}{(1 + B \cdot \exp(-Rt))^2},$$

und (4.43) zeigt, dass dieser Wert mit

$$\frac{\partial^2}{\partial K \partial B} \bar{x}(K, B, t)$$

übereinstimmt.

Wie man die $f_{x_j}$ ($j = 1, \ldots, N$) als Vektor anordnet, so sammelt man die $f_{x_i x_j}$ ($i, j = 1, \ldots, N$) in einem rechteckigen Schema

$$\begin{bmatrix} f_{x_1x_1} & f_{x_1x_2} & f_{x_1x_3} & \cdots & f_{x_1x_N} \\ f_{x_2x_1} & f_{x_2x_2} & f_{x_2x_3} & \cdots & f_{x_2x_N} \\ \cdots & \cdots & \cdots & \cdots & \cdots \\ f_{x_Nx_1} & f_{x_Nx_2} & f_{x_Nx_3} & \cdots & f_{x_Nx_N} \end{bmatrix} \tag{4.50}$$

einer **Matrix**. Mehr zum Konzept einer Matrix in Kapitel 5. (4.50) heißt **Hessematrix** von $f$. In ihrer $j$-ten Zeile steht der Gradient von $f_{x_j}$!

## 4.4 Approximation von Funktionen: Taylor Polynome

### 4.4.1 Motivation

In den soweit vorgetragenen Überlegungen spielen reelle Funktionen

$$f(u_1, \ldots, u_N)$$

auf einem Definitionsbereich $D$ des $\mathbb{R}^N$ eine zentrale Rolle. Es überrascht nicht, dass man ihr Aussehen wenigstens in Teilmengen von $D$ vor Augen haben möchte. Eine Möglichkeit ist die Approximation durch 'einfachere' analytische Ausdrücke. Dazu eignen sich *Polynome in jeder Variablen $u_j$ von niedrigem Grad*. In diesem Abschnitt lernen wir die einfachsten Konstruktionen kennen.

### 4.4.2 Taylor Polynome mit einer Veränderlichen

Sei $x(t)$ eine differenzierbare, reelle Funktion in einem Intervall $(a, b)$ der reellen Achse. In einer kleinen Umgebung

$$U(\bar{t}) = \{t \in (a,b) : |t - \bar{t}| < \epsilon\} \subset (a,b), \quad \epsilon > 0 \tag{4.51}$$

um einen Punkt $\bar{t}$ in $(a, b)$ sei $x(t)$ eine Gerade. Da sie durch den Punkt $(\bar{t}, x(\bar{t}))$ läuft, muss unsere Funktion in der Umgebung (4.51) von der Form

$$x(t) = m(t - \bar{t}) + x(\bar{t}), \quad t \in U(\bar{t}) \tag{4.52}$$

sein, wobei die Steigung $m$ noch zu bestimmen ist. Nun folgt aber durch Differentiation von (4.52)

$$\dot{x}(t) = m \text{ für alle } t \in U(\bar{t}).$$

Insbesondere ist $m = \dot{x}(\bar{t})$, so dass

$$x(t) = \dot{x}(\bar{t})(t - \bar{t}) + x(\bar{t}) \tag{4.53}$$

in einer Umgebung (4.51) besteht. Es ist im Allgemeinen nicht zu erwarten, dass eine gegebene Funktion in irgendeiner Umgebung exakt eine Gerade definiert. Allerdings kann man erwarten, dass (4.53) den Funktionsverlauf in einer hinreichend kleinen Umgebung von $\bar{t}$ mit genügender Genauigkeit wiedergibt; wir schreiben

$$x(t) \sim \dot{x}(\bar{t})(t - \bar{t}) + x(\bar{t}) =: p_1(t) \qquad (4.54)$$

und bezeichnen das rechts stehende Polynom $p_1(t)$ als **Taylor Polynom vom Grade 1** an der Stelle $t = \bar{t}$ der Funktion $x(t)$. Die so beschriebene Gerade definiert die Tangente an die Kurve $x(t)$ im Punkte $t = \bar{t}$. Die Kurve stimmt mit ihrer Tangente im Punkte $\bar{t}$ überein und wird durch diese hinreichend nahe bei $\bar{t}$ genügend genau approximiert. Offenbar hängt $p_1(t)$ von der Stelle $\bar{t}$ ab, so dass genauer

$$p_1(t) = p_1(t, \bar{t})$$

besteht.

In einem zweiten Anlauf unterstellen wir, dass unsere Funktion $x(t)$ in der Umgebung (4.51) ein Polynom 2. Grades

$$x(t) = \alpha(t - \bar{t})^2 + \beta(t - \bar{t}) + x(\bar{t}) \qquad (4.55)$$

ist. Zur Bestimmung der freien Konstanten $\alpha$, $\beta$ differenzieren wir (4.55) zweimal und finden $\dot{x}(t) = 2\alpha(t - \bar{t}) + \beta$, $\ddot{x}(t) = 2\alpha$, $t \in U(\bar{t})$. Für $t = \bar{t}$ wird $\dot{x}(\bar{t}) = \beta$, $\ddot{x}(\bar{t}) = 2\alpha$, und (4.55) liefert die Darstellung

$$x(t) = \frac{\ddot{x}(\bar{t})}{2} (t - \bar{t})^2 + \dot{x}(\bar{t})(t - \bar{t}) + x(\bar{t}) \qquad (4.56)$$

in der Umgebung (4.51). Wie im obigen Fall können wir im Allgemeinen nicht erwarten, dass eine vorgelegte Funktion in irgendeinem Intervall sich exakt wie ein Polynom 2. Grades verhält. Allerdings wird die rechte Seite von (4.56) in einer genügend kleinen Umgebung von $\bar{t}$ eine ausreichende Approximation für unsere Funktion $x(t)$ sein. Man schreibt

$$x(t) \sim \frac{\ddot{x}(\bar{t})}{2} (t - \bar{t})^2 + \dot{x}(\bar{t})(t - \bar{t}) + x(\bar{t}) =: p_2(t, \bar{t}). \qquad (4.57)$$

Das hierdurch definierte Polynom $p_2(t, \bar{t})$ heißt **Taylor Polynom vom Grade 2** an der Stelle $t = \bar{t}$ der Funktion $x(t)$. Es wird unsere Funktion $x(t)$ in einer genügend kleinen Umgebung von $\bar{t}$ hinreichend genau darstellen.

Wir sagen, dass das Polynom $p_1(t, \bar{t})$ aus (4.54) die Funktion **in erster Näherung** und das Polynom $p_2(t, \bar{t})$ aus (4.57) **in zweiter Näherung** bei $\bar{t}$ approximiert. Offenbar folgen

$$\left[ \frac{\partial}{\partial \sigma} p_i(\sigma, \bar{t}) \right]_{\sigma = \bar{t}} = \dot{x}(\bar{t}), \ i = 1, 2, \quad \left[ \frac{\partial^2}{\partial \sigma^2} p_2(\sigma, \bar{t}) \right]_{\sigma = \bar{t}} = \ddot{x}(\bar{t}), \ i = 1, 2$$

aus (4.54) und (4.57). Beide Eigenschaften zeigen, dass die Güte der Näherung mit der Anzahl der übereinstimmenden Ableitungen im zentralen Punkt

$t = \bar{t}$ besser wird. Dazu sei auf die Abb. 4.6 im nächsten Unterabschnitt 4.4.3 verwiesen, welche von der Exponentialfunktion handelt und unterschiedliche Approximationsgüten der beiden Taylor Polynome veranschaulicht: Das gestrichelt gezeichnete Polynom

$$p_2(t, \bar{t}) = \frac{t^2}{2} + t + 1$$

gibt $exp(t)$ bdeutlich besser und in einem größeren Intervall wieder als die ausgezogene Gerade

$$p_1(t, \bar{t}) = t + 1!$$

Im Falle $\dot{x}(\bar{t}) = 0$ liefert die erste Approximation (4.54) nur die Konstante $x(\bar{t})$. Für eine genauere Analyse wird man daher auf die durch (4.57) gegebene zweite Approximation überwechseln. Wird wieder $\ddot{x}(\bar{t}) = 0$ angetroffen, so wäre auch die zweite Approximation nur konstant, und man müsste sich nach einer wiederum höheren lokalen Approximation unserer Funktion $x(t)$ in einer Umgebung von $\bar{t}$ umsehen.

### 4.4.3 Taylor Polynome der Exponentialfunktion

Als erstes Beispiel diene die Exponentialfunktion

$$x(t) = \exp(t) \;\; \text{mit} \;\; \dot{x}(t) = \exp(t) = \ddot{x}(t), \; t \in \mathbb{R}, \tag{4.58}$$

so dass die Taylor Polynome an der Stelle $\bar{t}$ die Darstellungen

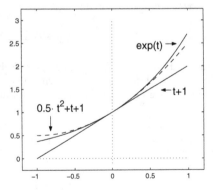

**Abb. 4.6.** Die Exponentialfunktion und ihre Taylor Polynome im Nullpunkt

$$\exp(t) \sim p_1(t, \bar{t}) = \exp(\bar{t})(t - \bar{t} + 1),$$
$$\exp(t) \sim p_2(t, \bar{t}) = \exp(\bar{t}) \left( \tfrac{1}{2}(t - \bar{t})^2 + t - \bar{t} + 1 \right) \tag{4.59}$$

haben. Für eine Approximation um $\bar{t} = 0$ gilt speziell

$$\exp(t) \sim t + 1, \ t \in U(0),$$
$$\exp(t) \sim \tfrac{1}{2}\,t^2 + t + 1, \ t \in U(0). \tag{4.60}$$

Die Abb. 4.6 vermittelt einen Eindruck von der Güte der Approximation.

Das nächste Beispiel sei

$$f(x) = \frac{1}{1 + x} \ , \ x > -1. \tag{4.61}$$

Hier ist

$$f'(x) = -\frac{1}{(1 + x)^2} \ , \ f''(x) = \frac{2}{(1 + x)^3} \ , \ x > -1, \tag{4.62}$$

so dass die Funktion (4.61) in einer Umgebung von $\bar{x} = 1$ durch

$$f(x) \sim -\tfrac{1}{4}(x - 1) + \tfrac{1}{2} = p_1(x, 1), \ x \in U(1),$$
$$f(x) \sim \tfrac{1}{8}(x - 1)^2 - \tfrac{1}{4}(x - 1) + \tfrac{1}{2} = p_2(x, 1), \ x \in U(1), \tag{4.63}$$

gut repräsentiert werden sollte.

Unser letztes Beispiel lautet

$$h(x) = \frac{1}{1 + \exp(-x)} \ , \ x \in \mathbb{R}. \tag{4.64}$$

Hier gilt

$$h'(x) = \frac{\exp(-x)}{(1 + \exp(-x))^2} \ , \ h''(x) = \frac{\exp(-x)(\exp(-x) - 1)}{(1 + \exp(-x))^3} \tag{4.65}$$

oder

$$h(x) \sim \frac{1}{4}x + \frac{1}{2} = p_1(x, 0) = p_2(x, 0), \ x \in U(0), \tag{4.66}$$

weil $h''(0) = 0$ ist.

### 4.4.4 Taylor Polynom bei mehreren Veränderlichen

Das Konzept der Taylor Polynome lässt sich auf Funktionen mehrerer Veränderlicher übertragen. Sei zunächst $f(x_1, x_2)$ eine reellwertige Funktion von zwei

Variablen mit dem Definitionsbereich $D \subset \mathbb{R}^2$. Sämtliche ersten partiellen Ableitungen von $f$ mögen in $D$ existieren. Wir wollen $f$ in einer Umgebung

$$U(\bar{x}_1, \bar{x}_2) := \{(x_1, x_2) \in D : |x_1 - \bar{x}_1| < \epsilon, \ |x_2 - \bar{x}_2| < \epsilon\} \subset D,$$

$$\epsilon > 0 \ \text{hinreichend klein vorgegeben}$$

von $(\bar{x}_1, \bar{x}_2) \in D$ approximieren. Das **Taylor Polynom ersten Grades** lautet

$$f(x_1, x_2) \sim f(\bar{x}_1, \bar{x}_2) + f_{x_1}(\bar{x}_1, \bar{x}_2)(x_1 - \bar{x}_1) + f_{x_2}(\bar{x}_1, \bar{x}_2)(x_2 - \bar{x}_2)$$

$$=: p_1(x_1, x_2, \bar{x}_1, \bar{x}_2) \ \text{für} \ (x_1, x_2) \in U(\bar{x}_1, \bar{x}_2). \tag{4.67}$$

Dies ist eine direkte Verallgemeinerung von (4.54) für zwei Dimensionen.

Im Falle von $N$ Dimensionen liegt eine reellwertige Funktion

$$f(x_1, x_2, \ldots, x_N)$$

vor, welche auf einer Teilmenge $D \subset \mathbb{R}^N$ definiert ist. Existieren alle ersten partiellen Ableitungen von $f$ in $D$, so lautet das **Taylor Polynom ersten Grades** an einer Stelle $(\bar{x}_1, \bar{x}_2, \ldots, \bar{x}_N) \in D$ folgendermaßen

$$f(x_1, \ldots, x_N) \sim f(\bar{x}_1, \ldots, \bar{x}_N) + \sum_{j=1}^{N} f_{x_j}(\bar{x}_1, \ldots, \bar{x}_N)(x_j - \bar{x}_j) \tag{4.68}$$

$$=: p_1(x_1, \ldots, x_N, \bar{x}_1, \ldots, \bar{x}_N) \ \text{für} \ (x_1, \ldots, x_N) \in U(\bar{x}_1, \ldots, \bar{x}_N) \subset D.$$

In Verallgemeinerung von $U(x_1, x_2)$ ist

$$U(\bar{x}_1, \ldots, \bar{x}_N) := \{(x_1, \ldots, x_N) \in \mathbb{R}^N : |x_i - \bar{x}_i| < \epsilon, \ i = 1, \ldots, N\}$$

für ein (hinreichend kleines) $\epsilon > 0$ festgelegt.

### 4.4.5 Taylor Polynom beim Räuber-Beute-Modell

Zum Abschluss ein Beispiel zu (4.67): Es sei die rechte Seite

$$g(x, y) = x(\beta - \gamma^{-1}\delta y), \ f(x, y) = y(\delta x - \alpha) \tag{4.69}$$

des Räuber-Beute-Modells (4.14) aus 4.2.3 vorgelegt. Setze alle Konstanten $\alpha, \beta, \gamma$ und $\delta$ gleich 1, betrachte also

$$\dot{x}(t) = x(1 - y), \ \dot{y}(t) = y(x - 1) \tag{4.70}$$

in einer geeigneten Umgebung

$$U(1, 1) := \{(x, y) \in \mathbb{R}^2 : |x - 1| < \epsilon, \ |y - 1| < \epsilon\}$$

des Punktes $(\bar{x} = 1, \ \bar{y} = 1) \in \mathbb{R}^2$ mit $\epsilon > 0$ hinreichend klein, finde

$$g_x(x,y) = 1 - y, \ \ f_x(x,y) = y,$$

$$g_y(x,y) = -x, \ \ f_y(x,y) = x - 1$$

und damit speziell

$$0 = f(\bar{x},\bar{y}) = g(\bar{x},\bar{y}) = g_x(\bar{x},\bar{y}) = f_y(\bar{x},\bar{y}),$$

$$f_x(\bar{x},\bar{y}) = 1, \ g_y(\bar{x},\bar{y}) = -1.$$

Nun zeigt (4.67)

$$g(x,y) \sim -(y - 1), \ f(x,y) \sim x - 1 \tag{4.71}$$

in U(1,1). Daher werden (hoffentlich!) die Lösungen des Räuber-Beute-Modells (4.70) in der Nähe des Punktes $(1,1) \in \mathbb{R}^2$ mit jenen des **linearen Systems**

$$\dot{x}(t) = -(y - 1), \ \ \dot{y}(t) = x - 1 \tag{4.72}$$

vergleichbar sein. Das System (4.72) wird in Abschnitt 6.4.1 gelöst, um erste Einblicke in die durch (4.70) definierte kompliziertere Dynamik zu gewinnen.

## 4.5 Veränderungsrate einer Größe: vollständiges Differential

### 4.5.1 Motivation und Ausblick

Ausgangspunkt ist eine Größe $F$, welche von weiteren Größen $x_1, \ldots, x_N$ abhängt, also eine Funktion

$$F(x_1, \ldots, x_N). \tag{4.73}$$

Streng genommen handelt (4.73) von den **Maßzahlen** der Größen. Wir wollen aber zwischen Größe und ihrer Maßzahl nicht unterscheiden, solange keine Unklarheiten zu befürchten sind. In 4.3 wird die **partielle Veränderung** von $F$ bezüglich jeder der einzelnen Variablen untersucht. Hier fragen wir nach der **totalen Veränderung** von $F$ in Abhängigkeit von Veränderungen der einzelnen Größen $x_1, \ldots, x_N$. Unsere Beispiele kommen aus der **Biophysik** (insbesondere aus der **Thermodynamik**).

Wenn man nach *Veränderung* fragt, so ist der Ausgangspunkt immer die Maßzahl $F$ einer Größe. Ihre Veränderung

$$\text{von } F_{Anfang} =: F_A \text{ nach } F_{Ende} =: F_E \tag{4.74}$$

wird mit

$$dF$$

bezeichnet. Soweit handelt es sich ausschließlich um ein *Symbol*. Soll ihm Sinn gegeben werden, so sind Abhängigkeiten nötig: Veränderung hat nur Sinn *in Abhängigkeit von*. Also werden weitere Maßzahlen $x_1, \ldots, x_n$ gebraucht, welche die gesuchte Veränderung von $F$ auslösen. Die Abhängigkeit von $x_1, \ldots, x_n$ verdeutlicht die Symbolik

$$F(x_1, \ldots, x_n) \quad \text{und} \quad dF(x_1, \ldots, x_n).$$

Es soll

$$F_A = F(z_1, \ldots, z_n) \quad \text{in} \quad F_E = F(y_1, \ldots, y_n) \tag{4.75}$$

überführt werden (vgl. 4.74). Das geschieht dadurch, dass zunächst

$$(z_1, \ldots, z_n) \quad \text{nach} \quad (y_1, \ldots, y_n)$$

wandert. Diesen Übergang vermittelt ein **Weg**

$$(\eta_1(\tau), \ldots, \eta_n(\tau)) \quad \text{mit} \quad \tau \in [\tau_A, \tau_E], \tag{4.76}$$

welcher

$$\text{vom Anfangspunkt} \quad (z_1, \ldots, z_n) \quad \text{zum Endpunkt} \quad (y_1, \ldots, y_n)$$

alle Zwischenstufen mit Hilfe der reellen Funktionen

$$\eta_j : \ [\tau_A, \tau_E] \longrightarrow \mathbb{R}, \ j = 1, \ldots, n$$

festlegt. Damit sind die Forderungen

$$\eta_j(\tau_A) = z_j, \ \eta_j(\tau_E) = y_j, \ j = 1, \ldots, n \tag{4.77}$$

klar: Anfang und Ende werden ja in (4.75) bezeichnet. Den Übergang (4.75) leistet die Funktion

$$F(\eta_1(\tau), \ldots, \eta_n(\tau)), \ \tau \in [\tau_A, \tau_E] \ \text{mit} \ (4.77). \tag{4.78}$$

Die gesuchte totale Veränderung $dF$ entsteht aus diesen Vorgaben im Kern als Ableitung von (4.78)! Dabei werden beliebige Wege (4.76) zugelassen. Wie das gehen soll, ist Gegenstand der folgenden Unterabschnitte mit einer Definition von $dF$ im Unterabschnitt 4.5.4.

Im einfachsten Fall ($n = 1$ in (4.76)) ist der Weg eindimensional

$$\eta_1(\tau) = x(\tau), \ \tau \in [\tau_A, \tau_E].$$

Sein geometrischer Ort ist der Bildbereich $x([\tau_A, \tau_E])$, ein Geradenstück, ein einfacher Strich auf einem Blatt Papier. Die Punkte $x(\tau)$ laufen in dieser

Menge beginnend mit $x(\tau_A)$ hin und her bis schließlich das Ende $x(\tau_E)$ erreicht wird. Wegen $\eta_1(\tau) = x(\tau)$ liefert (4.78) den Übergang (4.75) in der einfachen Form

$$F(x(\tau)), \quad \tau \in [\tau_A, \tau_E]. \tag{4.79}$$

Als Sonderfall ist (wegen $n = 1$!) der Weg $x(\tau) = \tau$ mit $\tau \in [\tau_A, \tau_E]$ möglich, für den (4.79) in

$$F(\tau), \quad \tau \in [\tau_A, \tau_E]$$

übergeht. Die zugehörige Ableitung lautet $F'(\tau)$, die übliche Veränderungsrate einer Funktion!

### 4.5.2 Abhängigkeiten von Größen und deren Veränderungen

Wir kehren zur ersten Beziehung von (4.25) in Abschnitt 4.2.9 für die Größen Druck $P$, Volumen $V$ und Temperatur $T$

$$PV = RT \tag{4.80}$$

mit einer Konstanten $R$ zurück.

Im ersten Schritt stellen wir uns vor, dass der Druck $P$ frei variiert und fassen die beiden anderen Größen $T$ und $V$ als Funktionen des Druckes $P$ auf: $T = T_{Druck}(P)$, $V = V_{Druck}(P)$. Für jede Vorgabe von $P$ muss (4.80) gelten, d.h.

$$PV_{Druck}(P) - RT_{Druck}(P) = 0 \text{ für alle } P \geq 0.$$

Die linke Seite ist eine differenzierbare Funktion der reellen Variablen $P$, deren Ableitung überall verschwinden muß, weil die Funktion selbst überall verschwindet:

$$P \cdot \frac{dV_{Druck}(P)}{dP} + V_{Druck}(P) - R \cdot \frac{dT_{Druck}(P)}{dP} = 0 \,, \tag{4.81}$$

der gesuchte Zusammenhang der Veränderungsraten von $V_{Druck}$ und $T_{Druck}$. Im zweiten Schritt gehen wir wieder von (4.80) aus und stellen uns nunmehr vor, dass die Temperatur $T$ frei variiert. Dann werden die Größen $P$ und $V$ als Funktion der Temperatur $T$ aufgefasst: $P = P_{Temp}(T)$, $V = V_{Temp}(T)$. Wiederum muss für jede Vorgabe von $T$ die Gleichung (4.80) gelten:

$$P_{Temp}(T)V_{Temp}(T) - RT = 0.$$

Differentiation nach $T$ liefert die Abhängigkeit der Veränderungsraten von $V_{Temp}$ und $P_{Temp}$ bei Variation der Temperatur $T$

$$P_{Temp}(T) \cdot \frac{dV_{Temp}(T)}{dT} + V_{Temp}(T) \cdot \frac{dP_{Temp}(T)}{dT} - R = 0. \tag{4.82}$$

Die Abhängigkeiten (4.81) und (4.82) sind Sonderfälle einer gemeinsamen 'Form', welche folgendermaßen hergestellt wird: Noch einmal ist (4.80) unser Ausgangspunkt. Wir nehmen an, dass unser System im $(P, V, T)$-Raum einen Weg durchläuft. Dieser ist beschrieben durch eine **Kurve**

$$(P(\tau), V(\tau), T(\tau)), \ \tau \in I \subset \mathbb{R}. \tag{4.83}$$

Sie besteht aus drei reellen Funktionen

$$P(\tau), V(\tau), T(\tau), \ \tau_A \leq \tau \leq \tau_E. \tag{4.84}$$

Wir nennen $\tau$ den **Kurvenparameter** und $I$ das **Parameterintervall**. Während $\tau$ das Intervall $I = [\tau_A, \tau_E]$ vom linken zum rechten Randpunkt einmal durchläuft, beschreibt der in (4.83) angegebene Vektor einen Pfad im dreidimensionalen $(P, V, T)$-Raum mit

$$\text{dem Anfangspunkt} := Q_A = (P(\tau_A), V(\tau_A), T(\tau_A))$$
$$\text{und dem Endpunkt} := Q_E = (P(\tau_E), V(\tau_E), T(\tau_E)). \tag{4.85}$$

Auf der Strecke vom Kurvenanfang $Q_A$ zum Kurvenende $Q_E$ liegen die Punkte

$$(P(\tau), V(\tau), T(\tau)) \ \text{mit} \ \tau_A < \tau < \tau_E,$$

welche einen **Weg** im Zustandsraum $\mathbb{R}^N$ festlegen, z.B. jenen aus Abb. 4.7. Es ist klar, dass man auf vielen verschiedenen Wegen den Zustandswechsel (4.85) erreichen kann. Alle diese Wege sind durch je drei Funktionen (4.84)

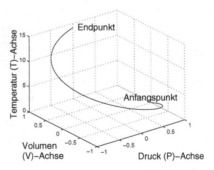

**Abb. 4.7.** Beispiel einer Kurve im $\mathbb{R}^3$

mit festen Anfangs- und Endwerten (4.85) gegeben, soll doch jeder von ihnen von $Q_A$ nach $Q_E$ führen. Der in Abb. 4.7 gezeigte Sonderfall ist ein Beispiel für einen Weg, der im Zustandsraum $\mathbb{R}^3$ in einer Schlangenbewegung *bergauf* geht. Der Leser sollte selbst auf ein Blatt Papier weitere dreidimensionale

Wege malen, die zwei feste Punkte verbinden.

An jedem Kurvenpunkt muss die Beziehung (4.80) bestehen:

$$P(\tau)V(\tau) = RT(\tau), \ \tau \in I. \tag{4.86}$$

Differentiation nach $\tau$ liefert die Abhängigkeit

$$P(\tau) \cdot \frac{dV(\tau)}{d\tau} + V(\tau) \cdot \frac{dP(\tau)}{d\tau} = R \cdot \frac{dT(\tau)}{d\tau} \ , \ \tau \in I \tag{4.87}$$

für die drei Veränderungsraten von $V$, $P$, $T$ entlang des Weges (4.83). Nun entdecken wir, dass unser Weg (4.83) im Falle (4.81) so aussieht:

$$\text{Parameter:} \ \ \tau = P$$
$$\tag{4.88}$$
$$\text{Darstellung des Weges:} \ \ (\tau, V_{\text{Druck}}(\tau), T_{\text{Druck}}(\tau)), \ \tau \in I_{\text{Druck}}.$$

Daher stimmen (4.87) und (4.81) überein: Die erste Komponente $P_{\text{Druck}}(\tau) = \tau$ von (4.88) hat die Ableitung $P'_{\text{Druck}}(\tau) = 1$! Analog geht (4.87) in (4.82) über, wenn

$$\text{Parameter:} \ \ \tau = T$$
$$\tag{4.89}$$
$$\text{Darstellung des Weges:} \ \ (P_{\text{Temp}}(\tau), V_{\text{Temp}}(\tau), \tau), \ \tau \in I_{\text{Temp}}$$

gewählt wird: Nun hat die dritte Komponente $T_{\text{Temp}}(\tau) = \tau$ die Ableitung $T'_{\text{Temp}}(\tau) = 1$! Die Darstellungen (4.88) und (4.89) verwenden verschiedene Funktionen für $P$, $V$ und $T$, die auch unterschiedliche Namen tragen.

(4.87) beschreibt das Zusammenwirken der Veränderungsraten von $P$, $V$, $T$ entlang einer allgemeinen Kurve im $(P, V, T)$-Raum, ähnlich wie (4.80) eine Beziehung zwischen diesen Größen selbst herstellt. Dabei ist es gleichgültig, um welchen Weg es sich handelt. Wir demonstrieren diese Unabhängigkeit, indem wir in (4.87) die Kurve im Schriftbild nicht mehr auftreten lassen und einfach

$$P \cdot dV + V \cdot dP = R \cdot dT \tag{4.90}$$

schreiben. Dies ist nichts anderes als eine invariante Schreibweise von (4.87). Die Zeile (4.90) stellt eine **Form** dar, welcher wir Inhalt entlocken, sobald eine Kurve (4.83) gewählt und dann (4.87) hingeschrieben wird. In diesem Sinne fasst (4.90) alle möglichen Beziehungen (4.87) zusammen, sobald dort alle Pfade im Raum ins Auge gefasst werden, so z.B. die Möglichkeiten (4.88) und (4.89). Der Leser sollte die verschiedenen biologischen Interpretationen des *Kurvenparameters* $\tau$ einmal als Druck in (4.88) und dann als Temperatur in (4.89) beachten. Mathematisch handelt es sich immer um reelle Zahlen, die natürlich dimensionsbehaftet und damit inhaltlich deutbar sein können.

### 4.5.3 Idee des vollständigen Differentials

Wir geben nun die Gleichberechtigung der Größen $P$, $V$, $T$ in (4.80) auf und definieren über diese Beziehung die Abhängigkeit der Temperatur $T$ von den beiden Größen $P$ und $V$, also

$$T = R^{-1}PV =: F(P, V). \tag{4.91}$$

Die soeben eingeführte Funktion $F$ ist nach ihren beiden Variablen partiell differenzierbar

$$\frac{\partial}{\partial P} F(P, V) = R^{-1}V, \quad \frac{\partial}{\partial V} F(P, V) = R^{-1}P. \tag{4.92}$$

Setze (4.91) und (4.92) in (4.90) ein und erhalte

$$R \cdot dF(P, V) = R \cdot dT = R \cdot \frac{\partial}{\partial V} F(P, V)dV + R \cdot \frac{\partial}{\partial P} F(P, V)dP,$$

oder nach Division durch $R$

$$dF(P, V) = \frac{\partial}{\partial V} F(P, V) \cdot dV + \frac{\partial}{\partial P} F(P, V) \cdot dP.$$

Der entstandene Ausdruck heißt **vollständiges Differential** der Funktion $F$. Er misst die Veränderungsrate von $F$ in Abhängigkeit der Veränderungsraten von $V$ und $P$ und unterstellt dabei, dass $F$ in Abhängigkeit von $V$ und $P$ **vollständig** beschrieben ist, also keine weiteren Abhängigkeiten mehr vorliegen!

### 4.5.4 Definition des vollständigen Differentials

Den in der letzten Nummer behandelten Sachverhalt können wir vorteilhaft verallgemeinern. Sei $F(x_1, \ldots, x_N)$ eine reellwertige Funktion, welche auf einer Teilmenge $D \subset \mathbb{R}^N$ definiert sei. Sämtliche partiellen Ableitungen $F_{x_j}(x_1, \ldots, x_N)$, $j = 1, \ldots, N$ mögen für $(x_1, \ldots, x_N) \in D$ existieren. Wir betrachten nun eine **Kurve**

$$(x_1(\tau), x_2(\tau), \ldots, x_N(\tau)) \in D, \ \tau \in I \tag{4.93}$$

in $D$. Sie besteht aus reellen Funktionen $x_j(\tau)$ ($j = 1, \ldots, N$), welche in einem Intervall $I$ erklärt und differenzierbar sind. $I$ heißt das **Parameterintervall** zum **Kurvenparameter** $\tau$. In (4.93) ist angedeutet, dass die Kurve ganz im Definitionsbereich $D$ der Funktion $F$ verläuft. So gibt es die reelle Funktion

$$\varphi(\tau) := F(x_1(\tau), x_2(\tau), \ldots, x_N(\tau)), \ \tau \in I \,,$$

welche die Werte von $F$ entlang der Kurve (4.93) annimmt. Sie ist auf ganz $I$ definiert. Man kann beweisen, dass $\varphi$ auf $I$ differenzierbar ist. Ferner bestätigt man die Darstellung

$$\frac{d}{d\tau}\varphi(\tau) = \frac{d}{d\tau}F(x_1(\tau),\dots,x_N(\tau))$$

$$= \sum_{j=1}^{N} \frac{\partial}{\partial x_j}F(x_1(\tau),\dots,x_N(\tau))\frac{d}{d\tau}x_j(\tau) \tag{4.94}$$

für die Ableitung. Die rechte Seite dieser Gleichung kann als Veränderungsrate von $F$ entlang der Kurve (4.93) aufgefasst werden. Sie ist Anlass zur Definition des **vollständigen Differentials** von $F$ gemäß

$$dF(x_1,\dots,x_N) := \sum_{j=1}^{N} \frac{\partial}{\partial x_j}F(x_1,\dots,x_N)dx_j \tag{4.95}$$

oder kürzer

$$dF = \sum_{j=1}^{N} F_{x_j}dx_j. \tag{4.96}$$

Ähnlich wie an der entsprechenden Stelle in 4.5.2 stellen wir fest, dass (4.95) nur eine **Form** ist, welche nach Wahl einer Kurve (4.93) dasselbe wie (4.94) besagt.

Die Darstellung (4.96) macht eine Analogie zum ersten Taylor Polynom

$$f(x_1,,\dots,x_N) \sim f(\bar{x}_1,\dots,\bar{x}_N) + \sum_{j=1}^{N} f_{x_j}(\bar{x}_1,\dots,\bar{x}_N)(x_j - \bar{x}_j) \tag{4.97}$$

aus Abschnitt 4.4.4 deutlich: Mit den Abkürzungen

$$\Delta f = f(x_1,\dots,x_N) - f(\bar{x}_1,\dots,\bar{x}_N),$$

$$\Delta x_j = x_j - \bar{x}_j \ (j = 1,\dots,N) \tag{4.98}$$

nimmt (4.97) die Form

$$\Delta f \sim \sum_{j=1}^{N} f_{x_j}\Delta x_j \tag{4.99}$$

an. Dieser Formelzeile stellen wir die 'Form' (4.96) gegenüber:

$$\Delta f \sim \sum_{j=1}^{N} f_{x_j}\Delta x_j \quad \text{und} \quad df = \sum_{j=1}^{N} f_{x_j}dx_j. \tag{4.100}$$

Damit wird verständlich, dass $df$ gern 'näherungsweise' mit der Differenz $\Delta f$ aus der ersten Gleichung von (4.98) in Zusammenhang gebracht wird. Analoges gilt für $dx_j$ und die Differenz $\Delta x_j$ aus der zweiten Zeile von (4.98). Der Leser sollte aber beide Beziehungen (4.100) stets sauber auseinanderhalten: Die erste ist Resultat einer lokalen Ersetzung von $f$ durch das Taylor Polynom vom Grad 1, während die zweite als 'Form' für die oben beschriebene Handlungsanweisung steht. Gleichwohl vertieft die erste das Verständnis der zweiten inhaltlich.

### 4.5.5 Wieso ist das vollständige Differential vollständig?

Verfolgt man den Gedankengang der Nummern 4.5.2 bis 4.5.4 sorgfältig, so wird erkennbar, dass das vollständige Differential $dF$ einer Größe $F$ nur dann bestimmt ist, wenn diese Größe von mindestens einer anderen Größe $x$ abhängt. Das ist so auch richtig, gibt es doch 'Veränderung' niemals 'an sich' sondern nur 'in Bezug auf etwas'. Hier interessiert uns der Fall, wenn $F$ von $x$ allein abhängt, also eine Funktion $F(x)$ vorliegt. Dann aber besagt (4.95):

$$dF(x) = F'(x)dx. \qquad (4.101)$$

Diese Gleichung liefert die *Form* **aller** Veränderungsmöglichkeiten von $F$, wenn $F$ nur in Abhängigkeit der Größe $x$ gesehen wird. Daher heißt das Differential $dF$ in (4.101) auch **vollständig**.

Diese Sehweise können wir unmittelbar auf (4.95) im Hinblick auf (4.94) übertragen: (4.95) beschreibt die *Form* **aller** Veränderungsmöglichkeiten $dF$ der Größe $F$, wenn diese von den Größen $x_j$, $j = 1, \ldots, N$ abhängt.

Die Veränderung einer Größe $F$ unterstellt Abhängigkeiten. Für $F(x)$ (Abhängigkeit von **einer** weiteren Größe) gilt (4.101). Im Falle $F(u, v)$ (Abhängigkeit von **zwei** weiteren Größen) jedoch ist

$$dF(u, v) = \frac{\partial F}{\partial u}(u, v)du + \frac{\partial F}{\partial v}(u, v)dv$$

usw. So hängt die 'totale Veränderung' einer Größe (erwartungsgemäß) zuerst von der Anzahl der ins Auge gefassten Abhängigkeiten ab!

### 4.5.6 Vollständiges Differential bei Abhängigkeit von nur einer Größe

Man begegnet häufig dem vollständigen Differential $dF$ einer Größe $F$ bezüglich der Größe $x$ in der Form

$$dF = g(x)dx. \qquad (4.102)$$

Hier bezeichnet $g$ eine reellwertige Funktion definiert auf dem Messintervall $I_x$ von $x$:

$$g : I_x \to \mathbb{R}.$$

Dann wird $F$ als Funktion $F(x)$ in Abhängigkeit von $x$ gesehen, und (4.102) bedeutet

$$\frac{dF(x(\tau))}{d\tau} = g(x(\tau))\frac{dx(\tau)}{d\tau} \ , \ \tau \in I_\tau := [a_\tau, b_\tau] \qquad (4.103)$$

für irgendeine Funktion

$$x(\tau) : \ I_\tau \to I_x, \text{ differenzierbar in } I_\tau. \qquad (4.104)$$

Beachte, dass ein Weg (oder eine Kurve) im eindimensionalen Raum $\mathbb{R}^1$ durch eine Funktion (4.104) festgelegt ist (vgl. (4.93)). Geometrisch geschieht nur etwas auf einem Teil einer Geraden: Die Bewegung der Funktionswerte (4.104) in der Bildmenge $I_x$, die ja einen Strich darstellt! Ist $x(\tau)$ monoton, so wird das Geradenstück genau einmal durchlaufen.

Kehren wir aber zur Gleichung (4.103) zurück. Gleichzeitig muss

$$\frac{dF(x(\tau))}{d\tau} = F'(x(\tau)) \, \frac{dx(\tau)}{d\tau} \, , \, \tau \in I_\tau \tag{4.105}$$

bei differenzierbarem $F$ gelten, so dass (4.103) und (4.105) sofort

$$g(x(\tau))\frac{dx(\tau)}{d\tau} = F'(x(\tau)) \, \frac{dx(\tau)}{d\tau} \, , \, \tau \in I_\tau \tag{4.106}$$

für alle Funktionen (4.104) nach sich ziehen. Unter diesen Funktionen gibt es sicher solche, bei denen die Ableitung nach dem Parameter $\tau$ nicht verschwindet, so dass wir in (4.106) dividieren dürfen und

$$g(x) = F'(x) \text{ für alle } x \in I_x \tag{4.107}$$

erhalten. Integration von $x(a_\tau)$ nach $x(b_\tau)$ liefert

$$F(x(b_\tau)) - F(x(a_\tau)) = \int_{x(a_\tau)}^{x(b_\tau)} F'(x)dx = \int_{x(a_\tau)}^{x(b_\tau)} g(x)dx.$$

Mit irgendeiner Stammfunktion $G$ für $g$ findet man sofort die Gleichung

$$F(x(b_\tau)) - F(x(a_\tau)) = G(x(b_\tau)) - G(x(a_\tau)). \tag{4.108}$$

Werden noch Anfangs- und Endpunkte der Kurve

$$x(\tau), \, \tau \in I_\tau = [a_\tau, b_\tau]$$

(vgl. (4.104)) mit $x_A := x(a_\tau)$, $x_E := x(b_\tau)$ bezeichnet, so erfährt die Größe $F$ auf ihrem Wege nach (4.108) die Veränderung

$$F(x_E) = F(x_A) + G(x_E) - G(x_A). \tag{4.109}$$

Aus der Form (4.102) des vollständigen Differentials $dF$ kann die Abhängigkeit $F(x)$ gemäß (4.109) mit Hilfe einer Stammfunktion für $g(x)$ rekonstruiert werden.

Zum Abschluss zur **Thermodynamik**: Dort findet man für die Entropie $S$ eines Gases bei konstanter Temperatur $T$ (vgl.[2]) die Gleichung

$$dS = \frac{P}{T} \cdot dV, \tag{4.110}$$

welche schon fast die Gestalt (4.102) besitzt. Wegen

$$PV = RT \qquad (4.111)$$

ist

$$g(V) = \frac{P}{T} = \frac{R}{V} \qquad (4.112)$$

tatsächlich eine Funktion von $V$ allein, und (4.110) erhält die Gestalt

$$dS = g(V)dV \qquad (4.113)$$

wie (4.102) verlangt (beachte die Funktion (4.112)). Gesucht ist eine Stammfunktion $G$ für (4.112): $G(V) = R \ln(V)$. Dann sagt (4.109), dass der Zusammenhang

$$S(V_E) = S(V_A) + R \ln\left(\frac{V_E}{V_A}\right) \qquad (4.114)$$

zwischen der Entropie $S$ und dem Volumen $V$ am Anfang und am Ende des Weges bestehen muss.

Man schreibt nun gern den Übergang von der *Form* (4.110) zur Abhängigkeit (4.114) 'invariant' hin, indem man die obigen Schlüsse, welche (4.110) in (4.114) überführen, durch die Sequenz

$$dS = \frac{P}{T}\, dV = \frac{R}{V}dV,$$

$$\int_{S_A}^{S_E} dS = \int_{V_A}^{V_E} \frac{R}{V}dV = R\ln\left(\frac{V_E}{V_A}\right), \qquad (4.115)$$

$$S_E - S_A = R\ln\left(\frac{V_E}{V_A}\right)$$

ersetzt. Dies ist eine formale Rechnung, welche den Weg über die Auswahl einer allgemeinen Kurve unterdrückt.

### 4.5.7 Vollständiges Differential bei Abhängigkeit von zwei Größen: Potentiale

Gegeben seien drei Größen $F$, $u$ und $v$, sowie die Abhängigkeit

$$F(u,v) : D \subset \mathbb{R}^2 \to \mathbb{R}. \qquad (4.116)$$

Das totale Differential von $F$ (bezüglich $u$ und $v$) sei durch

$$dF(u,v) = g_1(u,v) \cdot du + g_2(u,v) \cdot dv \qquad (4.117)$$

mit zwei reellen Funktionen $g_1(u,v)$, $g_2(u,v)$ definiert auf $D$ gegeben. Gleichzeitig muss

$$dF(u,v) = \frac{\partial F}{\partial u}(u,v)du + \frac{\partial F}{\partial v}(u,v)dv$$

bestehen. Wie in Abschnitt 4.5.6 folgt nun

$$g_1(u,v) = \tfrac{\partial F}{\partial u}(u,v), \quad g_2(u,v) = \tfrac{\partial F}{\partial v}(u,v) \text{ für } (u,v) \in D$$

$$\text{oder: grad } F(u,v) = (g_1(u,v), g_2(u,v)).$$

(4.118)

Wegen der zweiten Zeile von (4.118) heißt $F$ ein **Potential** des Vektorfeldes

$$(g_1(u,v), g_2(u,v)), \ (u,v) \in D. \tag{4.119}$$

Offenbar besteht die **Integrabilitätsbedingung**

$$\frac{\partial g_1}{\partial v}(u,v) = \left( \frac{\partial^2 F}{\partial v \partial u}(u,v) = \frac{\partial^2 F}{\partial u \partial v}(u,v) = \right) \frac{\partial g_2}{\partial u}(u,v), \ (u,v) \in D.$$

Unter sehr allgemeinen Annahmen, welche in den Anwendungen 'stets' erfüllt sind, hat ein Feld (4.119) ein Potential, falls die Integrabilitätsbedingung zutrifft.

# 4.6 Übungsaufgaben

## 4.6.1 Funktionen mehrerer Veränderlicher

**Übung 45.**
Gegeben sei die Funktion

$$f(x,y) = \frac{2x}{1+y^2} , \ x,y \in \mathbb{R}.$$

**(a)** Skizziere die beiden reellen Funktionen $g(x)$, $h(y)$, die entstehen, wenn man einer der beiden Variablen den Wert 1 zuordnet und $f$ bzgl. der anderen Variablen betrachtet. Wie lauten die analytischen Ausdrücke der Funktionen $g$, $h$?

**(b)** Fertige eine qualitative Skizze der Menge aller Punkte $(x,y) \in \mathbb{R}^2$ an, für die $f(x,y) = 5$ gilt.

**Übung 46.**
Finde jeweils einen analytischen Ausdruck für vier durch die Gleichung

$$\exp(1+x^2) = (t+2)(t-1)$$

implizit gegebene differenzierbare Funktionen. Diskutiere den maximalen Definitionsbereich dieser Funktionen in den reellen Zahlen. Verdeutliche die Definitionsbereiche durch eine Skizze.

**Übung 47.**
**(a)** Bestimme Gradient und maximalen Definitionsbereich in der $(u, v)$-Ebene
von

$$g(u, v) = \frac{\ln(u^2 + v + 1)}{u + 7} .$$

**(b)** Wir betrachten die Funktion

$$f(x, y) = x \, \exp(xy) - y^2.$$

Berechne alle Punkte $(\bar{x}, \bar{y}) \in \mathbb{R}^2$, welche

$$\text{grad } f(\bar{x}, \bar{y}) = 0$$

erfüllen.

**Übung 48.**
Gegeben sei die Funktion

$$f(x, y, z) := \exp(xy + z^3) - y, \quad (x, y, z) \in \mathbb{R}^3.$$

**(a)** Berechne den Gradienten von $f$ sowie die zweite partielle Ableitung $f_{xz}$.
**(b)** Bestimme das Taylor Polynom vom Grad 1 an der Stelle $(\bar{x}, \bar{y}, \bar{z}) = (0, 1, 0)$
zu $f$.
**(c)** Es sei $g(x) := f(x, 2, 0)$. Bestimme das Taylor Polynom vom Grad 2 an
der Stelle $\bar{x} = 1$ zu $g$.

### 4.6.2 Vollständige Differentiale

**Übung 49.**
Welche Abhängigkeit der Größen $x$ und $y$ folgt aus der Forderung $y \, dx = x \, dy$?

**Übung 50.**
Das vollständige Differential der Größe $\eta$ sei durch

$$d\eta = (2x^2 + 3x^3)dx$$

gegeben. Um welchen Zusammenhang zwischen $\eta$ und $x$ handelt es sich?

**Übung 51.**
$u, v, w$ seien drei Größen. Welche Abhängigkeit von $du$, $dv$ und $dw$ besteht,
falls durchweg $u^2 + 3uvw + w^3u = 0$ festgestellt wird?

# 5

## Rekonstruktion von Funktionen aus Zahlenpaaren: Lineare Datenanpassung

### 5.1 Das Geschehen in diesem Kapitel

Ausgangspunkt der folgenden Überlegungen ist ein Datensatz

$$s_i, y_i, \ i = 1, \ldots, d \tag{5.1}$$

aus einem Experiment für einen Naturvorgang: Zu jedem Wert $s_i$ der Größe $s$ möge **genau ein Wert** $y_i$ der Größe $y$ gehören. Dieser Zusammenhang

$$y_i = q(s_i), \ i = 1, \ldots, d \tag{5.2}$$

soll **möglichst gut** aus den Daten (5.1) rekonstruiert werden. Dazu benötigt man eine Familie

$$F(s, x_1, \ldots, x_p) : \ s \in \mathbb{R} \to \mathbb{R} \tag{5.3}$$

reeller Funktionen, innerhalb derer die Rekonstruktion geschehen soll. Jede dort vorhandene Funktion ist durch genau einen Parametersatz $(x_1, \ldots, x_p) \in \mathbb{R}^p$ festgelegt.

So begegnet der **Geschwindigkeitsausdruck**

$$p = 3 : q(s) = \frac{x_1 u_p(s, x_2, x_3)}{1 + x_2 u_p(s, x_2, x_3)} \ , \ x_1 \geq 0, \ x_2 > 0,$$

$$2u_p(s, x_2, x_3) = s - \eta + \sqrt{(s - \eta)^2 + \frac{4s}{x_2}} \ , \ \eta := \frac{1 + x_3}{x_2} \ , \ x_3 \geq 0 \tag{5.4}$$

eines bindeproteinabhängigen Transportsystems in Zellen [35]. Es handelt sich um eine **Theoriefunktion**, deren Parameter $(x_1, x_2, x_3) \in \mathbb{R}^3$ die biologischen Größen $V_{max}$, $K_M$ und $K$ bestimmen:

$$V_{max} = \frac{x_1}{x_2} \ , \ K_M = \frac{1}{x_2} \ , \ K = \frac{x_3 + 2}{2x_2} \ .$$

Es bedeuten $V_{max}$ die maximale Transportgeschwindigkeit und $K_M$ den Fußpunkt $s > 0$ mit

$$q(K_M) = \frac{V_{max}}{2}.$$

Schließlich regelt $K$ die Effizienz des Teiltransportes aus dem Periplasma
durch die innere Membran in das Zellinnere: Messdaten über den **Gesamt-
transport** ermöglichen mit Hilfe von $K$ einen Einblick in einen Teilschritt des
ganzen Transportgeschehens! Soll $K$ aus einem Transportexperiment ermittelt
werden, so ist eine Funktionenfamilie (5.3) zu verwenden, deren Parameter die
Bestimmung von $K$ erlauben, z.B.

$$F(s, x_1, x_2, x_3) = \frac{x_1 u_p(s, x_2, x_3)}{1 + x_2 u_p(s, x_2, x_3)} \tag{5.5}$$

mit $u_p(s, x_2, x_3)$ aus der zweiten Zeile von (5.4).

Es kann aber auch vorkommen, dass von der Abhängigkeit (5.2) nur ein
Funktionswert $q(\bar{s})$ oder die Ableitung $q'(\bar{s})$ verlangt wird (ein Sonderfall tritt
im Unterabschnitt 5.6.4 auf). Dann mag die Rekonstruktion von $q$ in einer frei
gewählten Funktionenfamilie (5.3) erfolgen: z.B. als Polynom

$$F(s, x_1, \ldots, x_p) = \sum_{j=1}^{p} s^{p-j} x_j, \tag{5.6}$$

dessen Koeffizienten an die Messungen (5.1) angepasst gewählt werden.

Zur Betonung: Der Ansatz (5.6) ist im Falle des Transporters (5.4) unge-
eignet, die Konstante $K$ zu bestimmen. Das wird anders, wenn nur $V_{max}$ und
$K_M$ gesucht sind: Eine Rekonstruktion (5.3), zu der $S_F > 0$ und $F_{max}$ mit

$$0 < F(s, x_1, \ldots, x_p) \leq F_{max} \text{ für } 0 < s, \ 2F(S_F) = F_{max}$$

existieren, wird ausreichende Approximationen

$$V_{max} \sim F_{max}, \ K_M \sim S_F$$

liefern. Hier genügt eine lineare Abhängigkeit

$$F(s, x_1, \ldots, x_p) = \sum_{i=1}^{p} \varphi_i(s) x_i,$$
$$\varphi_j : \mathbb{R} \to \mathbb{R}, \ j = 1, \ldots, p, \tag{5.7}$$

welche etwas allgemeiner gehalten ist als (5.6). Man versucht eine Rekonstruktion des wahren Zusammenhangs $q$ aus (5.2) durch die lineare Überlagerung
aus $p$ reellen Funktionen $\varphi_1, \ldots, \varphi_p$ mit den Gewichten $x_1, \ldots, x_p$, den Parametern.

Die folgenden Abschnitte behandeln den Ansatz (5.7) zur Rekonstruktion von $q(s)$. Die Parameter $x = (x_1, \ldots, x_p)$ sollen so gewählt werden, dass die **Fehlerquadratsumme**

$$h(x) := \frac{1}{2} \sum_{j=1}^{d} (y_j - \sum_{i=1}^{p} \varphi_i(s_j) x_i)^2$$

möglichst klein wird, die Daten sich möglichst gut auf dem Graphen des Lösungsausdrucks (5.7) versammeln. In diesem Zusammenhang liefert die Darstellung

$$2(h(u) - h(v)) = \|\Phi(u - v)\|^2 + 2(\Phi^T \Phi v - \Phi^T y, u - v) \qquad (5.8)$$

einen vollständigen Überblick über alle **Minimallösungen**

$$u \in \mathbb{R}^p : 0 \le h(u) \le h(x) \text{ für alle } x \in \mathbb{R}^p \qquad (5.9)$$

und führt zu einem numerischen Verfahren, alle $u \in \mathbb{R}^p$ mit (5.9) zu finden.

Die theoretischen Überlegungen in den folgenden Abschnitten sind auf das Verständnis von (5.8) abgestellt. Es erfordert die Einführung grundlegender Konzepte der **linearen Algebra**: Vektoren, Matrizen, inneres Produkt und Norm, lineare Abbildungen des $\mathbb{R}^p$ in den $\mathbb{R}^d$. So bleibt die Bedeutung von (5.8) ohne diese Grundkenntnisse unklar.

Wie an jeder Stelle in diesem Text sollen mathematische Konzepte nur dann zur Sprache kommen, wenn der biologische Inhalt danach verlangt: (5.8) aber schließt das tiefere Verständnis für das geschilderte Minimierungsvorhaben auf, welches seinerseits das allenthalben auftretende Bedürfnis nach **Rekonstruktion von Naturvorgängen** fördert. Andererseits fordert (5.8) die linearen Konzepte, welche nun zusammengestellt werden sollen.

Zum **Lernziel**: Verständnis für den Einsatz linearer Rekonstruktion, für den Sinn und den Anwendungsbereich dieser Ideen in der Biologie. Die Einsicht, dass **lineare Konzepte** nötig sind, um hier Klarheit zu erhalten.

## 5.2 Rekonstruktion

### 5.2.1 Geschwindigkeit der Michaelis-Menten-Reaktion

Wir betrachten einen Michaelis-Menten-Prozess, welcher ein Substrat $X$ in ein Produkt $P$ mit Hilfe eines Enzyms $E_0$ umsetzt. Die Basisreaktion am Enzym selbst beschreibt die Ligandenbindung

$$X + E_0 \rightleftharpoons E_1.$$

Wir erinnern an ihre Charakteristik

$$Y_1(x) = \frac{K_0 x}{1 + K_0 x} \tag{5.10}$$

(vgl. 2.6.6). Dabei bezeichnen $x$ die Konzentration des angebotenen Substrats $X$ und $K_0$ eine Reaktionskonstante. Genauer handelt es sich um die **Assoziationskonstante**, weil bei großem Wert für $K_0$ die oben angegebene Reaktion mehr auf der rechten Seite (also auf der Seite des Komplexes $E_1$) zu finden ist. Demgegenüber bezeichnet man mit

$$K_D := \frac{1}{K_0}$$

die **Dissoziationskonstante**, welche offenbar sehr klein ausfällt, wenn die Assoziationskonstante sehr groß angesetzt wird. Die $K_D$ dient dem Biologen als Beurteilung der Affinität des Substrats $X$ zum Enzym $E_0$. Offenbar können wir (5.10) auch mit Hilfe der Dissoziationskonstanten gemäß

$$Y_1(x) = \frac{x}{K_D + x} \tag{5.11}$$

schreiben.

Der vollständige **Michaelis-Menten-Prozess** folgt dem Reaktionsnetzwerk

$$X + E_0 \rightleftharpoons E_1 \rightharpoonup E_0 + P.$$

Nun wird die Produktbildung berücksichtigt. Man erkennt das Netzwerk der Ligandenbindung im vorderen Teil der Kette. Die **Geschwindigkeit** $v$ der Entstehung von $P$ hängt von der Konzentration $x$ der Substratvorgabe $X$ ab. Eine genauere theoretische Überlegung liefert den analytischen Ausdruck

$$v(x) = \frac{v_{max} x}{K_M + x} \tag{5.12}$$

mit zwei Konstanten $v_{max} > 0$, $K_M > 0$. Die $K_M$ spielt für den Michaelis-Menten-Prozess die Rolle der $K_D$ bei der Ligandenbindung. Den Zusammenhang (5.12) kann man durch Invertieren in die lineare Abhängigkeit

$$\frac{1}{v} = \frac{K_M}{v_{max}} \cdot \frac{1}{x} + \frac{1}{v_{max}} \tag{5.13}$$

überführen, so dass durch die Setzung der neuen Variablen

$$s = \frac{1}{x} , \; y = \frac{1}{v} \tag{5.14}$$

und die Einführung der neuen Konstanten

$$u_1 = \frac{K_M}{v_{max}} \ , \ u_2 = \frac{1}{v_{max}} \tag{5.15}$$

die lineare Beziehung

$$y = u_1 s + u_2 \tag{5.16}$$

entsteht.

Die Größen $x$ und $v$ können gemessen werden. Nach $d$ Messungen liegt eine Reihe von Paaren

$$x_j, \ v_j, \ j = 1, \ldots, d \tag{5.17}$$

vor. Gemäß (5.14) sind dann auch die fiktiven Messungen

$$s_j = \frac{1}{x_j} \ , \ y_j = \frac{1}{v_j} \ , \ j = 1, \ldots, d \tag{5.18}$$

bekannt und müssen wegen (5.16) im Idealfall auf einer Geraden liegen.

Tatsächlich sind $(x, v)$-Messungen immer fehlerbehaftet und werden in einem $(s, y)$-Koordinatensystem nur ungefähr auf einer Geraden versammelt. Dann aber kann man auf den Achsen die Konstanten (vgl. (5.15))

$$\frac{1}{v_{max}} \ , \ \ \frac{1}{K_M}$$

direkt ablesen: Die Achsenabschnitte der Geraden (5.16) lauten nämlich

$$y - \text{Achse} \ (s = 0): \ y = u_2 = \frac{1}{v_{max}} \ ,$$

$$s - \text{Achse} \ (y = 0): \ s = -\frac{u_2}{u_1} = -\frac{1}{K_M} \ .$$

Die Darstellung in der $(s, y)$-Ebene heißt **Lineweaver-Burk-Diagramm** der $(x, v)$-Messungen (vgl. [2] und [25]). Es sei hier erwähnt, dass die Messungen (5.17), welche in einem Lineweaver-Burk-Diagramm nicht ungefähr auf einer Geraden liegen, auch nicht gemäß (5.12) zusammenhängen können!

### 5.2.2 Rekonstruktion einer Funktion

Im einleitenden Abschnitt 5.1 wird schon darauf hingewiesen, dass ein großer Anwendungsbereich des linearen Ansatzes (5.7) für Daten (5.1) dann vorliegt, wenn es darum geht, die wahre Abhängigkeit

$$y_j = q(s_j), \ j = 1, \ldots, d \tag{5.19}$$

möglichst gut aus den Messungen zu rekonstruieren. Dann beschreibt (5.7) $q(s)$ als lineare Überlagerung durch Ansatzfuntionen

$$\varphi_j : [s_A, s_E] \to \mathbb{R}, \; j = 1, \dots, p, \tag{5.20}$$

von denen jede charakteristische Eigenschaften von $q$ haben sollte. Die gesuchten Parameter

$$x = (x_1, \dots, x_p)$$

definieren dabei das Gewicht der Funktionen (5.20) am vollen Geschehen $q(s)$.

Solche Rekonstruktionen dienen dazu, einen Funktionswert $q(\bar{s})$ oder einen Ableitungswert $q'(\bar{s})$ zu approximieren. Sie können auch dabei helfen, das Integral

$$\int_{s_A}^{s_E} q(s)ds$$

zu bestimmen oder einfach den Kurvenverlauf $s \to q(s)$ zu veranschaulichen, um etwa sigmoides Verhalten sichtbar zu machen. So sucht man die Zeit $\bar{t} \geq 0$ mit der maximalen Veränderungsrate

$$\dot{q}(\bar{t}) = \mathrm{Max}\{\dot{q}(t) : t \geq 0\}$$

für $q$. Das Interesse an $\bar{t} \geq 0$ tritt bei Transportexperimenten von Substrat in eine Zelle auf. Der Wert $\dot{q}(\bar{t})$ wird über eine Rekonstruktion von $q(t)$ aus Messungen

$$t_k, q_k \approx q(t_k), \; k = 1, \dots, d$$

gewonnen. Ein Ansatz (5.7) liefert den gesuchten Wert $\dot{q}(\bar{t})$ in der rekonstruierten Form

$$\dot{q}(\bar{t}) = \sum_{j=1}^{p} \varphi'_j(\bar{t})x_j.$$

Dieses Thema wird in Abschnitt 5.6 behandelt.

### 5.2.3 Lineare Theoriefunktion

Die biologische Fragestellung der Bestimmung von $v_{max}$ und $K_M$ aus den Messungen (5.18) gibt Anlass zu folgender Aufgabe: Gegeben seien Messungen

$$s_j, y_j, \; j = 1, \dots, d \tag{5.21}$$

und ein Zusammenhang gemäß

$$y_j = F(s_j, u_1, u_2), \; j = 1, \dots, d. \tag{5.22}$$

Die gesuchten Parameter fassen wir als Komponenten des Vektors $u = (u_1, u_2) \in \mathbb{R}^2$ auf und müssen wegen (5.16) die Funktion $F$ in (5.22) in der Form

$$F(s, u) = u_1 s + u_2 \tag{5.23}$$

schreiben. Dann verlangt (5.22), dass alle Messpunkte (5.21) auf der Geraden (5.16) liegen. Man bezeichnet $F(s, u)$ aus (5.23) als **Theoriefunktion** zu den Daten (5.21).

Bisher wird der Datenausgleich am Leitfaden einer Theorie mit nur zwei gesuchten Parametern $u_1$ und $u_2$ beschrieben. Liegen $p$ Parameter

$$x = (x_1, \ldots, x_p) \in \mathbb{R}^p$$

wie in 5.2.2 vor, so lautet die Theoriefunktion zum **allgemeinen, linearen Ausgleich** der Daten (5.21) so:

$$F(s, x) = \sum_{j=1}^{p} \varphi_j(s) x_j,$$

$$\varphi_j : [s_A, s_E] \in \mathbb{R} \to \mathbb{R}.$$

(5.24)

Man erhält den Sonderfall (5.23) für

$$p = 2 : \varphi_1(s) = s, \varphi_2(s) = 1 \text{ für } s \in \mathbb{R}$$

zurück. Im allgemeinen Fall (5.21), (5.24) lautet die zu (5.22) analoge Forderung

$$y_k = F(s_k, x) = \sum_{j=1}^{p} \varphi_j(s_k) x_j, \ k = 1, \ldots, d.$$

(5.25)

Die Funktion (5.24) ist bei festem Parametersatz $x \in \mathbb{R}^p$ in $s$ keine Gerade in der Ebene, gleichwohl definiert $F(s, x)$ für festes $s$ in jeder Unbekannten $x_j$ eine lineare Funktion.

### 5.2.4 $(d, p)$-Matrizen

Die bisher beschriebene Situation gibt Anlass für einen Einstieg in Grundlagen der linearen Algebra. Die unter der Summe auf der rechten Seite von (5.25) auftretenden Größen $\varphi_j(s_k)$ werden in einem Schema

$$\Phi = \begin{bmatrix} \varphi_1(s_1) \ldots \varphi_p(s_1) \\ \varphi_1(s_2) \ldots \varphi_p(s_2) \\ \ldots \quad \ldots \quad \ldots \\ \varphi_1(s_d) \ldots \varphi_p(s_d) \end{bmatrix}$$

(5.26)

zusammengefasst. Es handelt sich um eine $(d, p)$-Matrix mit reellen Elementen

$$\Phi_{ij} = \varphi_j(s_i), \ i = 1, \ldots, d, \ j = 1, \ldots, p.$$

Jede Ansammlung reeller Zahlen

$$A_{ij} \in \mathbb{R}, \ i = 1, \ldots, d, \ j = 1, \ldots, p$$

für ein $d \in \mathbb{N}$ und ein $p \in \mathbb{N}$ definiert die Elemente einer **reellen** $(d,p)$-**Matrix**

$$A = \begin{bmatrix} A_{11} & A_{12} & \dots & A_{1p} \\ A_{21} & A_{22} & \dots & A_{2p} \\ \dots & \dots & \dots & \dots \\ A_{d1} & A_{d2} & \dots & A_{dp} \end{bmatrix} . \tag{5.27}$$

$A$ besteht aus den $d$-Zeilen und den $p$-Spalten

$$\text{i-te Zeile von } A: [A_{i1}, \dots, A_{ip}], \text{k-te Spalte von } A: \begin{bmatrix} A_{1k} \\ \vdots \\ A_{dk} \end{bmatrix}, \tag{5.28}$$

so dass man den ersten Index $i$ der Elemente $A_{ij}$ als **Zeilenindex** und das $j$ als **Spaltenindex** bezeichnet: $A_{Zeile,Spalte}$.

## 5.2.5 Matrixmultiplikation

Welchen Vorteil ziehen wir aus der Matrix (5.26) im Hinblick auf die Konstruktion von geeigneten Parametern $x$ zum Ausgleich der Daten (5.21) im Sinne von (5.25)? Dazu das Konzept der Multiplikation zweier Matrizen $A$ und $B$: Diese Operation ist nur möglich, wenn

$$A \ (d,p)\text{-reihig}, \ B \ (p,q)\text{-reihig} \tag{5.29}$$

sind, weil dann alle Summen

$$\sum_{\sigma=1}^{p} A_{i\sigma} B_{\sigma j}, \ i = 1, \dots, d, \ j = 1, \dots, q \tag{5.30}$$

existieren. Diese versammelt man in einer $(d,q)$-Matrix, die mit $AB$ bezeichnet wird. Man findet mit (5.30) sofort die Eintragungen

$$(AB)_{ij} := \sum_{\sigma=1}^{p} A_{i\sigma} B_{\sigma j}, \ i = 1, \dots, d, \ j = 1, \dots, q. \tag{5.31}$$

Jeder Vektor $x \in \mathbb{R}^p$ wird als Matrix mit nur einer Spalte

$$\begin{bmatrix} x_1 \\ x_2 \\ \vdots \\ x_p \end{bmatrix} \quad (p,1)\text{-reihige Matrix}$$

verstanden, so dass die Multiplikation

$$Ax : (d,p)\text{-reihig} \cdot (p,1)\text{-reihig} = (d,1)\text{-reihig}$$

vorgenommen werden kann. Es ist

$$Ax \in \mathbb{R}^d : (Ax)_j = \sum_{\sigma=1}^{p} A_{j\sigma} x_\sigma \text{ für } x \in \mathbb{R}^p, \tag{5.32}$$

wenn (5.31) verwendet wird.

Im Falle der $(d,p)$-reihigen Matrix $\Phi$ aus (5.26) besteht offenbar

$$(\Phi x)_i = \sum_{\sigma=1}^{p} \Phi_{i\sigma} x_\sigma = \sum_{\sigma=1}^{p} \varphi_\sigma(s_i) x_\sigma = F(s_i, x), \ i = 1, \dots, d. \tag{5.33}$$

Damit ist die lineare Theoriefunktion (5.24) über die Matrix (5.26) beschrieben. Fassen wir die $y$-Messungen aus (5.21) in dem Vektor

$$y = \begin{bmatrix} y_1 \\ \vdots \\ y_d \end{bmatrix} \in \mathbb{R}^d$$

zusammen, so verlangt (5.25) die Darstellung dieses Vektors gemäß

$$\Phi x = y \tag{5.34}$$

durch den Parametervektor $x$ (vgl. 5.3.1 für die Definition der Gleichheit zweier Vektoren). Er ist — wenn es ihn überhaupt in $\mathbb{R}^p$ gibt — Lösung des **linearen Gleichungssystems** (5.34).

Der Rückblick auf die spezielle Ausgangssituation

$$p = 2 : \varphi_1(s) = s, \ \varphi_2(s) = 1$$

liefert die Matrix

$$\Phi = \begin{bmatrix} s_1, 1 \\ s_2, 1 \\ \vdots \ \vdots \\ s_d, 1 \end{bmatrix} \quad (d,2)\text{-reihig} \tag{5.35}$$

und die linke Seite

$$\Phi x = \Phi \begin{bmatrix} x_1 \\ x_2 \end{bmatrix} = \begin{bmatrix} s_1, 1 \\ s_2, 1 \\ \vdots \ \vdots \\ s_d, 1 \end{bmatrix} \begin{bmatrix} x_1 \\ x_2 \end{bmatrix} = \begin{bmatrix} s_1 x_1 + x_2 \\ s_2 x_1 + x_2 \\ \vdots \\ s_d x_1 + x_2 \end{bmatrix} \tag{5.36}$$

das Gleichungssystem (5.34). Man erkennt, dass (5.34) deutlich mehr Gleichungen als Unbekannte besitzt. Das muss auch so sein, weil die möglichst vielen Daten (5.21) durch möglichst wenige Parameter $x$ repräsentiert werden sollen. Im günstigen Fall wird man

$$1 \le p << d \tag{5.37}$$

finden.

**Übung 52.**
Berechne $Ax$, $BA$, $B(Ax)$, $(BA)x$ für

$$A = \begin{bmatrix} 1 & 2 & 3 \\ 0 & 7 & 5 \\ 1 & 0 & 0 \\ 3 & 7 & 6 \\ 2 & 2 & 2 \end{bmatrix} , \ B = \begin{bmatrix} 0 & 0 & 2 & 5 & 6 \\ 1 & 1 & 2 & 2 & 3 \\ 5 & 5 & 0 & 0 & 0 \end{bmatrix} , \ x = \begin{bmatrix} 7 \\ 0 \\ 5 \end{bmatrix} .$$

## 5.3 Geometrie und lineare Abbildungen im $\mathbb{R}^N$

### 5.3.1 Fehlerquadratsumme

Ausgangspunkt ist ein Datensatz (5.21) mit einer Theoriefunktion (5.24). Damit ist das Gleichungssystem (5.25) oder in Matrixform (5.34) zu lösen. Dieses System hat deutlich mehr Gleichungen als Unbekannte und wird im Allgemeinen keine Lösung zulassen. Daher betrachtet man lieber die **Fehler**

$$y_j - F(s_j, x) = y_j - (\Phi x)_j = (y - \Phi x)_j, \ j = 1, \dots, d$$

oder ihre Summe

$$\sum_{j=1}^{d} (y - \Phi x)_j.$$

Eine naheliegende Idee besteht darin, die Fehlersumme möglichst klein zu halten. Wegen der Auslöschung verschiedener Fehler ist man besser beraten, die Summe der Fehlerquadrate

$$\sum_{j=1}^{d} (y - \Phi x)_j^2$$

zu minimieren. Aus technischen Gründen, welche im Laufe der Diskussion offensichtlich werden, geht man zur **Fehlerquadratsumme**

$$h(x) := \frac{1}{2} \sum_{j=1}^{d} (y - \Phi x)_j^2 \tag{5.38}$$

über und versucht einen Vektor $\bar{x} \in \mathbb{R}^p$ zu finden, so dass

$$0 \leq h(\bar{x}) \leq h(x) \text{ für alle } x \in \mathbb{R}^p \tag{5.39}$$

besteht. Dann wäre gewährleistet, dass der spezielle Vektor $\bar{x}$ wenigstens gegenüber allen anderen dadurch ausgezeichnet ist, dass seine Fehlerquadratsumme unter allen anderen Summen dieser Art liegt. $h(\bar{x})$ heißt auch **Minimalabweichung**. Die Forderung (5.39) lässt möglicherweise mehrere Vektoren zu, welche die Fehlerquadratsumme minimieren. Dies wird anders, wenn man schärfer als (5.39) sogar fordert

$$0 \leq h(\bar{x}) < h(x) \text{ für alle } x \in \mathbb{R}^p, \ x \neq \bar{x}. \tag{5.40}$$

Zunächst eine Klarstellung: Für zwei Vektoren $u, v \in \mathbb{R}^N$ besteht definitionsgemäß die Implikation

$$u = v \Leftrightarrow u_j = v_j, \ j = 1, \ldots, N.$$

Hierdurch ist die Gleichheit zweier Vektoren festgelegt: Gleichheit bedeutet Übereinstimmung aller Komponenten! Die Fehlerquadratsumme (5.38) gibt Anlass zur Definition

$$\|u\|^2 := \sum_{j=1}^{N} u_j^2, \ u \in \mathbb{R}^N. \tag{5.41}$$

Man nennt $\|u\|$ die **Norm** des Vektors $u \in \mathbb{R}^N$. Mit (5.41) nimmt die Fehlerquadratsumme (5.38) die Gestalt

$$2h(x) = \|y - \Phi x\|^2, \ x \in \mathbb{R}^p \tag{5.42}$$

an. Zur Interpretation von (5.42) benötigt man weitere Vorstellungen über Geometrie im $\mathbb{R}^N$. Dazu die nächsten Unterabschnitte.

### 5.3.2 Abstand, inneres Produkt

Zunächst sind Summe $u + v$ und Produkt $\alpha u$ für irgendein reelles $\alpha$ und Vektoren $u, v \in \mathbb{R}^N$ zu definieren. Dies geschieht durch Angabe der Komponenten von beiden Konstrukten. Genauer setzt man

$$(u + v)_j := u_j + v_j, \ (\alpha u)_j := \alpha u_j, \ j = 1, \ldots, N. \tag{5.43}$$

Beide Operationen sind komponentenweise erklärt: Man addiert entsprechende Komponenten bzw. multipliziert sie mit der Konstanten $\alpha \in \mathbb{R}$. Dazu die

**Übung 53.**
Berechne:
$(1, 2, 3) + (0, 2.5, -1.5)$, $10 \cdot (6, 3, 8, 5.5)$.

Die Norm $\|u\|$ gegeben durch (5.41) hat drei zentrale Eigenschaften: zunächst

$$\|u\| \geq 0,$$

$$\|u\| = 0 \Leftrightarrow u_j = 0 \text{ für } j = 1, \ldots, N$$

(5.44)

(verwende (5.41)) und danach

$$\|\alpha u\| = |\alpha|\,\|u\| \text{ für } u \in \mathbb{R}^N,\ \alpha \in \mathbb{R}.$$

(5.45)

Eine leichte Rechnung

$$\|\alpha u\|^2 = \sum_{j=1}^{N} (\alpha u)_j^2 = \sum_{j=1}^{N} \alpha^2 u_j^2 = \alpha^2 \sum_{j=1}^{N} u_j^2 = \alpha^2 \|u\|^2$$

führt direkt zu (5.45), wenn $\sqrt{\alpha^2} = |\alpha|$ beachtet wird. Schließlich gilt die **Dreiecksungleichung**

$$\|u + v\| \leq \|u\| + \|v\|.$$

(5.46)

Im Sonderfall

$$N = 2 : u = (u_1, u_2) \in \mathbb{R}^2$$

besteht die Abb. 5.1 in der Ebene: Der durch die Komponenten des Vektors

**Abb. 5.1.** Geometrische Interpretation der Norm im $\mathbb{R}^2$

$u$ bezeichnete Punkt hat den in der Zeichnung angegebenen Abstand vom Nullpunkt, also

$$(\text{Länge der Diagonale})^2 = \|u\|^2.$$

Dieser Abstand repräsentiert die Norm des Vektors in der Ebene

$$\text{Norm von } u := \text{Länge der Diagonale} = \|u\|.$$

**Übung 54.**

Bestätige die Dreiecksungleichung für

$$u^{(1)} = (2, 5, 7), \qquad v^{(1)} = (-3, 0, -6),$$
$$u^{(2)} = (-3, 0, 5, 5, 6), \quad v^{(2)} = (1, -6, 3, 7, 4).$$

Nun zum Konzept des **inneren Produktes** zweier Vektoren $u, v \in \mathbb{R}^N$. Es wird durch

$$(u, v) := \sum_{j=1}^{N} u_j v_j \qquad (5.47)$$

festgelegt und ist

$$\begin{aligned}
&\textbf{symmetrisch} : (u, v) = (v, u),\\
&\textbf{homogen} : \quad (\alpha u, v) = \alpha(u, v), \ \alpha \in \mathbb{R},\\
&\textbf{linear} : \quad (\alpha u + \beta w, v) = \alpha(u, v) + \beta(w, v),\\
&\qquad\qquad \alpha, \beta \in \mathbb{R}, \ w \in \mathbb{R}^N.
\end{aligned} \qquad (5.48)$$

Die Symmetrie fällt durch die Definition (5.47) unmittelbar ins Auge, und die Homogenität rechnet man gemäß

$$(\alpha u, v) = \sum_j (\alpha u)_j v_j = \sum_j \alpha u_j v_j = \alpha \sum_j u_j v_j = \alpha(u, v)$$

leicht nach. Die beiden mittleren Schritte verwenden (5.43). Schließlich zur Linearität: Dazu aber die

**Übung 55.**

Zeige, dass das innere Produkt linear im ersten Faktor ist.

Genau genommen handeln die beiden letzten Eigenschaften in (5.48) nur vom ersten Faktor des inneren Produktes. Die Symmetrie erlaubt analoge Gleichungen auch für den hinteren Faktor:

$$\begin{aligned}
&\textbf{homogen} : (u, \alpha v) = \alpha(u, v), \ \alpha \in \mathbb{R},\\
&\textbf{linear} : \quad (u, \alpha v + \beta w) = \alpha(u, v) + \beta(u, w), \ \alpha, \beta \in \mathbb{R}, \ w \in \mathbb{R}^N.
\end{aligned} \qquad (5.49)$$

Zum Einsatz der Symmetrie für (5.49) sei die Homogenität kurz vorgeführt:

$$(u, \alpha v) = (\alpha v, u) = \alpha(v, u) = \alpha(u, v).$$

Ein analoges Argument sichert die Linearität.

Der Zusammenhang des inneren Produktes mit der Norm und der Fehlerquadratsumme wird durch

$$\|u\|^2 = (u, u),$$
$$2h(x) = \|y - \Phi x\|^2 = (y - \Phi x, y - \Phi x) \qquad (5.50)$$

hergestellt.

## 5.3.3 Matrix und lineare Abbildung

Die Zeile (5.32) zeigt, dass eine $(N_1, N_2)$-Matrix $A$ die Abbildung

$$A : u \in \mathbb{R}^{N_2} \to Au \in \mathbb{R}^{N_1} \tag{5.51}$$

vermittelt. Wie das innere Produkt so ist auch diese Abbildung

$$\begin{aligned} &\textbf{homogen}: A(\alpha u) = \alpha Au, \ \alpha \in \mathbb{R}, \\ &\textbf{linear}: \quad A(\alpha u + \beta v) = \alpha Au + \beta Av, \ \alpha, \beta \in \mathbb{R}, \ u, v \in \mathbb{R}^{N_2}. \end{aligned} \tag{5.52}$$

Die Homogenität

$$(\alpha Au)_j = \alpha (Au)_j = \alpha \sum_{i=1}^{N_2} A_{ji} u_i = \sum_{i=1}^{N_2} A_{ji} \alpha u_i = \sum_{i=1}^{N_2} A_{ji} (\alpha u)_i = (A(\alpha u))_j$$

ist leicht nachgerechnet (verwende (5.32) und (5.43)).

Die Linearität folgt mit der Homogenität aus dem Sonderfall

$$[A(u + v)]_j = \sum_{i=1}^{N_2} A_{ji} (u + v)_i = \sum_{i=1}^{N_2} A_{ji} (u_i + v_i)$$

$$= \sum_{i=1}^{N_2} A_{ji} u_i + \sum_{i=1}^{N_2} A_{ji} v_i = (Au)_j + (Av)_j = [Au + Av]_j, \ j = 1, \dots, N_1$$

mit (5.43). Das Ergebnis dieser Rechnung lautet zusammengefasst

$$A(u + v) = Au + Av, \ u, v \in \mathbb{R}^{N_2}, \tag{5.53}$$

wenn die Definition der Gleichheit zweier Vektoren nach 5.3.1 verwendet wird.

### Übung 56.
Zeige die Linearität gemäß (5.52).

## 5.3.4 Transponierte Matrix

Die Matrix $A$ sei $(N_1, N_2)$-reihig. Die zu $A$ gehörige **transponierte Matrix** $A^T$ hat die Elemente

$$(A^T)_{ij} := A_{ji}, \ j = 1, \dots, N_1, \ i = 1, \dots, N_2 \tag{5.54}$$

und ist $(N_2, N_1)$-reihig. Offenbar leistet die Transponierte die Abbildung

$$A^T : u \in \mathbb{R}^{N_1} \to A^T u \in \mathbb{R}^{N_2}, \tag{5.55}$$

deren Definitionsbereich gerade die Bildmenge von $A$ aus (5.51) und deren Bildmenge der Definitionsbereich jener Abbildung (5.51) ist. Die Transponierte setzt uns in den Stand, die Matrix $A$ in

$$(Av, u) \text{ für } v \in \mathbb{R}^{N_2}, u \in \mathbb{R}^{N_1} \qquad (5.56)$$

auf das hintere Argument herüberzuwälzen

$$(Av, u) = (v, A^T u) \text{ für } v \in \mathbb{R}^{N_2}, u \in \mathbb{R}^{N_1}. \qquad (5.57)$$

Man überlegt sich leicht, dass die inneren Produkte in (5.56) und (5.57) definiert sind, aber in verschiedenen Räumen agieren: einmal im $\mathbb{R}^{N_1}$ und einmal im $\mathbb{R}^{N_2}$. Die Aktion (5.57) wird durch folgende Rechnung bestätigt: zunächst die Auflösung mit Hilfe der Komponenten

$$(Av, u) = \sum_{j=1}^{N_1} (Av)_j u_j = \sum_{j=1}^{N_1} \left[ \sum_{k=1}^{N_2} A_{jk} v_k \right] u_j$$

$$= \sum_{j=1}^{N_1} \left[ \sum_{k=1}^{N_2} A_{jk} v_k u_j \right] = \sum_{k=1}^{N_2} \left[ \sum_{j=1}^{N_1} A_{jk} u_j \right] v_k$$

und dann unter Verwendung von $A_{jk} = (A^T)_{kj}$ die neue Zusammenfassung

$$= \sum_{k=1}^{N_2} \left[ \sum_{j=1}^{N_1} (A^T)_{kj} u_j \right] v_k = \sum_{k=1}^{N_2} (A^T u)_k v_k = (v, A^T u).$$

Die erste Umrechnung benutzt den Tatbestand, dass man die Reihenfolge endlicher Summen vertauschen darf.

## 5.4 Lineare Datenanpassung: Ergebnisse der linearen Algebra

### 5.4.1 Kennzeichnung der Minimalabweichung

Zurück zum Ausgangsproblem, der Anpassung erhobener Felddaten

$$s_j, y_j, \ j = 1, \dots, d, \ \text{ein } d \in \mathbb{N} \qquad (5.58)$$

an eine lineare Theoriefunktion

$$F(s, x) = \sum_{j=1}^{p} \varphi_j(s) x_j, \ \text{ein } p \in \mathbb{N},$$

$$\varphi_j : s \in [s_A, s_E] \to \mathbb{R}. \qquad (5.59)$$

Die $(d, p)$-Matrix

$$\Phi : \Phi_{ij} = \varphi_j(s_i), \; j = 1, \ldots, p, \; i = 1, \ldots, d$$

legt die zugehörige Fehlerquadratsumme

$$h(x) = \tfrac{1}{2}\|y - \Phi x\|^2 \text{ mit } y = (y_1, \ldots, y_d)^T \in \mathbb{R}^d,$$

$$x = (x_1, \ldots, x_p)^T \in \mathbb{R}^p, \; 1 \leq p \ll d \tag{5.60}$$

fest.

Gesucht ist ein Parametervektor $\bar{x} \in \mathbb{R}^d$, welcher die Fehlerquadratsumme im Sinne von

$$0 \leq h(\bar{x}) \leq h(x) \text{ für alle } x \in \mathbb{R}^p$$

$$\text{oder sogar } 0 \leq h(\bar{x}) < h(x) \text{ für alle } x \in \mathbb{R}^p, \; x \neq \bar{x} \tag{5.61}$$

minimiert. Es ist keineswegs sicher, ob überhaupt ein Minimierer $\bar{x}$ des Parametersatzes existiert. Wenn dies der Fall sein sollte, könnte es sogar mehrere solcher Vektoren geben. Seien $\bar{x}, \bar{y} \in \mathbb{R}^p, \bar{x} \neq \bar{y}$ zwei verschiedene Minimierer, so müssen für die Minimalabweichungen die beiden Ungleichungen

$$h(\bar{x}) \leq h(\bar{y}), \; h(\bar{y}) \leq h(\bar{x})$$

bestehen: Gilt doch die erste Zeile in (5.61) einerseits für $\bar{x}$ und $x = \bar{y}$ und andererseits für $\bar{y}$ an Stelle von $\bar{x}$ und $x = \bar{x}$. Beide Ungleichungen zusammen implizieren

$$h(\bar{x}) = h(\bar{y}),$$

also die Gleichheit der Minimalabweichungen zweier möglicherweise verschiedener Minimierer! Vom mathematischen Standpunkt aus werden zwei verschiedene Minimierer — sollten sie existieren — nicht unterscheidbar sein. Hier müssten biologische Kriterien her, um den einen Minimierer gegen den anderen auszuspielen.

Nun aber zur zentralen Darstellung der Fehlerquadratsumme in unserer Situation: Für je zwei Vektoren $u, v \in \mathbb{R}^p$ gilt nämlich die Identität

$$2(h(u) - h(v)) = \|\Phi(u - v)\|^2 + 2(\Phi^T(\Phi v) - \Phi^T y, u - v). \tag{5.62}$$

Der Nachweis von (5.62) erfordert alle Konzepte, welche bisher in diesem Kapitel zusammengetragen worden sind.

Zuvor aber zu den Konsequenzen aus (5.62): Sei nämlich ein Parametervektor $\bar{v}$ gefunden, welcher das lineare Gleichungssystem

$$\Phi^T(\Phi \bar{v}) = \Phi^T y \tag{5.63}$$

erfüllt. Dann würde der erste Faktor $\Phi^T(\Phi v) - \Phi^T y$ im inneren Produkt auf der rechten Seite von (5.62) lauter Nullkomponenten besitzen, und das innere Produkt selbst würde mithin verschwinden. Die Gleichung (5.62) besteht auf der rechten Seite nur noch aus einer Summe von Quadraten (einer Summe von nicht negativen Elementen, vgl. (5.41))

$$2(h(u) - h(\bar{v})) = \|\Phi(u - \bar{v})\|^2 \geq 0 \text{ für alle } u \in \mathbb{R}^p$$

$$\text{oder } h(u) \geq h(\bar{v}) \text{ für alle } u \in \mathbb{R}^p.$$
(5.64)

Damit ist die Ungleichung in der zweiten Zeile gewonnen, und jede Lösung von (5.63) ist ein Minimierer der Fehlerquadratsumme, Motivation genug, nun den Argumenten zu folgen, welche auf die Darstellung (5.62) führen!

Zunächst die Umrechnung

$$2h(u) = \|y - \Phi u\|^2 = \|y - \Phi(v + u - v)\|^2 = \|y - \Phi v - \Phi(u - v)\|^2$$

$$= ([y - \Phi v] - \Phi(u - v), [y - \Phi v] - \Phi(u - v)),$$

welche die Linearität im Sinne von (5.52) und die Definition der Norm über das innere Produkt gemäß (5.50) verwendet. Nun treten die Rechenregeln (5.48), (5.49) für das innere Produkt in Aktion, um

$$2h(u) = (y - \Phi v, y - \Phi v) - (y - \Phi v, \Phi(u - v))$$

$$-(\Phi(u - v), y - \Phi v) + (\Phi(u - v), \Phi(u - v))$$

zu schließen. Der letzte Schritt

$$2h(u) = 2h(v) - 2(y - \Phi v, \Phi(u - v)) + \|\Phi(u - v)\|^2$$

$$= 2h(v) - 2(\Phi^T(y - \Phi v), u - v) + \|\Phi(u - v)\|^2$$

$$= 2h(v) - 2(\Phi^T y - \Phi^T(\Phi v), u - v) + \|\Phi(u - v)\|^2$$

schließlich verwendet (5.60) sowie die Symmetrie (5.48) des inneren Produktes. Dadurch entsteht die erste Formelzeile im letzten Block. Der Schritt zur zweiten und dritten Zeile zieht die Eigenschaft (5.57) der Transposition und deren Linearität (5.52) heran. Mit der letzten Gleichung im letzten Block sind wir am Ziel: Eine leichte Umordnung führt direkt auf (5.62).

## 5.4.2 Vollständige Beschreibung aller Minimierer

Bleibt einzusehen, dass **alle** Minimierer (5.63) erfüllen müssen, bleibt zu fragen, wann es genau einen Minimierer gibt, und bleibt schließlich die Art der Forderung (5.63) zu untersuchen.

Gehen wir nacheinander vor und beginnen mit dem letzten Punkt: $\Phi$ ist

$(d,p)$-reihig und $\Phi^T$ ist $(p,d)$-reihig. Wegen $y \in \mathbb{R}^d$ ist die rechte Seite $\Phi^T y$ von (5.63) ein Vektor aus dem $\mathbb{R}^p$. Dieselbe Reihenzahl ermittelt man für die linke Seite, denn es gelten die Implikationen

$$\bar{v} \in \mathbb{R}^p \Rightarrow \Phi\bar{v} \in \mathbb{R}^d \Rightarrow \Phi^T(\Phi\bar{v}) \in \mathbb{R}^p. \tag{5.65}$$

Die im Unterabschnitt 5.2.5 eingeführte Multiplikation zweier Matrizen erlaubt die Bildung der $(p,p)$-reihigen Matrix $\Phi^T\Phi$. Es soll nun

$$\Phi^T(\Phi\bar{v}) = (\Phi^T\Phi)\bar{v} \tag{5.66}$$

gezeigt werden. Dies identifiziert die Forderung (5.63) als lineares Gleichungssystem

$$(\Phi^T\Phi)\bar{v} = \Phi^T y \tag{5.67}$$

mit der quadratischen Matrix $\Phi^T\Phi$ der Reihenzahl $p$. Beachte, dass $p$ die Anzahl der Parameter bezeichnet, also möglichst klein gehalten wird. Bei einem Ausgleich mit nur $p = 2$ Parametern würde (5.67) ein Gleichungssystem mit nur zwei linearen Gleichungen bedeuten. Gemäß Unterabschnitt 5.2.5 führt

$$p = 2 : \varphi_1(s) = s, \ \varphi_2(s) = 1$$

auf die Matrizen

$$\Phi = \begin{bmatrix} s_1 & 1 \\ s_2 & 1 \\ \vdots & \vdots \\ s_d & 1 \end{bmatrix}, \quad \Phi^T\Phi = \begin{bmatrix} \sum_{j=1}^{d} s_j^2 & \sum_{j=1}^{d} s_j \\ \sum_{j=1}^{d} s_j & d \end{bmatrix}. \tag{5.68}$$

### 5.4.3 Assoziativität der Matrizenmultiplikation

Die Gleichung (5.66) behauptet, dass die Ausführung der Multiplikation dreier Matrizen in beliebiger Reihenfolge geschehen kann, solange keine Vertauschungen der Faktoren stattfinden. Genauer handelt (5.66) von drei Matrizen

$$A \ (q_1, q_2) - \text{reihig}, \ B \ (q_2, q_3) - \text{reihig}, \ C \ (q_3, q_4) - \text{reihig}, \tag{5.69}$$

welche die Operationen

$$AB \ (q_1, q_3)\text{-reihig}, \ (AB)C \ (q_1, q_4)\text{-reihig},$$
$$BC \ (q_2, q_4)\text{-reihig}, \ A(BC) \ (q_1, q_4)\text{-reihig} \tag{5.70}$$

zulassen. (5.66) ist der Sonderfall

$$A = \Phi^T, \qquad B = \Phi, \qquad C = \bar{v}$$
$$(p,d)\text{-reihig}, \ (d,p)\text{-reihig}, \ (p,1)\text{-reihig}. \tag{5.71}$$

Zurück zu (5.70): Folgende Summen entstehen bei der Berechnung der Elemente von Produkten dreier Matrizen:

$$[(AB)C]_{ij} = \sum_{\sigma=1}^{q_3} (AB)_{i\sigma} C_{\sigma j} = \sum_{\sigma=1}^{q_3} \sum_{\alpha=1}^{q_2} A_{i\alpha} B_{\alpha\sigma} C_{\sigma j},$$

$$[A(BC)]_{ij} = \sum_{\alpha=1}^{q_2} A_{i\alpha} (BC)_{\alpha j} = \sum_{\alpha=1}^{q_2} \sum_{\sigma=1}^{q_3} A_{i\alpha} B_{\alpha\sigma} C_{\sigma j},$$

$$i = 1, \ldots, q_1, \; j = 1, \ldots, q_4.$$

Es ist lediglich die Definition (5.31) für die Elemente einer Produktmatrix benutzt. Endliche Summen sind aber vertauschbar, so dass obige Rechnung die Identitäten

$$[(AB)C]_{ij} = [A(BC)]_{ij}, \; i = 1, \ldots, q_1, \; j = 1, \ldots, q_4 \qquad (5.72)$$

liefert. Damit ist die Multiplikation von Matrizen

$$\textbf{assoziativ:} \; (AB)C = A(BC), \qquad (5.73)$$

wenn man die Gleichheit zweier Matrizen $E$, $F$ durch die Gleichheit entsprechender Elemente definiert:

$$E_{ij} = F_{ij} \text{ für alle Paare } i, j.$$

Der Sonderfall (5.71) besagt

$$(\Phi^T \Phi) v = \Phi^T (\Phi v) \; (p, 1)\text{-reihig} \qquad (5.74)$$

wie in (5.66) benutzt. Dort entsteht das lineare Gleichungssystem (5.67) mit der $(p, p)$-reihigen Matrix $\Phi^T \Phi$.

### 5.4.4 Eindeutiger Minimierer

Jeder Minimierer löst (5.67) mit der Matrix $A = \Phi^T \Phi$: Darüber mehr am Ende von 5.4.5! Seien $u, v \in \mathbb{R}^p$ zwei Lösungen von (5.67). Dann besteht wegen der Linearität die Implikation

$$Av = \Phi^T y = Au \Rightarrow A(v - u) = Av - Au = \Phi^T y - \Phi^T y = 0. \qquad (5.75)$$

Es gibt also zwei verschiedene Lösungen $u$, $v$ oder $(v - u) \neq 0$ von (5.67), falls

$$Ae = 0 \text{ für ein } e \neq 0 \qquad (5.76)$$

besteht. Andererseits liefert die Linearität

$$Av = \Phi^T y, \; e \neq 0, \; Ae = 0 \Rightarrow A(v + e) = Av + Ae = Av = \Phi^T y. \qquad (5.77)$$

Wegen

$$v + e \neq v \text{ für } e \neq 0$$

besteht (5.76) genau dann, wenn (5.67) mindestens zwei verschiedene Lösungen besitzt. Die Mehrdeutigkeit eines Minimierers ist also unmittelbar mit der Existenz mindestens eines von Null verschiedenen Vektors verknüpft, welcher durch die Matrix $A$ im Sinne von (5.76) auf den Nullvektor abgebildet wird.

Im Falle $A = \Phi^T \Phi$ besteht weiter die Implikation

$$\Phi^T \Phi e = 0 \Rightarrow \|\Phi e\|^2 = (\Phi e, \Phi e) = (\Phi^T \Phi e, e) = (0, e) = 0, \tag{5.78}$$

welche die Regel (5.57) benutzt. Wegen (5.44) findet man daher eine Richtung der Implikation

$$\Phi^T \Phi e = 0 \Leftrightarrow \Phi e = 0. \tag{5.79}$$

Die Rückrichtung $\Leftarrow$ besteht wegen

$$\Phi e = 0 \Rightarrow \Phi^T \Phi e = \Phi^T 0 = 0.$$

Das System (5.67) ist genau dann eindeutig lösbar, wenn

$$\Phi e = 0 \Leftrightarrow e = 0 \tag{5.80}$$

besteht.

Ein Blick auf den Sonderfall

$$p = 2 : \varphi_1(s) = s, \ \varphi_2(s) = 1 \tag{5.81}$$

zeigt

$$0 = \Phi v = \begin{bmatrix} s_1 & 1 \\ \vdots & \vdots \\ s_d & 1 \end{bmatrix} \begin{bmatrix} v_1 \\ v_2 \end{bmatrix} = \begin{bmatrix} s_1 v_1 + v_2 \\ \vdots \\ s_d v_1 + v_2 \end{bmatrix}$$

für (5.80). Dieses System verlangt

$$s_j v_1 + v_2 = 0, \ j = 1, \ldots, d. \tag{5.82}$$

Im nächsten Schritt sei angenommen, dass zwei Indizes $i$ und $k$ existieren mit $s_i \neq s_k$. Wegen (5.82) besteht insbesondere

$$s_i v_1 + v_2 = 0, \ s_k v_1 + v_2 = 0. \tag{5.83}$$

Substraktion liefert $(s_i - s_k)v_1 = 0$, so dass $v_1 = 0$ und daran anschließend wegen (5.83) auch $v_2 = 0$ folgt.

Der bisher noch nicht diskutierte Fall lautet

$$s_1 = s_2 = \cdots = s_d =: s, \tag{5.84}$$

so dass (5.82) mit der einzigen Gleichung $sv_1 + v_2 = 0$ übereinstimmt. Diese besitzt aber die unendlich vielen Lösungen

$$(v_1, v_2 = -sv_1),$$

wenn $v_1$ durch alle reellen Zahlen läuft und $s \neq 0$ ist. Damit besteht (5.80) im Falle von (5.81) in jeder biologisch sinnvollen Situation: Niemand wird bei einer Datenerhebung den Fall (5.84) ins Auge fassen!

### 5.4.5 Gradient von $h(x)$

Welcher Art ist eigentlich die Forderung (5.63)? Die letzte Frage aus dem Programm, das im Einstieg zum Unterabschnitt 5.4.2 formuliert wird. Gefragt wird nach dem Ausdruck

$$(\Phi^T \Phi)v - \Phi^T y, \tag{5.85}$$

welcher für jeden Minimierer verschwinden soll. Zur Bedeutung von (5.85) werde der Gradient der Fehlerquadratsumme

$$h(x) = \frac{1}{2}\|y - \Phi x\|^2 = \frac{1}{2}\sum_{j=1}^{d}(y_j - (\Phi x)_j)^2 \tag{5.86}$$

berechnet. Offenbar liefert ein erster Schritt

$$\frac{\partial}{\partial x_k}h(x) = \sum_{j=1}^{d}(y_j - (\Phi x)_j)\left[-\frac{\partial}{\partial x_k}(\Phi x)_j\right], \quad \frac{\partial}{\partial x_k}(\Phi x)_j = \frac{\partial}{\partial x_k}\sum_{\alpha=1}^{p}\Phi_{j\alpha}x_\alpha = \Phi_{jk}.$$

Eine Zusammenfassung beider Darstellungen führt auf

$$[\operatorname{grad}(h(x))]_k = \frac{\partial}{\partial x_k}h(x) = \sum_{j=1}^{d}(y_j - (\Phi x)_j)(-\Phi_{jk}) = \sum_{j=1}^{d}(\Phi_{jk}(\Phi x)_j - \Phi_{jk}y_j)$$

$$= \sum_{j=1}^{d}((\Phi^T)_{kj}(\Phi x)_j - (\Phi^T)_{kj}y_j) = (\Phi^T \Phi x)_k - (\Phi^T y)_k = ((\Phi^T \Phi)x - \Phi^T y)_k,$$

$$k = 1, \ldots, p.$$

Da zwei Vektoren übereinstimmen, wenn entsprechende Komponenten gleich sind, besagt unser Ergebnis

$$\operatorname{grad}(h(x)) = (\Phi^T \Phi)x - \Phi^T y. \tag{5.87}$$

Jeder Minimierer $v$ erfüllt

$$\operatorname{grad}(h(v)) = \text{Nullvektor}. \tag{5.88}$$

Zur Erinnerung: In einem Minimum oder einem Maximum einer reellen Funktion verschwindet ihre Ableitung! Das Minimum der Fehlerquadratsumme ist durch das Verschwinden des Gradienten, also **aller** partiellen Ableitungen nach (5.88) charakterisiert! Die Forderungen (5.88) und (5.67) stimmen wegen (5.87) überein. Daher sind **alle** Minimierer Lösungen von (5.67).

## 5.5 Linearer Datenausgleich: Bestimmung biologischer Konstanten

### 5.5.1 Michaelis-Menten-Bestimmung

Eine Wiederholung: Der Unterabschnitt 5.2.1 handelt von einem Datensatz

$$x_j = \text{Substratkonzentration}, \ v_j = \text{Umsetzungsgeschwindigkeit}$$
$$j = 1, \ldots, d \tag{5.89}$$

erhoben bei einer Umsetzung eines Substrats $X$ in ein Produkt $P$ mit Hilfe eines Enzyms $E_0$. Beide Datenkolonnen erfüllen

$$v_j - \frac{v_{max} x_j}{K_M + x_j} \approx 0, \ j = 1, \ldots, d, \tag{5.90}$$

im Idealfall sogar als Gleichheit. In dieser Schreibweise ist die Theoriefunktion rational und die zu bestimmenden Konstanten $v_{max}$ und $K_M$ erscheinen **nicht-linear**.

Die fiktiven Daten

$$s_j = \frac{1}{x_j} \ , \ y_j = \frac{1}{v_j} \ , \ j = 1, \ldots, d \tag{5.91}$$

überführen (5.90) in den linearen Zusammenhang

$$y_j - (u_1 s_j + u_2) \approx 0, \ j = 1, \ldots, d, \tag{5.92}$$

wiederum mit Gleichheit im Idealfall. Die zugehörige Theoriefunktion

$$F(s, u) = u_1 s + u_2, \ u = (u_1, u_2), \ s \in \mathbb{R}$$

beinhaltet Konstanten $u_1, u_2$, welche **linear** eingehen (vgl. den Unterabschnitt 5.2.1).

Die Bestimmung der Konstanten $u$ aus den Daten (5.91) fordert die Lösung des Gleichungssystems

$$Au = b, \ A \ (2, 2)\text{-reihig}, \ b \in \mathbb{R}^2 \tag{5.93}$$

mit den Matrixelementen (vgl. (5.68))

$$A_{11} = \sum_{j=1}^{d} s_j^2, \; A_{12} = \sum_{j=1}^{d} s_j = A_{21}, \; A_{22} = d \qquad (5.94)$$

und der rechten Seite

$$b = \Phi^T y, \; \Phi^T = \begin{bmatrix} s_1 & s_2 & \dots & s_d \\ 1 & 1 & \dots & 1 \end{bmatrix},$$

welche die beiden Komponenten

$$b_1 = \sum_{j=1}^{d} s_j y_j, \; b_2 = \sum_{j=1}^{d} y_j \qquad (5.95)$$

besitzt (vgl. (5.67), (5.68) in Unterabschnitt 5.4.2). Die Lösung $u = (u_1, u_2)$ von (5.93) mit (5.94) und (5.95) liefert die verlangten biologischen Größen $v_{max}, K_M$ wegen

$$\frac{K_M}{v_{max}} = u_1, \; \frac{1}{v_{max}} = u_2$$

(vgl. (5.15) im Unterabschnitt 5.2.1). Dies bedeutet

$$v_{max} = \frac{1}{u_2}, \; K_M = \frac{u_1}{u_2}, \qquad (5.96)$$

so dass die beiden biologischen Konstanten, welche in (5.90) auftreten, aus einer Messung (5.89) eindeutig bestimmbar sind! Die Eindeutigkeit ergibt sich aus den Überlegungen des Unterabschnitts 5.4.4.

### 5.5.2 Lineare Gleichungssysteme in der Ebene

Und nun zur Lösung des Gleichungssystems (5.93) mit (5.94), (5.95):

Gegeben sei eine $(2, 2)$-Matrix $A$ und ein Vektor $b \in \mathbb{R}^2$. Gesucht ist ein Vektor $x \in \mathbb{R}^2$, welcher

$$Ax = b,$$

$$A_{11} x_1 + A_{12} x_2 = b_1, \qquad (5.97)$$

$$A_{21} x_1 + A_{22} x_2 = b_2$$

löst. Die folgenden Rechnungen benötigen die detaillierte Darstellung in den beiden letzten Zeilen. Zunächst wird die erste Zeile mit $A_{21}$ und die zweite Zeile mit $A_{11}$ durchmultipliziert. Man erhält die beiden linken Gleichungen von

$$A_{21}A_{11}x_1 + A_{21}A_{12}x_2 = A_{21}b_1, \qquad A_{22}A_{11}x_1 + A_{22}A_{12}x_2 = A_{22}b_1,$$
$$A_{11}A_{21}x_1 + A_{11}A_{22}x_2 = A_{11}b_2, \qquad A_{12}A_{21}x_1 + A_{12}A_{22}x_2 = A_{12}b_2. \tag{5.98}$$

Die rechte Hälfte entsteht, wenn die erste Zeile des Originalsystems (5.97) mit $A_{22}$ und die zweite Gleichung mit $A_{12}$ multipliziert wird. Für den folgenden Schritt definiert man die **Determinante** der Matrix $A$ durch

$$\det(A) := A_{11}A_{22} - A_{12}A_{21}. \tag{5.99}$$

Subtraktion der beiden Zeilen in (5.98) liefert im linken Fall die erste Zeile der linken Spalte von

$$\det(A)x_2 = A_{11}b_2 - A_{21}b_1, \quad \det(A)x_2 = \det \begin{bmatrix} A_{11} & b_1 \\ A_{21} & b_2 \end{bmatrix}$$
$$\det(A)x_1 = A_{22}b_1 - A_{12}b_2, \quad \det(A)x_1 = \det \begin{bmatrix} b_1 & A_{12} \\ b_2 & A_{22} \end{bmatrix} \tag{5.100}$$

und im rechten Teil die zweite Zeile der linken Spalte. Die rechte Spalte (5.100) ist nur eine andere Schreibweise der linken und verwendet die Symbolik über die Determinante, welche in (5.99) eingeführt worden ist. Sie liefert offensichtlich die Implikation

$$\det(A) \neq 0 \Rightarrow x_2 = \frac{\det \begin{bmatrix} A_{11} & b_1 \\ A_{21} & b_2 \end{bmatrix}}{\det(A)}, \quad x_1 = \frac{\det \begin{bmatrix} b_1 & A_{12} \\ b_2 & A_{22} \end{bmatrix}}{\det(A)}, \tag{5.101}$$

so dass das Gleichungssystem (5.97) **eindeutig lösbar** ist, falls die Determinante (5.99) **nicht verschwindet**. Damit kennt man **eine** Richtung der Äquivalenz

$$\det(A) \neq 0 \Leftrightarrow (5.97) \text{ eindeutig lösbar},$$

nämlich jene von links nach rechts.

Nun die Anwendung im Falle (5.93) mit (5.94) und (5.95). Hier gilt

$$\det(A) = d\sum_{j=1}^{d} s_j^2 - \left[\sum_{j=1}^{d} s_j\right]^2 \neq 0, \tag{5.102}$$

$falls\ d \geq 2, s_i \neq s_k$ für ein Indexpaar $i, k$

und daher die linke Seite der obigen Äquivalenz. Man kann (5.102) direkt nachrechnen. Die beiden ersten Fälle $d = 2, 3$ seien der Übung 57 überlassen.

**Übung 57.**
Zeige, dass

$$2(s_1^2 + s_2^2) - (s_1 + s_2)^2$$

genau dann verschwindet, wenn $s_1 = s_2$ ist und sonst positiv ausfällt. Der obige Ausdruck ist jener in (5.102) für $d = 2$!
**Anleitung:** Berechne das Quadrat nach der binomischen Formel.
Zeige anschließend, dass

$$3(s_1^2 + s_2^2 + s_3^2) - (s_1 + s_2 + s_3)^2$$

($d = 3$ in (5.102)!) genau dann verschwindet, wenn $s_1 = s_2 = s_3$ ist und sonst positiv ausfällt.

Die zu den Daten (5.89) bzw. (5.91) bestimmte Gerade $y = u_1 s + u_2$ mit $u_1$, $u_2$ aus (5.101) heißt **Regressionsgerade**. Dabei löst $(u_1, u_2)$ das Sytem (5.93) mit (5.94) und (5.95), d.h.

$$u_1 = \frac{\det \begin{bmatrix} b_1 & A_{12} \\ b_2 & A_{22} \end{bmatrix}}{\det(A)}, \quad u_2 = \frac{\det \begin{bmatrix} A_{11} & b_1 \\ A_{21} & b_2 \end{bmatrix}}{\det(A)},$$

wenn (5.94) und (5.95) herangezogen werden.

### 5.5.3 Inversion

Ein Beispiel bietet sich an: In den beiden ersten Spalten der Tabelle 5.1 stehen Konzentrations- und Geschwindigkeitsmessungen bei der als **Inversion** bezeichneten Reaktion

$$\text{Saccharose} + H_2 0 \longrightarrow \text{D-Glucose} + \text{D-Fructose.}$$

Diese Reaktion verläuft wie in Abschnitt 5.2.1 beschrieben, wenn wir dort unter $X$ die Saccharose und unter $E_0$ das Enzym Invertin verstehen. Die Daten sind [28] entnommen. Genauere Einzelheiten zur Geschwindigkeit $v$ erfährt der Leser in 5.6. Die Messungen sind im Lineweaver-Burk-Diagramm (Abb. 5.2) markiert. Zur Bestimmung der Regressionsgeraden, die zu den Spalten 3 und 4 der Tabelle 5.1 gehört, benötigen wir die Größen

$$A_{11} = 49306.03, \quad A_{12} = A_{21} = 381.57, \quad A_{22} = 7,$$

$$b_1 = 325.59, \quad b_2 = 3.544$$

aus (5.94) und (5.95). Daraus errechnet man

$$u_1 = .004644\ldots, \quad u_2 = .25310\ldots$$

nach (5.101). Die Regressionsgerade

$$y = u_1 s + u_2 \approx .004644 s + .2531$$

ist in Abb. 5.2 zu sehen. Nun kann man (vgl. (5.96)) die $K_M$ und die $v_{max}$, welche in (5.90) auftreten, aus den Achsenabschnitten in Abb. 5.2 errechnen

$$v_{max} = 3.951\ldots, \quad K_M = 0.0183\ldots. \tag{5.103}$$

Dieses Beispiel ist neben anderen in dem Aufsatz [25] angegeben.

**Tabelle 5.1.** Geschwindigkeitsmessung bei der Invertase

| x | v | $s = x^{-1}$ | $y = v^{-1}$ |
|---|---|---|---|
| .3330 | 3.636 | 3.003 | .275 |
| .1670 | 3.636 | 5.988 | .275 |
| .0833 | 3.236 | 12.004 | .309 |
| .0416 | 2.666 | 24.038 | .375 |
| .0208 | 2.114 | 48.076 | .473 |
| .0104 | 1.466 | 96.153 | .682 |
| .0052 | .866 | 192.307 | 1.154 |

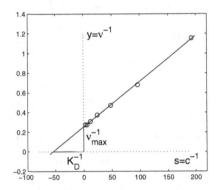

**Abb. 5.2.** Regressionsgerade für Michaelis-Menten-Daten der Inversion

## 5.6 Geschwindigkeit einer Michaelis-Menten-Aktion

### 5.6.1 Definition der Geschwindigkeit $v$

Gegeben sei eine Umsetzung

$$X \overset{E_0}{\frown} P \qquad (5.104)$$

eines Substrats $X$ in ein Produkt $P$ mit Hilfe eines Enzyms $E_0$. Die Konzentrationen von $X$ und $P$ werden mit $x$ bzw. $p$ bezeichnet. Dieses Geschehen in der Zeit $t$ entfaltet eine Entwicklung

$$x(t),\ p(t),\ 0 \le t. \qquad (5.105)$$

Man kann davon ausgehen, dass $P$ auf Kosten von $X$ entsteht und hochwächst, so dass $p(t)$ eine streng monoton wachsende und sättigende Funktion ist: Wird doch das Wachstum aufhören, sobald die Substratvorgabe $x(0) > 0$ verbraucht ist. Ferner wird man

$$p(0) = 0$$

haben. Damit ist die linke Skizze von Abb. 5.3 nahegelegt. Man erhält eine geringfügige Änderung, falls für kleine Zeiten eine *Anlaufphase* bei der Entstehung von $P$ auftritt, welche zu einem Wendepunkt in einem Zeitpunkt $t_w > 0$ Anlass gibt. Diese Situation veranschaulicht die rechte Zeichnung in Abb. 5.3. Für die Ableitung $p'(t)$ bestehen die beiden Möglichkeiten

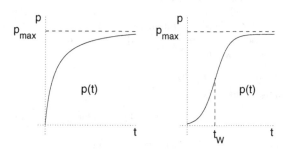

**Abb. 5.3.** Zwei Entstehungskurven des Produkts $P$ in der Zeit

linke Zeichnung      rechte Zeichnung
$0 \leq \dot{p}(t) < \dot{p}(0)$      $0 \leq \dot{p}(t) < \dot{p}(t_w)$      (5.106)
für $0 < t$      für $0 < t,\ t \neq t_w$.

Ohne Wendepunkt nimmt die Ableitung im Laufe der Zeit ab, mit Wendepunkt schwillt sie zunächst an, erreicht im Wendepunkt ihr Maximum und fällt dann nach Null gehend. Die **Geschwindigkeit** $v$ der Umsetzung (5.104) stimmt definitionsgemäß mit der maximal möglichen Entstehungsgeschwindigkeit des Produkts $P$ überein:

linke Zeichnung      rechte Zeichnung
$v = v(x(0)) := \dot{p}(0)$      $v = v(x(0)) := \dot{p}(t_w)$.      (5.107)

Diese Geschwindigkeit ist im Unterabschnitt 5.2.1 gemeint. Dort wird der analytische Ausdruck (5.12) angegeben. Die hier auftretende Konzentrationsvorgabe $x$ stimmt mit $x(0)$ überein, so dass

$$v = v(x(0)) = \frac{v_{max} x(0)}{K_M + x(0)} \qquad (5.108)$$

besteht. Da das Substratangebot $X$ im Laufe der Entwicklung (5.105) ständig fällt, legt das maximale Angebot $x(0)$ gemäß (5.108) die Geschwindigkeit der Umsetzung (5.104) fest. Die rechte Möglichkeit in (5.106) tritt im Sonderfall (5.108) nicht auf.

## 5.6.2 Rekonstruktion von $p(t)$ zur Bestimmung von $v$

Die Untersuchung einer Umsetzung (5.104) geschieht in einem Dialyseexperiment. Man beobachtet die Entstehung des Produktes $P$ in der Zeit, erhebt also einen Datensatz

$$0 < t_j, \ p_j \approx p(t_j), \ j = 1, \ldots, d \tag{5.109}$$

bei Vorgabe der Konzentration $x(0)$ für das Substrat $X$. Zur Bestimmung der Geschwindigkeit $v = v(x(0))$ aus (5.109) muss die Funktion $p(t)$ rekonstruiert werden. Dies geschieht im Falle der linken Zeichnung von Abb. 5.3 aus Daten in der Nähe des Nullpunktes, benötigt aber im Falle der rechten Zeichnung Daten über den Zeitpunkt $t_w$ hinaus, damit der Wendepunkt repräsentiert wird. Hier versuchen wir einen Ansatz durch ein Polynom. Wegen $p(0) = 0$ liegen die Ansatzfunktionen

$$p(t) \approx F(t, u) = t(u_1 + u_2 t + u_3 t^2), \ u = (u_1, u_2, u_3), \ t \geq 0 \tag{5.110}$$

nahe. Zunächst stellt man

$$\dot{F}(t, u) = u_1 + 2u_2 t + 3u_3 t^2,$$
$$\ddot{F}(t, u) = 2u_2 + 6u_3 t \tag{5.111}$$

fest und findet, dass $F(t, u)$ einen Wendepunkt zu einer positiven Zeit repräsentieren kann. Dazu sind alle drei Parameter $u = (u_1, u_2, u_3)$ nötig.

Die wahre Funktion $p(t)$ ist nicht-negativ und sättigt:

$$0 \leq p(t) \text{ für } 0 \leq t,$$
$$p(t) \longrightarrow p_{max} \text{ für } t \longrightarrow \infty. \tag{5.112}$$

Da ein Polynom nicht sättigen kann, dürfen wir allenfalls eine Rekonstruktion im Rahmen von (5.110) auf einem Intervall $[0, T]$ mit reellem T und den beiden Eigenschaften

   1.  $0 \leq F(t, u)$ für $0 \leq t \leq T$,

   2.  ein möglicher Wendepunkt zu einem Zeitpunkt $t_w \in [0, T]$

$$\tag{5.113}$$

erwarten. Der Wendepunkt $t_w$ ist nach (5.111) stets eindeutig.

Wegen (5.113) müssen zwei Fälle zur Rekonstruktion von p(t) durch F(t,u) unterschieden werden:

Fall a)  $F(t, u)$ erfüllt 1. aus (5.113) und hat einheitliche negative
          Krümmung in $[0, T]$;

Fall b)  $F(t, u)$ erfüllt 1. aus (5.113), beginnt mit positiver
          Krümmung und besitzt genau einen Wendepunkt

$$\tag{5.114}$$

$$t_w = -\frac{u_2}{3u_3} \in [0, T].$$

Für die gesuchten Parameter $u = (u_1, u_2, u_3)$ bedeutet dies im

$$\begin{aligned} &\text{Fall a)} \quad 0 < u_1, \quad u_2 < 0, \\ &\text{Fall b)} \quad 0 < u_1, \quad u_2 > 0, \quad u_3 < 0. \end{aligned} \tag{5.115}$$

Die Bedingung $0 < u_1$ sichert $\dot{F}(t, u) > 0$ für kleine $t > 0$, so dass $F(t, u)$ wenigstens anfangs streng-monoton wächst (vgl.(5.111)). Das Vorzeichen von $u_2$ regelt die anfängliche Krümmung von $F(t, u)$, weil $\ddot{F}(t, u) \approx u_2$ nach (5.111) besteht. Schließlich sichern $u_2 > 0$, $u_3 < 0$, dass der Wendepunkt $t_w > 0$ ausfällt (vgl. (5.111)). Im Falle b) ist

$$t_w = -\frac{u_2}{3u_3} = \frac{u_2}{3|u_3|} < T \tag{5.116}$$

zu verlangen, damit der Wendepunkt im Definitionsbereich $[0, T]$ der Rekonstruktion liegt. Beachte, dass die Zeitpunkte $t_j$, an denen Daten erhoben werden, das Intervall $[0, T]$ gut ausfüllen sollten. Die Bedingung (5.116) zeigt im nachhinein an, ob das Datenmaterial zu den errechneten Parametern passt.

Die Konstruktion geeigneter Konstanten $u$ im Ansatz (5.110) geschieht durch Datenanpassung von (5.109) mit der linearen Theoriefunktion

$$F(t, u) = \varphi_1(t)u_1 + \varphi_2(t)u_2 + \varphi_3(t)u_3,$$

$$\varphi_1(t) = t, \; \varphi_2(t) = t^2, \; \varphi_3(t) = t^3, \; t \in \mathbb{R}, \tag{5.117}$$

$$\text{Parameter } u = (u_1, u_2, u_3) \in \mathbb{R}^3$$

wie in den bisherigen Abschnitten dieses Kapitels beschrieben.

Es ist wichtig zu erkennen, dass mit (5.110) nur eine *Rekonstruktion* von $p$ vorgenommen wird, um die Ableitung an einem festen Punkt zu bestimmen. Dazu ist der Vorschlag (5.110) durchaus verbesserungsfähig, Polynome gehören nur zu den einfachsten analytischen Ausdrücken, wenn es darum geht, Kurvenzüge möglichst genau nachzuzeichnen.

Diese Optimierungsaufgabe ist grundsätzlich verschieden von jener, welche im Unterabschnitt 5.2.1 zur Einleitung dieses Kapitels besprochen wird. Dort ist die Theoriefunktion (5.12) keineswegs willkürlich und nur so gewählt, dass ein vorgelegter Kurvenzug erfolgreich nachempfunden werden kann. Die auftretenden Konstanten $v_{max}$, $K_M$ haben biologischen Inhalt, den biologischen Prozess der Umsetzung kennzeichnend. Dagegen lassen die in (5.110) auftretenden Konstanten $u$ **keine** biologische Interpretation zu. Sie sind lediglich darauf gerichtet, die Geschwindigkeit $\dot{p}(0)$ im Fall a) oder $\dot{p}(t_w)$ aus (5.116) im Fall b) möglichst gut zu bestimmen, und machen darüber hinaus keine Angaben zum biologischen Mechanismus der Umsetzung. Der Ansatz (5.110) kann beliebig ersetzt werden, wenn die Ersetzung eine bessere Vorhersage der Geschwindigkeit $v$ erlaubt. Der Ansatz (5.12) ist **nicht** ersetzbar, weil er ein definiertes Netzwerk

$$X + E_0 \rightleftharpoons E_1 \rightharpoonup E_0 + P$$

voraussetzt, welches die Umsetzung (5.104) bewerkstelligt. Deswegen ist (5.12) in der Lage, mit Hilfe der Konstanten $v_{max}$ und $K_M$ Aussagen über das innere Geschehen zu machen.

### 5.6.3 Lineare Gleichungssysteme im $\mathbb{R}^3$

Die Durchführung der Datenanpassung mit der Funktionenfamilie (5.117) erfordert die Lösung eines linearen Gleichungssystems

$$Ax = b \qquad (5.118)$$

mit einer $(3,3)$-Matrix $A$ und einem Vektor $b \in \mathbb{R}^3$. Genauer handelt es sich um (5.67), also um $A = \Phi^T \Phi, b = \Phi^T y$ mit

$$\Phi = \begin{bmatrix} t_1 & t_1^2 & t_1^3 \\ t_2 & t_2^2 & t_2^3 \\ \vdots & \vdots & \vdots \\ t_d & t_d^2 & t_d^3 \end{bmatrix}, \qquad (5.119)$$

weil nach der zweiten Zeile von (5.117)

$$p = 3 : \varphi_1(t) = t, \ \varphi_2(t) = t^2, \ \varphi_3(t) = t^3$$

besteht.

Zurück aber zu (5.118): Es geht um drei lineare Gleichungen

$$\begin{aligned} A_{11}x_1 + A_{12}x_2 + A_{13}x_3 &= b_1, \\ A_{21}x_1 + A_{22}x_2 + A_{23}x_3 &= b_2, \\ A_{31}x_1 + A_{32}x_2 + A_{33}x_3 &= b_3, \end{aligned} \qquad (5.120)$$

deren Lösungen die gesuchten Konstanten $u = (u_1, u_2, u_3)$ sind. Bei der Lösungsformel diene der zweidimensionale Fall (5.101) als Leitfaden: Er verlangt die Definition der Größe $\det(A)$ für $(3,3)$-Matrizen $A$. Mit Hilfe dieser Symbolik sei die Lösung von (5.118) in der Form

$$u_j = \frac{\det(A^{(j)})}{\det(A)} , \ j = 1, 2, 3, \text{ falls } \det(A) \neq 0 \qquad (5.121)$$

geschrieben. Dazu müssen die Matrizen $A^{(j)}$ und die Determinante $\det(A)$ erklärt werden. Dies ist im ersten Fall einfach, lesen wir doch in (5.101) ab, dass $A^{(j)}$ aus der Matrix $A$ entsteht, wenn man dort die $j$-te Spalte durch die Komponenten des Vektors $b$ ersetzt. Dies übernehmen wir einfach für den hier vorliegenden dreidimensionalen Fall, so dass z.B.

$$A^{(1)} =: \begin{bmatrix} b_1 & A_{12} & A_{13} \\ b_2 & A_{22} & A_{23} \\ b_3 & A_{32} & A_{33} \end{bmatrix}, \ A^{(2)} =: \begin{bmatrix} A_{11} & b_1 & A_{13} \\ A_{21} & b_2 & A_{23} \\ A_{31} & b_3 & A_{33} \end{bmatrix} \tag{5.122}$$

wird. Nun aber zur Determinante: Damit (5.121) eine korrekte Darstellung der Lösung von (5.118) wird, muss man

$$\det(A) := A_{11}A_{22}A_{33} + A_{12}A_{23}A_{31} + A_{21}A_{32}A_{13}$$
$$- A_{13}A_{22}A_{31} - A_{11}A_{23}A_{32} - A_{33}A_{12}A_{21} \tag{5.123}$$

setzen. Diese Festlegung ist natürlich im Falle des Zählers in (5.121) auf die Matrix $A^{(j)}$ anzuwenden.

Zur besseren Einprägung der Definition der Determinante im dreidimensionalen Fall sei bemerkt, dass der erste Summand das Produkt der Hauptdiagonalelemente von $A$ ist. Der zweite Summand entsteht aus den hervorgehobenen Elementen von

$$\begin{bmatrix} A_{11} & \mathbf{A_{12}} & A_{13} \\ A_{21} & A_{22} & \mathbf{A_{23}} \\ \mathbf{A_{31}} & A_{32} & A_{33} \end{bmatrix}.$$

Die Eintragungen der ersten oberen Nebendiagonalen sind zu multiplizieren und das Ergebnis wiederum mit dem unteren linken Eckelement. Analog ist der dritte Summand in (5.123) konstruiert

$$\begin{bmatrix} A_{11} & A_{12} & \mathbf{A_{13}} \\ \mathbf{A_{21}} & A_{22} & A_{23} \\ A_{31} & \mathbf{A_{32}} & A_{33} \end{bmatrix}.$$

Man findet das Produkt der unteren Nebendiagonalelemente mit dem Eckelement oben rechts. Die negativen Summanden in (5.123) entstehen entlang der zweiten Diagonalen $A_{31}$, $A_{22}$, $A_{13}$ und benutzen entsprechend die fetten Eintragungen in

$$\begin{bmatrix} \mathbf{A_{11}} & A_{12} & A_{13} \\ A_{21} & A_{22} & \mathbf{A_{23}} \\ A_{31} & \mathbf{A_{32}} & A_{33} \end{bmatrix}, \ \begin{bmatrix} A_{11} & \mathbf{A_{12}} & A_{13} \\ \mathbf{A_{21}} & A_{22} & A_{23} \\ A_{31} & A_{32} & \mathbf{A_{33}} \end{bmatrix}.$$

### 5.6.4 Geschwindigkeitsbestimmung aus Felddaten: die Inversion

Zurück zum Unterabschnitt 5.5.3 mit dem Datensatz aus Tabelle 5.1 die Umsetzung von Saccharose durch das Enzym Invertin betreffend. An der früheren

**Tabelle 5.2.** Errechnete Geschwindigkeit $v$ aus [28]

| $x(0)$ | 0.333 | 0.0416 | 0.0052 |
|--------|-------|--------|--------|
| $v$    | 3.363 | 2.666  | 0.866  |

Stelle wurde verschwiegen, wie die $v$-Messung in der zweiten Spalte von Tabelle 5.1 entsteht. Beispielhaft seien die drei Paare $(x(0), v)$ aus Tabelle 5.2 gewählt. Die in der zweiten Zeile angegebenen Geschwindigkeitswerte werden aus Zeitdaten der Entstehung des Produktes konstruiert. Zu den ins Auge gefassten drei $x(0)$-Werten sind die zugehörigen Zeitdaten in der Tabelle 5.3 mit ihren graphischen Darstellungen als Abb. 5.4 zusammengestellt: $p(t)$ bezeichnet die Veränderung des Winkels der Polarisationsachse gegen den Nullwert des Polarisationsapparates. Diese Größe ist proportional zur Entstehungskonzentration von Saccharose. Jeder der drei Datensätze gibt Anlass zur Rekon-

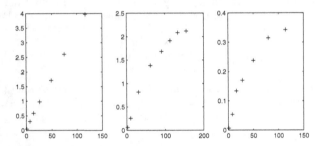

**Abb. 5.4.** Graphische Darstellung der Daten aus Tabelle 5.3

struktion der entsprechenden Produktentwicklung $p(t)$ gemäß Unterabschnitt 5.6.2, wobei das lineare $(3, 3)$-Gleichungssystem (5.118) nach Unterabschnitt 5.6.3 gelöst werden kann. Die Ergebnisse sind die drei Kurven der oberen Bildreihe in Abb. 5.5. Dazu gehören die numerischen Ergebnisse der Tabelle 5.4. Dort sind in der letzten Spalte die Anzahl der berücksichtigten Messpunkte festgehalten. Zu jedem $x(0)$-Wert gibt es zwei Zeilen: In der ersten Zeile sind alle drei $u$-Werte (5.110) berücksichtigt, die zur oberen Bildreihe von Abb. 5.5 gehören. In der zweiten Zeile ist $u_2 = u_3 = 0$ gesetzt: Es handelt sich um einen Versuch, die Daten mit einer Geraden

$$p(t) \approx u_1 t \tag{5.124}$$

zu rekonstruieren, welche in der zweiten Bildreihe von Abb. 5.5 zusammen mit der jeweiligen Kurve aus der ersten Bildreihe zu sehen ist. Zunächst aber

**Tabelle 5.3.** Produktentwicklung bei der Inversion aus [28]

| x(0) | t | p(t) | x(0) | t | p(t) | x(0) | t | p(t) |
|---|---|---|---|---|---|---|---|---|
| 0.333 | 1 | 0.043 | 0.0416 | 2.25 | 0.061 | 0.0052 | 1 | 0.007 |
| | 7 | 0.305 | | 10.25 | 0.258 | | 8 | 0.054 |
| | 14 | 0.587 | | 30.75 | 0.816 | | 16 | 0.134 |
| | 26 | 0.980 | | 61.75 | 1.386 | | 28 | 0.170 |
| | 49 | 1.713 | | 90.75 | 1.684 | | 50 | 0.238 |
| | 75 | 2.602 | | 112.75 | 1.914 | | 80 | 0.315 |
| | 117 | 3.968 | | 132.75 | 2.084 | | 114 | 0.343 |
| | 1052 | 18.253 | | 154.75 | 2.119 | | 2960 | 0.330 |
| | | | | 1497.00 | 2.189 | | | |

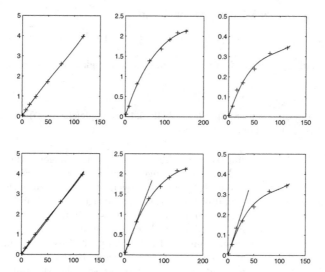

**Abb. 5.5.** Rekonstruktion der Datensätze aus Tabelle 5.3: dargestellt ist das Produkt $p$ der Inversion über der Zeit $t$

**Tabelle 5.4.** Optimale Parameter nach (5.110) für die Datensätze aus Tabelle 5.3

| $x(0)$ | $u_1$ | $u_2$ | $u_3$ | Anzahl der *Messpunkte* |
|--------|-------|-------|-------|-------------------------|
| 0.333  | 4.124299 | -.0145455 | .00007104 | 7 |
|        | 4.226016 |           |           | 3 |
| 0.0146 | 2.993399 | -.0142192 | .00002450 | 8 |
|        | 2.640341 |           |           | 3 |
| 0.0052 | .810549  | -.0074584 | .00002634 | 7 |
|        | .804673  |           |           | 3 |

zurück zur Tabelle 5.4. Sie zeigt durchweg

$$u_1 > 0,\ u_2 < 0,\ 0 < u_3 < 10^{-4},$$

so dass Fall a) aus (5.115) vorliegt. Die Geschwindigkeit $v$ ist somit durch

$$v = \dot{F}(0, u)$$

erklärt, und die zweite Spalte der Tabelle 5.4 liefert gleichzeitig die Geschwindigkeit der Umsetzung.

Schließlich mehr zum Ansatz (5.124): Er muss die Tangente der Entstehungsgeschichte $p(t)$ im Nullpunkt genügend gut wiedergeben. Daher können nur Daten in der Nähe des Nullpunktes verwendet werden. Im vorliegenden Fall eignen sich die ersten drei Datenpaare, die übrigen Paare krümmen nach rechts und würden zu einer immer kleineren Geschwindigkeit $v(x(0)) = u_1$ führen, wie ein Blick auf die Bilder in Abb. 5.5 unmittelbar zeigt. Allein die drei ersten Daten liefern zusammen mit (5.124) ähnliche Geschwindigkeitswerte wie (5.110) mit dem vollen Datenmaterial! Diese Beobachtung trifft auch für $x(0) = 0.333$ (erstes Bild in Abb. 5.5) zu, obwohl die Messpunkte einer Geraden zu folgen scheinen: Der Ansatz (5.124) unter Verwendung der ersten 7 Datenpunkte für $x(0) = 0.333$ (vgl. Tabelle 5.3) liefert

$$v(.333) = u_1 = 3.442236$$

(vgl. Abb. 5.6), niedriger als beide Werte in Tabelle 5.5. Die Geraden in Abb. 5.5 zeigen, dass es sich **nicht** um die Tangenten an die Kurven gemäß (5.110) handelt, dass aber eine Repräsentation dieser Kurven einigermaßen stattfindet, Ausdruck der Beobachtung, dass die Geschwindigkeitszahlen in beiden

Fällen ähnlich ausfallen: vgl. Tabelle 5.4!

Einen Vergleich unserer Ergebnisse mit den Geschwindigkeitsangaben aus [28] vermittelt die Tabelle 5.5.

**Tabelle 5.5.** Vergleich unserer Ergebnisse mit den Geschwindigkeitsangaben in [28]

| $x(0)$ | 0.333 | 0.0416 | 0.0052 |
|---|---|---|---|
| v aus [28] | 3.636 | 2.666 | 0.866 |
| v nach (5.124) | 4.226 | 2.640 | 0.805 |
| v nach (5.110) | 4.124 | 2.993 | 0.811 |

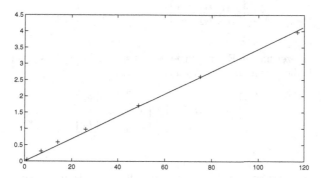

**Abb. 5.6.** Rekonstruktion der .333-Daten nach (5.124): Dargestellt ist das Produkt $p$ der Inversion über der Zeit $t$

## 5.7 Übungsaufgaben

**Übung 58.**

(a) Gegeben seien reelle Matrizen

$$A : (p_1, q_1) - \text{reihig}, \quad B : (p_2, q_2) - \text{reihig}.$$

Zeige: $AB$ und $BA$ sind nur dann zugleich definiert, wenn $p_1 = q_2$ und $p_2 = q_1$.

**(b)** Konstruiere $(2, 2)$-reihige Matrizen $A, B$ mit $AB \neq BA$ bzw. $AB = BA$.

**(c)** Eine Diagonalmatrix ist höchstens in der Hauptdiagonalen mit von Null verschiedenen Elementen $a_1, \ldots, a_N$ besetzt. Alle anderen Eintragungen sind Nullen:

$$\text{diag}(a_1, \ldots, a_N) := \begin{bmatrix} a_1 & & & \\ & a_2 & & \\ & & \ddots & \\ & & & a_N \end{bmatrix}.$$

Zeige: Es gilt stets

$$\text{diag}(a_1, \ldots, a_N) \, \text{diag}(b_1, \ldots, b_N) = \text{diag}(b_1, \ldots, b_N) \, \text{diag}(a_1, \ldots, a_N)$$

für $a_j, b_k \in \mathbb{R}$, $j, k = 1, \ldots, N$.

**Übung 59.**

Sei $A$ eine $(3, 3)$-reihige obere Dreiecksmatrix

$$A = \begin{bmatrix} A_{11} & A_{12} & A_{13} \\ & A_{22} & A_{23} \\ & & A_{33} \end{bmatrix} \quad \text{mit } A_{ii} \neq 0, \ j = 1, 2, 3$$

(alle nichtbezeichneten Eintragungen von $A$ sind Nullen). Sei $b = (b_1, b_2, b_3) \in \mathbb{R}^3$. Finde die Lösung $x = (x_1, x_2, x_3) \in \mathbb{R}^3$ von

$$\begin{bmatrix} A_{11} & A_{12} & A_{13} \\ & A_{22} & A_{23} \\ & & A_{33} \end{bmatrix} \begin{bmatrix} x_1 \\ x_2 \\ x_3 \end{bmatrix} = \begin{bmatrix} b_1 \\ b_2 \\ b_3 \end{bmatrix} \tag{5.125}$$

oder kürzer $Ax = b$.

**(a)** Schreibe das System (5.125) komponentenweise als drei separate Gleichungen.

**(b)** Löse zunächst die dritte Gleichung nach $x_3$, die zweite Gleichung nach $x_2$ und dann die erste Gleichung nach $x_1$ auf und verwende in jedem Schritt das Resultat der vorigen Rechnungen.

**(c)** Stelle die so nach **(b)** hergestellte Lösung $x = (x_1, x_2, x_3)$ für (5.125) in der Form

$$x = Bb$$

mit einer geeigneten $(3, 3)$-Matrix $B$ dar.

**(d)** Zeige: $AB = \text{diag}(1, 1, 1) = BA$ für $A$ aus (5.125) und $B$ aus **(c)**.

**Übung 60.**

Sei $A$ eine $(N_1, N_2)$-reihige Matrix und $B$ eine $(N_0, N_1)$-reihige Matrix. Dann gibt es die Abbildungen

$$A : \mathbb{R}^{N_2} \to \mathbb{R}^{N_1}, \quad B : \mathbb{R}^{N_1} \to \mathbb{R}^{N_0},$$

so dass die Abbildung

$$B \circ A : \mathbb{R}^{N_2} \to \mathbb{R}^{N_0}$$

erklärt ist. Zeige, dass $B \circ A$ durch eine Matrix gegeben ist. Welche Matrix definiert $B \circ A$?

**Übung 61.**
$A$ sei $(N_1, N_2)$-reihig, $B$ sei $(N_2, N_3)$-reihig.
**(a)** Zeige: $(A^T)^T = A$, $(AB)^T = B^T A^T$
**(b)** Für $N_1 = N_2$ zeige: $(AA^T)_{ij} = (AA^T)_{ji}$, $i, j = 1, \ldots, N_1$.

# Interaktionen zweier Populationen

## 6.1 Das Geschehen in diesem Kapitel

Gegenstand in Kapitel 3 ist die Entwicklung einer Größe $x(t)$ in der Zeit und deren Bestimmung als Lösung einer skalaren Anfangswertaufgabe

$$\dot{x}(t) = F(x(t)), \; x(0) \in \mathbb{R} \text{ gegeben.} \tag{6.1}$$

Hier gilt (vgl. (1.1))

$$z(t) = (x(t)) \in \mathbb{R}^1 \text{ ist der Zustand des Systems zum Zeitpunkt t.}$$

Daher besagt (6.1) nur

$$\text{Zustandsänderung} = F(\text{Zustand}),$$

oder auch $\qquad\qquad$ die Zustandsänderung ist vom $\qquad$ (6.2)

aktuellen Zustand allein abhängig.

Von nun an betrachten wir (6.2) als **Form** eines mathematischen Modells **für einen biologischen Vorgang**. Dann gilt allgemein

$$\dot{z}(t) = G(z(t)) \text{ für den Zustand eines biologischen Systems} \tag{6.3}$$

mit einer geeigneten Funktion G, welche die Gesetzmäßigkeit beschreibt, die für die Veränderung des Systems verantwortlich ist. Der Ausdruck **Zustand** im Zusammenhang mit biologischen Systemen ist in Kapitel 1, Abschnitt 1.1.1 eingeführt. Gleichzeitig wird dort erklärt, dass dieser aus einer endlichen Anzahl von Größen zusammengefasst in einem Vektor mit reellen Komponenten

$$z = (z_1, z_2, \ldots, z_N),$$

oder in der Zeit: $\qquad\qquad$ (6.4)

$$z(t) = (z_1(t), z_2(t), \ldots, z_N(t)), \; t \geq 0$$

besteht. Die reellen Zahlen $z_j$ bezeichnen die Masszahlen der einzelnen Größen. Daher ist

$$\dot{z}(t) = (\dot{z}_1(t), \dot{z}_2(t), \ldots, \dot{z}_N(t))$$

die **Veränderung des Zustands** zum Zeitpunkt $t$ und

$$G: \ \mathbb{R}^N \longrightarrow \mathbb{R}^N,$$

so dass (6.3) ein System

$$\dot{z}_j(t) = G_j(z_1(t), z_2(t), \ldots, z_N(t)), \ \ t \geq 0, \ \ j = 1, \ldots, N \qquad (6.5)$$

von Differentialgleichungen beschreibt.

Vorgelegt sei nun ein biologisches System, dessen Zustand zum Zeitpunkt $t$ durch zwei Größen

$$x(t), \ y(t), \ t \in \mathbb{R} \qquad (6.6)$$

bestimmt wird: z. B. zwei Populationen in der Auseinandersetzung um gemeinsamen Lebensraum. Dann ist

$$z(t) = (z_1(t), z_2(t)) = (x(t), y(t)),$$

so dass wir

$$\dot{x}(t) = f(x(t), y(t)), \ x(0) \in \mathbb{R} \text{ gegeben,}$$

$$\dot{y}(t) = g(x(t), y(t)), \ y(0) \in \mathbb{R} \text{ gegeben.}$$

$$\qquad (6.7)$$

finden, wenn die Komponenten von G mit

$$G_1(x, y) = f(x, y), \ \ G_2(x, y) = g(x, y)$$

bezeichnet werden.

Eine Analyse von (6.7) hat das Ziel, alle Lösungen wenigstens qualitativ zu beschreiben. Dies gelingt zum Beispiel, wenn zwischen $x(t)$ und $y(t)$ eine Abhängigkeit

$$x(t) = \varphi(y(t)), \ t \in \mathbb{R} \qquad (6.8)$$

mit einer differenzierbaren Funktion $\varphi : \mathbb{R} \to \mathbb{R}$ besteht. Dann verlangt (6.7) dasselbe wie

$$\dot{y}(t) = g(\varphi[y(t)], y(t)), \ t \in \mathbb{R}, \qquad (6.9)$$

eine skalare Gleichung, deren Lösungen nach Abschnitt 3.2 vollständig übersichtlich sind. Ist $\bar{y}(t), \ t \geq 0$ Lösung von (6.9), so erfüllt

$$\bar{x}(t) = \varphi(\bar{y}(t)), \ \bar{y}(t), \ t \in \mathbb{R} \qquad (6.10)$$

unser System (6.7).

Das vorliegende Kapitel behandelt drei biologische Systeme der oben beschriebenen Art und ein weiteres, dessen Behandlung den obigen Rahmen verlässt. Es reicht über diesen Text hinaus in eine notwendige Fortentwicklung mathematischer Technik. In allen vier Fällen müssen zunächst die Komponenten

$$G_1(x, y) = f(x, y), \; G_2(x, y) = g(x, y)$$

der rechten Seite aus (6.7) gewonnen werden. Dabei werden Konstruktionsprinzipien sichtbar, welche im Einzelfall *Gesetzmäßigkeiten* des biologischen Vorgangs beschreiben. Ein einfacher (aber häufig auftretender) Fall liegt vor, wenn als Zwischenstufe ein **chemisches Netzwerk** (beispielsweise (6.11)) erstellt werden kann. Dann führt das Prinzip der **Massenwirkung** schnell zum Ziel.

Aus allem fließen die **Lernziele**: ein tieferes Verständnis der Entwicklung biologischer Systeme, deren Beschreibung mit zwei Größen auskommt und die eine Erhaltungsgröße besitzen. Es geht darum, die Erkenntnis zu fördern, dass mathematischer Zugriff biologische Einsicht entstehen lässt oder vertieft.

Eine weiterführende Spezialausbildung muss von Experimenten ausgehen und die Interpretation gemessener Daten durch mathematische Modelle in den Vordergrund stellen, weit allgemeiner und grundsätzlicher als in Kapitel 5, das nur einen Einstieg bereithält. Dies geht freilich über einen Einstieg für **alle** Biologiestudenten und damit über die Zielsetzung dieses Buches hinaus.

## 6.2 Ligandenbindung

### 6.2.1 Die dynamischen Gleichungen

Das Reaktionsschema steht in Abschnitt 2.6.6 (vgl. dort (2.107)). Für die hier angestrebte quantitative Behandlung benötigen wir die um die **Geschwindigkeitskonstanten** $k_0$ und $k_{-0}$ erweiterte Form

$$X + E_0 \underset{k_{-0}}{\overset{k_0}{\rightleftharpoons}} E_1, \; k_0 > 0, \; k_{-0} > 0. \tag{6.11}$$

Zur Bedeutung der genaueren Schreibweise (6.11) betrachte die Konzentrationen $x, e_0, e_1$ der Reaktanden $X, E_0, E_1$. Es seien $e_0, e_1$ in der Zeit $t$ veränderlich und daher Funktionen der Zeit: $e_0(t), e_1(t)$. Die Konzentration $x$ von $X$ hingegen soll der Einfachheit halber zeitunabhängig angenommen werden. Aus der Sicht von $E_0$ besagt das Netzwerk (6.11), dass die Veränderung $\dot{e}_0(t)$ durch

$$\dot{e}_0(t) = -k_0 x e_0(t) + k_{-0} e_1(t) \tag{6.12}$$

gegeben ist. Der erste Summand auf der rechten Seite signalisiert die Veränderungsrate $\dot{e}_0(t)$ **proportional** zu den Konzentrationen von $X, E_0$ mit dem

**Proportionalitätsfaktor** $k_0$. Das negative Zeichen zeigt an, dass die Konzentration von $E_0$ durch diese Reaktion abnimmt. Im Gegensatz dazu wird durch den zweiten Term die Konzentration von $E_0$ vermehrt, und dies geschieht proportional zur Konzentration von $E_1$. Analog ist die dynamische Gleichung

$$\dot{e}_1(t) = k_0 x e_0(t) - k_{-0} e_1(t) \tag{6.13}$$

gebaut, welche das Geschehen (6.11) aus der Sicht von $E_1$ beschreibt.

Wollen wir den **Zustand** $(e_0(t), e_1(t))$ der Aktion (6.11) zu jedem Zeitpunkt $t \geq 0$ verstehen, so müssen wir das System (6.12), (6.13) lösen. Dieses Unternehmen scheint deutlich komplizierter zu sein, als die skalaren Evolutionen erster Ordnung aus Kapitel 2, handelt es sich doch um eine Evolution zweier Konzentrationen **gleichzeitig**. Dennoch ist unser Vorhaben auf die Techniken von Kapitel 2 zurückführbar. Um dies einzusehen, addieren wir beide Gleichungen (6.12), (6.13) und finden

$$0 = \dot{e}_0(t) + \dot{e}_1(t) = \frac{d}{dt}(e_0 + e_1)(t). \tag{6.14}$$

Integration liefert den **Erhaltungssatz**

$$e_0(t) + e_1(t) = e_0(0) + e_1(0) =: E. \tag{6.15}$$

$E$ bezeichnet die Gesamtkonzentration des Enzyms (in beiden Formen) am Anfangspunkt $t = 0$. Sie bleibt nach (6.15) für die gesamte Entwicklung (alle Zeiten $t \geq 0$) unverändert. Wir würden dies vom Netzwerk (6.11) her vermuten; (6.15) bedeutet, dass unser Kunstsystem (6.12), (6.13) insoweit mit den Erwartungen des natürlichen Systems übereinstimmt. Wir gehen weiter und können z.B. die Größe

$$e_1(t) = E - e_0(t) \tag{6.16}$$

separieren. Einsetzen in (6.12) liefert nacheinander

$$\dot{e}_0(t) = -k_0 x e_0(t) + k_{-0}(E - e_0(t)),$$
$$\dot{e}_0(t) = -(k_0 x + k_{-0})e_0(t) + k_{-0}E. \tag{6.17}$$

Bei diesem Schritt geht keine Lösung verloren: Tatsächlich entsteht aus der Lösung der skalaren Gleichung (6.17) vermöge (6.16) ein Paar von Funktionen, welche dann (6.12), (6.13) erfüllen. Diesen Test überlassen wir der

**Übung 62.**
$\bar{e}_0(t)$, $t \geq 0$ sei eine Lösung der skalaren Gleichung (6.17). $\bar{e}_1(t)$, $t \geq 0$ sei gemäß (6.16) aus $\bar{e}_0(t)$ konstruiert. Zeige, dass das Paar

$$(\bar{e}_0(t), \bar{e}_1(t)) \, , \ t \geq 0$$

das System (6.12), (6.13) löst.

Zurück bleibt die Behandlung von (6.17), eine Aufgabe, die mit den Methoden von Kapitel 2 gelöst wird.

### 6.2.2 Eine skalare Aufgabe

Dazu schreiben wir (6.17) in der abstrakten Form

$$\dot{y} = -ay + b,$$

$$a = k_0 x + k_{-0}, \; b = k_{-0} E, \tag{6.18}$$

müssen also (vgl. Abschnitt 3.3.5) eine Stammfunktion von

$$\frac{1}{b - ay}$$

finden, welche durch

$$F(y) = -\frac{1}{a} \cdot \ln(b - ay) \tag{6.19}$$

schnell ermittelt ist. Damit bilden wir die implizite Gleichung (vgl. (3.31) in Abschnitt 3.3.5)

$$F(y) - F(y(0)) = t,$$

$$-\frac{1}{a}\ln(b - ay) + \frac{1}{a}\ln(b - ay(0)) = t, \tag{6.20}$$

formen diese um

$$\ln\left\{ \frac{b - ay(0)}{b - ay} \right\} = at,$$

$$b - ay(0) = (b - ay)\exp(at),$$

$$(b - ay(0))\exp(-at) = b - ay$$

und finden schließlich den analytischen Ausdruck

$$y(t) = \frac{b}{a} - \left(\frac{b}{a} - y(0)\right)\exp(-at) \tag{6.21}$$

als mögliche Lösung von (6.18). Die **Probe**:

$$\dot{y}(t) = -\left(\frac{b}{a} - y(0)\right)(-a)\exp(-at)$$

$$= (b - ay(0))\exp(-at) = -ay(t) + b,$$

wird durch Differentiation von (6.21) und unter anschließender Verwendung der Darstellung (6.21) durchgeführt. Unser Resultat ist, dass (6.21) in der Tat (6.18) erfüllt.

### 6.2.3 Evolution der Ligandenbindung

Nun sind die Lösungen von (6.17) klar:

$$e_0(t) = \tfrac{b}{a} - (\tfrac{b}{a} - e_0(0))\exp(-at),$$

$$a = k_0 x + k_{-0} > 0, \; b = k_{-0} E \geq 0, \qquad (6.22)$$

$$e_1(t) = E - e_0(t) = E - \tfrac{b}{a} + (\tfrac{b}{a} - e_0(0))\exp(-at).$$

Diese Gleichungen zeigen, dass beide Funktionen für $t \to +\infty$ dem stationären Punkt

$$\bar{e}_0 = \frac{b}{a}, \; \bar{e}_1 = E - \frac{b}{a} \qquad (6.23)$$

zustreben.

**Übung 63.**
Warum folgt aus Aufgabe 62, dass das Paar $(e_0(t), e_1(t))$, $t \geq 0$ von (6.22) das System (6.12), (6.13) erfüllen muss?

### 6.2.4 Charakteristik und $K_D$

In einem **Dialyseexperiment** [32] kann man die Konzentrationen von $E_0$ und $E_1$ messen: Gegeben seien zwei Kammern (siehe Abb. 6.1), in der linken sei

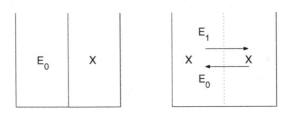

Anfangssituation            nach einer Zeit t > 0

**Abb. 6.1.** Zwei Kammern mit trennender Membran, durchlässig (in beiden Richtungen) für Substratmoleküle $X$, **nicht** aber für $E_0$- oder $E_1$-Moleküle.

unbeladenes Enzym $E_0$ und in der rechten Substrat $X$. Beide Kammern seien getrennt durch eine Membran, welche die $X$-Moleküle durchlässt, jedoch eine Barriere für die Moleküle des Enzyms in freier ($E_0$) und beladener ($E_1$) Form darstellt. Wir gehen davon aus, dass das Enzym genau einen Bindungsplatz für das Substrat besitzt. Nach anfänglicher Trennung von Substrat- und Enzymmolekülen werden erstere durch die trennende Membran hindurchwandern und in der linken Kammer ein Gemisch von $E_0$- und $E_1$-Molekülen aufbauen.

In beiden Kammern können nun Proben entnommen und vermessen werden. Man stellt einen stationären Zustand fest, welcher durch das Paar

$$(e_0 = e_0(x) = \text{Konzentration von } E_0, \ e_1 = e_1(x) = \text{Konzentration von } E_1)$$

beschrieben sei. Wiederholung dieser Vorgehensweise für verschiedene Konzentrationsangebote $x_j$, $j = 1, \ldots, N$ liefert eine Sequenz

$$x_j, e_1(x_j), \quad j = 1, \ldots, N. \tag{6.24}$$

Eintragen dieser Paare in eine $(x, e_1)$-Ebene erzeugt ein Bild der in Abschnitt 2.6.6 (vgl. dort (2.108)) definierten Charakteristik

$$Y_1(x) = \frac{e_1(x)}{E} , \text{ beachte } E = e_0(x) + e_1(x). \tag{6.25}$$

Unser Modellsystem (6.12), (6.13) wird stationär, wenn die Zeit von $t = 0$ nach $+\infty$ strebt: Diese 'Zeit' $t$ ist also jene, welche das Netzwerk (6.11) selbst definiert! (Man kann sie als 'Eigenzeit' von (6.11) bezeichnen.) Daher entsprechen die stationären Werte von $E_0$ und $E_1$ den beiden in (6.23) genannten Werten unseres Modellsystems. Das weist den Weg zu einem (Modell-) Analogon der Charakteristik $Y_1(x)$, von der Abschnitt 2.6.6 handelt: Aus der Definition (2.108) in 2.6.6 (des natürlichen Systems) wird unter Verwendung von (6.22) und (6.23) die Charakteristik

$$Y_1(x) = \frac{e_1}{E} = \frac{\bar{e}_1}{E} = 1 - \frac{b}{E \cdot a} = 1 - \frac{k_{-0}}{k_0 x + k_{-0}} ,$$

$$Y_1(x) = \frac{k_0 x}{k_0 x + k_{-0}} \tag{6.26}$$

des Modellsystems.

Es gelten folgende Dimensionen:

$$\text{für } k_0 : [\text{Zeit}^{-1} \cdot \text{Konzentration}^{-1}], \text{ für } k_{-0} : [\text{Zeit}^{-1}], \tag{6.27}$$

welche an (6.12), (6.13) direkt abgelesen werden können: Die Dimensionen auf beiden Seiten von (6.12) oder (6.13) müssen übereinstimmen. Ferner können wir nur Größen mit gleichen Dimensionen addieren und müssen schließlich beachten, dass auf der linken Seite von (6.12) oder (6.13) die Dimension [Konzentration pro Zeit] steht. Mit den Setzungen (6.27) rechnet man sofort nach, dass auf beiden Seiten von (6.12) und (6.13) dieselben Dimensionen erscheinen und dass dort nur Dinge derselben Dimension addiert werden.

Die in Abschnitt 2.6.6 eingeführte Bindungskonstante $K_0$ koppeln wir gemäß

$$K_0 = \frac{k_0}{k_{-0}} \qquad (6.28)$$

mit den **Geschwindigkeitskonstanten** $k_0$, $k_{-0}$ aus dem Netzwerk (6.11) und gewinnen dann wegen (6.26) die Darstellung

$$Y_1(x) = \frac{K_0 x}{K_0 x + 1} . \qquad (6.29)$$

Dies ist der Ausdruck (2.111) ($N = 1$) aus Abschnitt 2.6.6! Im Hinblick auf (6.11) sieht man nun deutlich, dass die Reaktion (6.11) überwiegend im gebundenen Zustand $E_1$ liegt, falls die Konstante (6.28) sehr groß ist:

$$k_0 >> k_{-0}!$$

$K_0$ heißt auch **Assoziationskonstante** von (6.11). Im Gegensatz dazu ist $(K_0)^{-1}$ die **Dissozitationskonstante**, welche groß wird, falls (6.11) vorwiegend im Zustand der linken Seite auftritt:

$$k_{-0} >> k_0!$$

$K_0$ hat wegen (6.27) die Dimension [Konzentration$^{-1}$], so dass die Bildung $K_0 x$ **dimensionslos** ist.

Im Gegensatz zur Assoziationskonstanten arbeitet man in der Biologie häufiger mit der Dissoziationskonstanten

$$K_D := \frac{k_{-0}}{k_0} = \frac{1}{K_0} \qquad (6.30)$$

der Dimension [Konzentration]. Mit der $K_D$ wird (6.29) Quotient

$$Y_1(x) = \frac{x}{K_D + x} \qquad (6.31)$$

zweier Größen der Dimension [Konzentration]. Die $K_D$ erhält aufgrund von (6.31) folgende Interpretation: Zunächst wächst $Y_1$ streng-monoton und erfüllt

$$Y_1(x) \to 1 \text{ für } x \to +\infty. \qquad (6.32)$$

Ferner finden wir

$$Y_1(K_D) = \frac{1}{2} . \qquad (6.33)$$

Die $K_D$ ist also jene Konzentration an Substratgabe $x$, bei der die Funktion $Y_1(x)$ **halbmaximale** Größe annimmt. Man geht von der Vorstellung aus, dass ein Enzym (fast) maximales $Y_1$ für um so kleineres $x$ erreicht, je kleiner die $K_D$ ist. Daher ist man in der Biologie im Allgemeinen an der Situation

$$0 < K_D << 1 \qquad (6.34)$$

interessiert. Man spricht von **hoher Affinität** von $E_0$ für das Substrat $X$ und meint damit, dass nur geringe Substratgaben $x$ ausreichen, um $Y_1(x) \sim 1$ zu erreichen. Dazu die

**Übung 64.**
Gegeben sei $Y_1(x)$ aus (6.31). Es sei $x_\epsilon$ das kleinste $x \geq 0$ mit

$$Y_1(x) \geq 1 - \epsilon, \quad 0 < \epsilon < 1 \text{ vorgegeben.}$$

Zeige:
**(a)** $x_\epsilon = Y_1^{-1}(1 - \epsilon)$,    **(b)** $x_\epsilon \to 0$, falls $\epsilon \to 1$ oder $K_D \to 0$.

Nach Übung 64 ist $Y_1(x)$ bei nur wenig Substratangebot $x_\epsilon$ fast auf dem maximalen Stand 1, wenn $K_D$ sehr klein ist. $Y_1(x) \approx 1$ aber heißt $e_1 \approx e_0 + e_1$ nach (2.108). Dann ist das freie Enzym $E_0$ fast vollständig in $E_1$ umgewandelt, eine Voraussetzung für eine effektive Enzymaktion, weil $E_1$ die gewünschte Umsetzung zum Produkt gewährleistet.

Der letzte Gedanke geht über das Ausgangsnetzwerk (6.11) hinaus, welches vollständig so

$$X + E_0 \underset{k_{-0}}{\overset{k_0}{\rightleftharpoons}} E_1 \rightharpoonup E_0 + \text{Produkt} \qquad (6.35)$$

lautet! Nun kann die Konzentration $x$ vom Substrat $X$ sicher nicht mehr konstant angesehen werden. Die neue dynamische Größe $x = x(t)$ verlangt nach einer weiteren Differentialgleichung, und das Problem fällt aus dem Rahmen des vorliegenden Kapitels. Allerdings ist die obige Untersuchung eine wichtige Vorbereitung für das Verständnis des erweiterten Netzwerks (6.35).

## 6.3 Substratumsetzende Organismen

### 6.3.1 Fläschchenexperiment

In einem Fläschchen wachse eine Population $Y$ von Organismen auf einem Substrat $X$. So wächst (vgl. [4, 23])

$$Y = Acetobacterium \ woodii$$

auf dem Substrat

$$X = \text{3,4,5-Trimethoxybenzoat } C_{10}H_{11}O_5^-$$

und bewerkstelligt den Umsatz

$$4C_{10}H_{11}O_5^- + 6HCO_3^- \to 4C_7H_5O_5^- + 9CH_3COO^- + 3H^+,$$

bricht also 3,4,5-Trimethoxybenzoat in

$$\text{Acetat } CH_3COO^- \text{ und Gallat } C_7H_5O_5^-$$

herunter. Dieser Umsatz ist Bestandteil eines Netzwerks von Abbaustufen, die in der Natur unter anaeroben Bedingungen auftreten. Typischerweise bleibt das Gallat ($C_7H_5O_5^-$) nicht liegen, sondern wird weiter zu Acetat und Bicarbonat von *Pelobacter acidicallici* verwertet (vgl. [24]). Damit ist immer noch nicht das Ende des Abbauwegs erreicht: Acetat verwenden gewisse *Methanbakterien* und spalten es endgültig in $CH_4$ (Methan) und $CO_2$. Zum Netzwerk natürlicher Abbauwege sei auf Zehnder et al. [41] verwiesen.

Folgende Überlegungen sollen das Verständnis der Dynamik solcher Umsetzungen fördern. Zum Zeitpunkt $t \geq 0$ sei der Umfang der Population $Y$ mit $y(t)$ und jener von $X$ mit $x(t)$ bezeichnet. Beide Konzentrationen können zu beliebigen Zeitpunkten gemessen werden. Natürlich sind die **Anfangswerte**

$$x(0) \geq 0, \quad y(0) \geq 0 \tag{6.36}$$

bekannt. Die Aufnahme einer Messreihe

$$x_j \sim x(t_j), \quad y_j \sim y(t_j), \; j = 1, \ldots, N \tag{6.37}$$

zeigt, dass der Zustand $(x_j, y_j)$, $t \geq 0$ einem stationären Punkt

$$(\bar{x} \geq 0, \quad \bar{y} \geq 0) \tag{6.38}$$

zustrebt. Soweit die experimentelle Erfahrung.

Wir wollen das Experiment auf der Grundlage der Vorstellungen verstehen, die zu dem in Abschnitt 4.2.2 angegebenen dynamischen System

$$\dot{x}(t) = -\tfrac{1}{\gamma}\mu(x(t))y(t),$$
$$\tag{6.39}$$
$$\dot{y}(t) = \mu(x(t))y(t).$$

geführt haben. Die Funktion $\mu(x)$ regelt zusammen mit dem Ertrag $\gamma > 0$ die Dynamik des Geschehens. Beide Größen sind unbekannt, und wir würden diese Lücke auf der Grundlage der Daten (6.37) am liebsten schließen.

### 6.3.2 Erhaltungssatz

Zuerst machen wir uns klar, dass (6.39) das im vorigen Abschnitt geschilderte Geschehen nachbildet. Unser Ziel ist daher, alle Lösungen $(x(t), y(t))$ zu beschreiben. Aus Abschnitt 4.2.2 sind uns die Voraussetzungen

$$\gamma > 0, \; \mu : \mathbb{R} \to \mathbb{R}, \text{ diffbar., } \mu(0) = 0, \; \mu(\eta) > 0 \text{ für } \eta > 0,$$
$$\tag{6.40}$$
$$x(0) \geq 0, \; y(0) \geq 0$$

vertraut. Sei $(x(t), y(t))$, $t \in I := [0, T)$ ($T > 0$, oder $T = +\infty$) eine Lösung von (6.39). Dann ist die Gleichung

$$0 = \gamma \dot{x}(t) + \dot{y}(t) = \frac{d}{dt}\{\gamma x(t) + y(t)\} \text{ in } I$$

leicht bestätigt. Sie liefert sofort den **Erhaltungssatz**

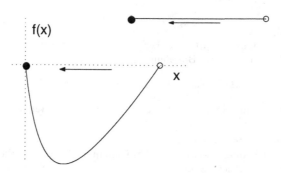

**Abb. 6.2.** Qualitative Analyse von (6.43). Der Phasenstrahl ist versetzt hervorgehoben, die stationären Punkte (stabil und instabil) sind markiert

$$\gamma x(t) + y(t) = \gamma x(0) + y(0) =: c, \ t \in I, \qquad (6.41)$$

welcher z.B. die Darstellung

$$y(t) = c - \gamma x(t), \ t \in I \qquad (6.42)$$

ermöglicht. Einsetzen von (6.42) in die erste Zeile von (6.39) ergibt die skalare Gleichung

$$\dot{x}(t) = -\mu(x(t))(\gamma^{-1}c - x(t)) =: f(x(t)). \qquad (6.43)$$

Diese ist leicht diskutiert: Eine qualitative Analyse zeigt Abb. 6.2. Dort ist

$$0 \le x(0) \le x(0) + \gamma^{-1}y(0) = \gamma^{-1}c \qquad (6.44)$$

benutzt. Daher zeigt Abb. 6.2, dass eine Lösung $x(t)$ für alle Zeiten $t \ge 0$ existiert:

$$x : [0, +\infty) \to \mathbb{R}. \qquad (6.45)$$

### 6.3.3 Lösungsgesamtheit

Die so konstruierte Funktion (6.45) liefert über (6.42) das Paar

$$x(t), \ y(t) = c - \gamma x(t), \ c = \gamma x(0) + y(0), \qquad (6.46)$$

welches für alle Zeiten $t \ge 0$ existiert und die beiden Gleichungen (6.39) erfüllt: Dazu sei die **Probe** gerechnet:

$$\dot{x}(t) = -\mu(x(t))(\gamma^{-1}c - x(t)) = -\mu(x(t))\gamma^{-1}y(t),$$

$$\dot{y}(t) = -\gamma\dot{x}(t) = \mu(x(t))y(t).$$

Auf dieser Grundlage ist eine vollständige Analyse aller Lösungen von (6.39) möglich: Zunächst

**Fall 1**: $x(0) = 0$.
Wegen (6.41) finden wir $y(0) = c$. Ferner ist $x = 0$ ein stationärer Punkt von (6.43). Daher gilt die erste Beziehung in

$$x(t) = x(0) = 0, \; y(t) = c = y(0) \text{ für } t \geq 0. \tag{6.47}$$

Dann aber folgt die zweite Gleichung sofort aus der Darstellung (6.46).

**Fall 2**: $x(0) = \gamma^{-1}c = x(0) + \gamma^{-1}y(0)$.
Wieder liegt der Anfangswert von $x(t)$ auf einem stationären Punkt von (6.43), so dass die erste Gleichung in

$$x(t) = \gamma^{-1}c, \; y(t) = 0$$

$$\text{oder } x(t) = x(0), \; y(t) = y(0) = 0 \text{ für } t \geq 0 \tag{6.48}$$

zutrifft. Mit der Konstruktion (6.46) findet man die zweite Gleichung.

**Fall 3**: $0 < x(0) < \gamma^{-1}c = x(0) + \gamma^{-1}y(0)$, also $y(0) > 0$.
Der Anfangswert $x(0)$ liegt zwischen den beiden stationären Punkten von Abb. 6.2. Ihr entnimmt man direkt die erste Zeile von

$$x(t) \overset{t\to+\infty}{\longrightarrow} 0 \text{ streng-monoton fallend,}$$

$$y(t) \overset{t\to+\infty}{\longrightarrow} y(0) + \gamma x(0) \text{ streng-monoton wachsend.} \tag{6.49}$$

Die zweite Zeile ist eine Folge der Konstruktion (6.46).

### 6.3.4 Diskussion aller Lösungen

Das Resultat aus 6.3.3 sei genauer beleuchtet: Zunächst stellen wir fest, dass die Fälle 1 und 2 praktisch nicht vorkommen, weil entweder kein Substrat (Fall 1) oder keine Organismenpopulation (Fall 2) vorliegt.

Die **generische Situation** ist durch Fall 3 gegeben: Das Substrat nimmt streng monoton ab, während gleichzeitig die Organismen streng monoton zunehmen und einer Grenzdichte zustreben. Der Zuwachs zur Anfangsdichte ist nach (6.49) durch $\gamma x(0)$, also den verwertbaren Teil der Anfangskonzentration des Substrats beschrieben. Er hängt offensichtlich nur von der Konstanten

$\gamma$ (und natürlich vom Anfangswert $x(0)$), nicht aber von der Ratenfunktion $\mu(\eta)$ ab. Wegen (6.38) und (6.49) gilt $\bar{y} = y(0) + \gamma x(0)$, so dass der Ertrag

$$\gamma = \frac{\bar{y} - y(0)}{x(0)} > 0 \qquad\qquad (6.50)$$

bestimmt werden kann (beachte $\bar{y} - y(0) > 0$, weil $y(t)$ streng-monoton wächst). Die Gleichung (6.50) verbindet lauter messbare Größen — $\bar{y}$ (Populationsumfang am Ende des Experiments) und ($x(0)$, $y(0)$) (Anfangszustand) — aus der Natur mit der Konstanten $\gamma$ des Modellsystems (6.39). Die (6.39) beherrschende Ratenfunktion $\mu(\eta)$ selbst bleibt der einfachen Versuchsanordnung verborgen. Man lernt sie besser kennen, wenn die Kultur im **Chemostaten** hochwächst. Dies wird in Kreikenbohm, Pfennig [23] durchgeführt. Die dort gewonnenen Daten sind in [6] mit einem Chemostatenmodell behandelt, welches eine Verallgemeinerung unserer Gleichungen (6.39) darstellt. Für den Chemostaten ist nicht nur die experimentelle, sondern auch die mathematische Situation deutlich komplizierter. Jedenfalls reichen die Methoden dieses Bandes nicht mehr aus, um die Chemostatengleichungen zu verstehen. Die beschriebenen Eigenschaften von (6.39) ensprechen durchaus den Erwartungen von einem Fläschchenexperiment. Auch die Fälle 1 und 2 sind mit unserer Intuition vereinbar: ohne Substrat kein Wachstum (Fall 1) und ohne Organismen kein Rückgang des Substrats und keine spontane Entstehung von Organismen (siehe (6.48)).

Das Zusammentreffen von Größen des Experiments und Bausteinen des Modellsystems (vgl. (6.50)) markiert die Schnittstelle zwischen Natur und mathematischer Beschreibung. Im vorliegenden Fall lehrt die Analyse, dass das geschilderte Experiment noch keinen Hinweis auf die Ratenfunktion $\mu(\eta)$ gibt: Eine durchaus brauchbare Erkenntnis, die auf dem Weg, den Vorgang zu verstehen, weiterhilft.

### 6.3.5 Phasenebene

Nun aber zurück zur Theorie dynamischer Systeme am Beispiel von (6.39):

Es ist üblich, das Lösungsverhalten zweidimensionaler Systeme in der **Phasenebene** zu beschreiben. Dies ist die $(x, y)$-Ebene, in welcher jede Lösung $(x(t), y(t))$, $t \in [0, +\infty)$ von (6.39) durch die **Kurve** (vgl. Abschnitt 4.5)

$$(x(t), y(t)), \ \text{Kurvenparameter } t, \ \text{Parameterintervall } [0, +\infty) \qquad (6.51)$$

veranschaulicht wird. In den Fällen 1 und 2 (siehe 6.3.3) degeneriert diese Kurve zu einem Punkt, da nach (6.47) bzw. (6.48) der jeweilige Anfangswert in der Zeit nicht verlassen wird: Beachte die durch offene Kreise markierten

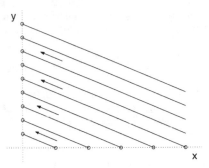

**Abb. 6.3.** Phasenebene des Systems (6.39). Die Achsen sind voller instabiler stationärer Punkte (*offene Kreise*), die sonstigen Orbits parallele Geraden, die der Richtung der Pfeile folgend von rechts unten nach links oben durchlaufen werden (einige sind gezeichnet)

Punkte in Abb. 6.3. In der generischen Situation von Fall 3 hängen die Dichten der Organismenpopulation und des Substrats gemäß

$$y(t) + \gamma x(t) = c \qquad (6.52)$$

zusammen (vgl. (6.46)). Dies bedeutet, dass die Kurven (6.51) Geraden

$$y + \gamma x = c \qquad (6.53)$$

in der Phasenebene sind, veranschaulicht in Abb. 6.3. Sie werden von rechts unten nach links oben — den Pfeilen in Abb. 6.3 folgend — in positiver Zeit durchlaufen. Im Grenzwert $t \to +\infty$ wird der Kreis auf der y-Achse und der jeweiligen Geraden erreicht. Zu jeder Anfangssituation $(x(0) > 0, y(0) > 0)$ gibt es genau eine Gerade der eben beschriebenen Art. Der nichtnegative Quadrant der Phasenebene ist also vollständig durch solche Geraden überdeckt, wenn wir sämtliche Anfangssituationen ins Auge fassen. Natürlich sind alle Punkte der beiden Achsen **instabile** stationäre Punkte $P$, weil sich in jeder Umgebung auf der Achse andere stationäre Punkte befinden. Daher gibt es in jeder Umgebung von $P$ Anfangswerte, deren zugehörige Evolutionen (6.39) niemals nach $P$ zurückkommen!

### Übung 65.
Sei $P$ ein stationärer Punkt von (6.39). Finde alle Evolutionen mit Anfangspunkt $(x(0) > 0, y(0) > 0)$, die **nicht** nach $P$ streben.

# 6.4 Lineare Räuber-Beute-Interaktion: Winkelfunktionen

### 6.4.1 Ein spezielles Räuber-Beute-Modell

In Abschnitt 4.2.3 wurde schon erwähnt, dass das Räuber-Beute-Modell (4.14) einen schwingenden Vorgang bestimmt. Wählen wir alle Konstanten gleich 1, so entsteht die besondere Räuber-Beute-Aktion

$$\dot{x} = x(1 - y), \dot{y} = y(x - 1). \qquad (6.54)$$

Durchweg werden dimensionslose Größen angenommen.

Grundlage solcher Aktionen ist das 'chemische' Netzwerk

$$X \xrightarrow{k_0} 2X \quad \text{(natürliche Vermehrung der Beute)},$$

$$X + Y \xrightarrow{k_1} 2Y \quad \text{(die Räuber vermehren sich auf Kosten der Beute)},$$

$$Y \xrightarrow{k_2} \quad \text{(natürliches Sterben der Räuber)}$$

$$(6.55)$$

mit zwei Populationen X (der Beute) und Y (den Räubern) und ihren Populationsumfängen $x(t)$, $y(t)$ zum Zeitpunkt $t \geq 0$. (6.55) erfasst nur ungenügend (vgl. [40]) einen natürlichen Räuber-Beute-Vorgang. Das Netzwerk gehört aber zu den einfachsten Mechanismen, welche Oszillationen beschreiben. Es entfaltet seine Stärken, wenn es um das Verständnis von *Periodizität* geht. Überdies leistet es wertvolle Dienste bei einer Begründung des **Volterra-Prinzips** (vgl. [7] hier Abschnitt 4.9, [38] hier Kap. XXIV, § XI).

Die Umsetzung des Reaktionsschemas (6.55) in dynamische Gleichungen für $x(t)$ und $y(t)$ geschieht am Leitfaden der Überlegungen aus Abschnitt 6.2.1, welche zur Behandlung des Netzwerks (6.11) angestellt worden sind:

$$\dot{x} = k_0 x - k_1 y x, \quad \dot{y} = k_1 y x - k_2 y. \qquad (6.56)$$

In der ersten Zeile von (6.55) entsteht $X$ proportional zu sich selbst mit dem Proportionalitätsfaktor $k_0$. Damit ist der erste Term auf der rechten Seite der ersten Gleichung in (6.56) klar. Ein analoges Argument besteht für den letzten Term in der zweiten Gleichung: Gemäß der letzten Zeile des Netzwerkes vergeht nämlich die Population $Y$ proportional zu ihrem eigenen Umfang. Schließlich die beiden letzten Ausdrücke: Sie stehen für die eigentliche Bejagung, welche proportional zu den Umfängen der Räuber-und Beutepopulationen in unserem Netzwerk beschrieben sind. Dieses Geschehen dezimiert die Beute $X$ und trägt gleichzeitig zur Vermehrung der Räuber $Y$ bei. Offenbar entsteht (6.54), wenn $k_0 = k_1 = k_2 = 1$ gesetzt wird.

Es soll im Folgenden nicht darum gehen, (6.54) zu lösen, vielmehr wird in einer Umgebung der Stelle $(1,1) \in \mathbb{R}^2$ eine Näherung angegeben, welche die Situation vereinfacht und deren Lösung mit Hilfe der Winkelfunktionen Sinus und Kosinus aufgebaut werden kann. Gleichzeitig erhalten wir Gelegenheit, die wichtigsten Eigenschaften der Winkelfunktionen zusammenzustellen. Dazu werden die rechten Seiten von (6.54) an der Stelle $(1,1) \in \mathbb{R}^2$ durch Taylor Polynome vom Grade 1 ersetzt. Dann entsteht das lineare System

$$\dot{x} = -(y-1), \ \dot{y} = x-1 \tag{6.57}$$

(siehe (4.72) in Abschnitt 4.4.5). Wir substituieren noch

$$u = x-1, \ v = y-1 \tag{6.58}$$

und finden für die dynamischen Variablen $u, v$ das System

$$\dot{u} = -v, \ \dot{v} = u. \tag{6.59}$$

### 6.4.2 sin und cos

Sei $u(t), v(t)$ eine Lösung von (6.59) für $t \geq 0$. Die Funktion $w(t) = u(t)^2 + v(t)^2$ erfüllt dann

$$\dot{w} = 2u\dot{u} + 2v\dot{v} = 2(-uv + vu) = 0$$

für alle $t \geq 0$. Mit Abschnitt 3.3.2 folgt $w(t) = w(0)$ für alle $t \geq 0$, also

$$u(t)^2 + v(t)^2 = u(0)^2 + v(0)^2 \text{ für } t \geq 0. \tag{6.60}$$

Sei nun

$$u(0) = 1, \ v(0) = 0, \tag{6.61}$$

dann gilt in jedem Zeitpunkt $t \geq 0$ die Gleichung

$$u(t)^2 + v(t)^2 = 1. \tag{6.62}$$

Die Paare $(u(t), v(t))$ liegen demnach auf dem Einheitskreis in der $(u,v)$-Ebene. Die Überlegungen im nächsten Unterabschnitt 6.4.3 werden zeigen, dass es eine **endliche** Zeit $T > 0$ gibt, so dass die Punkte $(u(t), v(t))$ genau einmal durch den ganzen Einheitskreis laufen, wenn $t$ von $-T$ nach $T$ getrieben wird. Die so definierten Funktionen heißen

$$u(t) =: \cos(t), \ v(t) =: \sin(t)$$

(sprich: **Kosinus, Sinus**). Die oben festgelegte Konstante $T$ definiert die Zahl $\pi$: $T = \pi$.

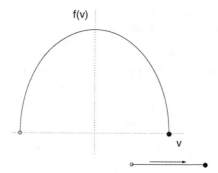

**Abb. 6.4.** Qualitative Analyse zu (6.64). Der Phasenstrahl ist versetzt hervorgehoben, die stationären Punkte sind markiert

### 6.4.3 Rückführung auf eine skalare Gleichung

Wir wollen die Tatsachen aus Abschnitt 6.4.2 besser verstehen, greifen auf den Erhaltungssatz (6.62) zurück und stellen eine Unbekannte dar, z.B.

$$u(t) = \sqrt{1 - v(t)^2} \ \text{ mit } \ v(t)^2 \le 1. \tag{6.63}$$

Verwende (6.63) in der zweiten Gleichung von (6.59) und finde

$$\dot{v}(t) = \sqrt{1 - v(t)^2}, \ v(0) = 0, \tag{6.64}$$

wobei die Anfangsbedingung durch die zweite Forderung in (6.61) vorgeschrieben wird. Zur qualitativen Analyse von (6.64) betrachte die Abb. 6.4. Hier ist die rechte Seite $f(v) := \sqrt{1 - v^2}$ gezeichnet: Die Lösung $v(t)$ der Anfangswertaufgabe (6.64) muss streng monoton wachsend dem Wert 1 entgegenstreben.

Es ist aber eine entscheidende Änderung gegenüber der bisherigen qualitativen Analyse eingetreten: Die Funktion $f(v)$ besitzt die Ableitung

$$f'(v) = \frac{-v}{\sqrt{1 - v^2}} \ , \ 0 \le v < 1$$

und ist für $v = 1$ **nicht differenzierbar**. Dieser Umstand ist verantwortlich dafür, dass die Lösung $v(t)$ von (6.64) den Wert 1 nicht erst nach unendlich langer sondern schon nach **endlicher Zeit** $\tau \in \mathbb{R}$, $0 < \tau$ erreicht. Die Lösung erfüllt die Merkmale

$$v(t) > 0, \ \dot{v}(t) > 0 \ \text{für } 0 < t < \tau,$$

$$0 < v(t) < 1 \ \text{für } 0 < t < \tau \tag{6.65}$$

$$v(0) = 0, \ \dot{v}(0) = 1, \ v(\tau) = 1, \ \dot{v}(\tau) = 0,$$

wobei zur Festlegung der Ableitung an der Stelle $t = \tau$ nur die Annäherung des Differenzenquotienten aus dem Inneren des Intervalls $[0, \tau]$ verwendet werden darf.

Wir können die soeben beschriebene Lösung von (6.64) auf das Intervall $[-\tau, \tau]$ ausdehnen:

$$w(t) = \begin{cases} -v(-t) \text{ für } -\tau \leq t \leq 0, \\ v(t) \quad \text{ für } 0 \leq t \leq \tau \end{cases} \tag{6.66}$$

erfüllt die Anfangswertaufgabe (6.64): Dies ist offensichtlich für $0 \leq t \leq \tau$, weil dort $w(t) = v(t)$ besteht, und gilt für $-\tau \leq t \leq 0$ wegen

$$\dot{w}(t) = \dot{v}(-t) = \sqrt{1 - v(-t)^2} = \sqrt{1 - w(t)^2} \tag{6.67}$$

(verwende die obere Definition in (6.66) und die Kettenregel). Offenbar erfüllt $w(t)$ aus (6.66) die Merkmale

$$-1 < w(t) < 1 \text{ für } -\tau < t < \tau, \; w(-\tau) = -1, \; w(0) = 0, \; w(\tau) = 1.$$
$$\dot{w}(t) > 0 \text{ für } -\tau < t < \tau, \; \dot{w}(-\tau) = \dot{w}(\tau) = 0. \tag{6.68}$$

Daher existiert

$$\bar{u}(t) := \sqrt{1 - w(t)^2} \text{ für } -\tau \leq t \leq \tau \tag{6.69}$$

und ist differenzierbar mit der Ableitung

$$\dot{\bar{u}}(t) = -\frac{2w(t)\dot{w}(t)}{2\sqrt{1 - w(t)^2}} = -w(t), \quad -\tau \leq t \leq \tau, \tag{6.70}$$

weil (6.67) besteht! Diese Beziehung ist für $-\tau < t < \tau$ offensichtlich — schließlich gilt die erste Zeile von (6.68) —, die Gleichung (6.70) kann überdies für $t = \pm\tau$ bewiesen werden. Aus (6.67), (6.69) und (6.70) folgt

$$\dot{\bar{u}} = -w, \;\; \dot{w} = \bar{u}, \tag{6.71}$$

so dass das Paar

$$(\bar{u}(t), w(t)), \;\; -\tau \leq t \leq \tau \tag{6.72}$$

das lineare System (6.59), (6.61) löst. Die Anfangsbedingungen

$$\bar{u}(0) = 1, \;\; w(0) = 0 \tag{6.73}$$

liest man an (6.68) und (6.69) ab. Nach Abschnitt 6.4.2 löst auch

$$(\cos(t), \sin(t)), \;\; -\tau \leq t \leq \tau \tag{6.74}$$

die Anfangswertaufgabe (6.59), (6.61). Nun gilt der Existenz- und Eindeutigkeitssatz aus Abschnitt 3.6.1 auch für Systeme mit zwei Gleichungen, so dass (6.72) und (6.74) dieselben Lösungen darstellen:

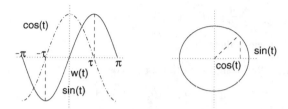

**Abb. 6.5.** Die Winkelfunktionen sin und cos: *links* der Kurvenverlauf, *rechts* geometrische Deutung am Einheitskreis. Das im Text konstruierte Intervall $[-\tau, \tau]$ und die dort - als Lösung von (6.64) - definierte Funktion $w(t)$ sind eingezeichnet. Man kann sin in $[-\tau, \tau]$ durch $w(t)$ erklären (siehe den streng-monoton wachsenden, ausgezogenen Kurvenzug der linken Zeichnung)

$$\bar{u}(t) = \cos(t), \quad w(t) = \sin(t), \quad -\tau \le t \le \tau. \tag{6.75}$$

Den Verlauf der beiden Kurven (6.75) zeigt die Abb. 6.5. Wegen (6.62) besteht die geometrische Situation am Einheitskreis, welche dort außerdem dargestellt wird. Für das so konstuierte $\tau$ gilt offenbar $\tau = \frac{T}{2} = \frac{\pi}{2}$ mit der Zeit $T$ aus Abschnitt 6.4.2!

Tatsächlich sind die Funktionen (6.74) bisher nur in dem Intervall

$$[-\tau, +\tau] = [-\frac{\pi}{2}, +\frac{\pi}{2}]$$

erklärt. Die Eigenschaften (6.68) reichen zu einer Fortsetzung beider Winkelfunktionen über dieses Intervall hinaus für alle reellen Eintragungen $t \in [-\pi, +\pi]$ aus. Der entstehende Kurvenverlauf wird in Abb. 6.5 angedeutet. Die Definition auf ganz $\mathbb{R}$ entsteht als **periodische Fortsetzung** in den Außenbereich von $[-\pi, +\pi]$. Die so konstruierten

$$2\pi - \text{periodischen Funktionen } \bar{u}(t) \text{ und } w(t), \ t \in \mathbb{R}$$

erfüllen ebenfalls das System (6.71). Unsere Interpretation am Einheitskreis zeigt, dass das Geschehen im Intervall $[-\pi, +\pi]$ genau einmal den gesamten Einheitskreis überstreicht.

### 6.4.4 Eigenschaften von cos und sin

Nach diesen eher theoretischen Überlegungen zur Definition der Winkelfunktionen kehren wir zu den Aussagen von 6.4.2 zurück. Zunächst ist

$$\sin^2(t) + \cos^2(t) = 1, \ |\sin(t)| \le 1, \ |\cos(t)| \le 1 \tag{6.76}$$

(vgl. (6.62), Abb. 6.5) und weiter

$$\frac{d}{dt}\sin(t) = \cos(t), \ \frac{d}{dt}\cos(t) = -\sin(t) \qquad (6.77)$$

nach (6.59) sowie schließlich

$$\sin(t + 2\pi) = \sin(t), \ \cos(t + 2\pi) = \cos(t) \ \text{(vgl. Abb. 6.5)}, \qquad (6.78)$$

$$\sin(0) = 0, \ \cos(0) = 1 \ \text{(vgl. (6.61))} \qquad (6.79)$$

auf Grund der Fortsetzungsprozesse aus $[-\frac{\pi}{2}, +\frac{\pi}{2}]$ zunächst in $[-\pi, +\pi]$ und dann nach ganz $\mathbb{R}$ (vgl. den Unterabschnitt 6.4.3). Wegen der Eigenschaft (6.78) sagt man, dass sin und cos **$2\pi$-periodisch** sind. Die Gleichungen (6.77) liefern die Integralbeziehungen

$$\int \cos(s)ds = \sin(t), \ \int \sin(s)ds = -\cos(t). \qquad (6.80)$$

Schließlich können wir die Taylor Polynome an der Stelle $t = 0$ ausrechnen. Dazu benötigt man neben (6.77) noch

$$\frac{d^2}{dt^2}(\sin(t)) = \frac{d}{dt}(\cos(t)) = -\sin(t),$$

$$\frac{d^2}{dt^2}(\cos(t)) = \frac{d}{dt}(-\sin(t)) = -\cos(t).$$

Wegen (6.79) liefert (4.57) in Abschnitt 4.4.2 sofort

$$\sin(t) \sim p_2(t, \bar{t} = 0) = t \qquad \text{in einer Umgebung von } \bar{t} = 0,$$
$$\cos(t) \sim p_2(t, \bar{t} = 0) = 1 - \tfrac{1}{2}t^2 \text{ in einer Umgebung von } \bar{t} = 0.$$

### 6.4.5 Anwendung auf das spezielle Räuber-Beute-Modell

Wir kehren kurz zum Räuber-Beute-Modell (6.54) zurück, welches in der Nähe von $(1, 1) \in \mathbb{R}^2$ durch (6.57) approximiert wird. Die Lösungen von (6.57) lauten

$$x(t) = 1 + R \ \cos(t + \alpha), \ y(t) = 1 + R \ \sin(t + \alpha) \qquad (6.81)$$

mit freien reellen Konstanten $R, \alpha$. Differentiation von (6.81) liefert unter Berücksichtigung von (6.77) nämlich

$$\dot{x}(t) = -R \ \sin(t + \alpha) = -(y(t) - 1),$$

$$\dot{y}(t) = R \ \cos(t + \alpha) = x(t) - 1,$$

also (6.57). Die Lösungen (6.81) sind **periodisch** und beschreiben konzentrische Kreise mit dem Mittelpunkt $(1, 1) \in \mathbb{R}^2$ und dem Radius $|R|$ in der $(x, y)$-Ebene, denn es gilt

$$(x(t) - 1)^2 + (y(t) - 1)^2 = R^2(\cos^2(t + \alpha) + \sin^2(t + \alpha)) = R^2.$$

Für $R > 0$ aber hinreichend klein liegen die Lösungen (6.81) ganz in einer Umgebung von $(1,1) \in \mathbb{R}^2$, in der (6.54) gut durch (6.57) repräsentiert wird. Daher kann man erwarten, dass auch (6.54) in der Nähe von $(1,1) \in \mathbb{R}^2$ periodische Lösungen besitzt, die in der $(x,y)$-Ebene geschlossene Kurven um $(1,1) \in \mathbb{R}^2$ beschreiben. Eine nähere Diskussion von (6.54) zeigt, dass dies tatsächlich der Fall ist.

So bleiben wir wieder mit einem Hinweis allein: Die Vorstellung des periodischen Verhaltens aller Lösungen von (6.54) wird gestärkt, aber nicht sichergestellt. Die eben erwähnte *nähere Diskussion* jedoch übersteigt die soweit bereitgestellten mathematischen Möglichkeiten.

## 6.5 Die Winkelfunktion tg(t)

### 6.5.1 Tangens und Arcus Tangens

Die Funktion

$$\mathrm{tg}(t) := \frac{\sin(t)}{\cos(t)} \tag{6.82}$$

(sprich Tangens) bereichert in überraschender Weise die Integralrechnung. Zunächst ist sie im Intervall $\left(-\frac{\pi}{2}, \frac{\pi}{2}\right)$ definiert und hat den in Abb. 6.6 angezeigten Verlauf. Bei $-\frac{\pi}{2}$ und $\frac{\pi}{2}$ wachsen die Beträge der Funktionswerte

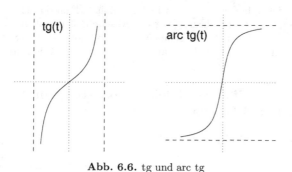

**Abb. 6.6.** tg und arc tg

über alle Grenzen (gestrichelte Linien der linken Zeichnung von Abb. 6.6). Der Tangens ist streng monoton wachsend, besitzt also eine Umkehrfunktion $\mathrm{tg}^{-1}$, welche auf ganz $\mathbb{R}$ definiert ist und den Wertebereich $\left(-\frac{\pi}{2}, \frac{\pi}{2}\right)$ besitzt (rechte Zeichnung von Abb. 6.6). Man nennt $\mathrm{tg}^{-1}$ den **Arcus Tangens** und schreibt

$$\mathrm{arc}\, \mathrm{tg}(t) := \mathrm{tg}^{-1}(t).$$

### 6.5.2 Ableitung und Stammfunktion

Wir finden

$$\frac{d}{dt}\text{tg}(t) = \frac{d}{dt}\frac{\sin(t)}{\cos(t)} = \frac{\cos(t)\cos(t) + \sin(t)\sin(t)}{\cos^2(t)}$$

und erhalten unter Verwendung von (6.82) oder (6.76) die Darstellungen

$$\frac{d}{dt}\text{tg}(t) = 1 + \text{tg}^2(t) \quad \text{oder} \quad \frac{d}{dt}\text{tg}(t) = \frac{1}{\cos^2(t)} \ . \qquad (6.83)$$

Damit liefert die Umkehrregel (Tabelle 2.6 in 2.5.3)

$$\frac{d}{dt}\text{arc tg}(t) = \frac{d}{dt}\text{tg}^{-1}(t) = \frac{1}{\text{tg}'((\text{tg})^{-1}(t))} \ .$$

Nun greifen wir auf die erste Darstellung in (6.83) zurück und finden

$$\frac{d}{dt}\text{arc tg}(t) = \frac{1}{1 + (\text{tg}((\text{tg})^{-1}(t)))^2} = \frac{1}{1 + t^2} \ . \qquad (6.84)$$

(6.83) und (6.84) geben uns die Stammfunktionen

$$\int \frac{ds}{\cos^2(s)} = \text{tg}(t), \quad \int \frac{ds}{1 + s^2} = \text{arc tg}(t). \qquad (6.85)$$

Der Leser möge bemerken, dass wir die rationale Funktion $(1 + s^2)^{-1}$ nicht mit Hilfe der Partialbruchzerlegung aus Abschnitt 3.4.5 integrieren konnten, da das Nennerpolynom keine reellen Nullstellen besitzt. Mit (6.85) lernt man, dass Winkelfunktionen zur Integration von $(1 + s^2)^{-1}$ nötig sind.

## 6.6 Lineare Differentialgleichungssysteme in der Ebene: Matrizen und Eigenwerte

### 6.6.1 Ligandenbindung

Die Grundlagen sind im Unterabschnitt 6.2.1 gelegt: Es handelt sich um das Netzwerk (6.11) mit dem zugehörigen dynamischen System (6.12), (6.13), welches hier wiederholt sei

$$\dot{e}_0(t) = -k_0 x e_0(t) + k_{-0} e_1(t),$$

$$\dot{e}_1(t) = k_0 x e_0(t) - k_{-0} e_1(t). \qquad (6.86)$$

Wir setzen nun die lineare Theorie, welche im Kapitel 5 ausgebreitet worden ist, ein und definieren dazu die Matrix

$$K = \begin{bmatrix} -k_0 x & k_{-0} \\ k_0 x & -k_{-0} \end{bmatrix} \tag{6.87}$$

und den **Zustandsvektor**

$$e(t) := (e_0(t), e_1(t)) \in \mathbb{R}^2. \tag{6.88}$$

Der Bildvektor $Ke(t)$ hat die Komponenten

$$[Ke(t)]_1 = -k_0 x e_0(t) + k_{-0} e_1(t), \quad [Ke(t)]_2 = k_0 x e_0(t) - k_{-0} e_1(t), \tag{6.89}$$

eben die rechte Seite des Systems (6.86). Mit der Einführung der **Veränderungsrate**

$$\dot{e}(t) := (\dot{e}_0(t), \dot{e}_1(t)), \quad t \geq 0$$

des Zustands (6.88) wird die kompakte Form

$$\dot{e}(t) = Ke(t) \tag{6.90}$$

von (6.86) erreicht.

Nun zu den Lösungen $\bar{e}(t)$ von (6.90). Der analytische Ausdruck steht in Abschnitt 6.2.3 (dort (6.22)), er sei hier wiederholt:

$$\bar{e}_0(t) = \frac{b}{a} - \left(\frac{b}{a} - e_0(0)\right) \exp(-at),$$

$$\bar{e}_1(t) = E - \frac{b}{a} + \left(\frac{b}{a} - e_0(0)\right) \exp(-at) \tag{6.91}$$

mit

$$a = k_0 x + k_{-0} > 0, \quad b = k_{-0} E \geq 0. \tag{6.92}$$

Offensichtlich kann (6.91) in

$$\bar{e}(t) = \begin{bmatrix} \bar{e}_0(t) \\ \bar{e}_1(t) \end{bmatrix} = \begin{bmatrix} \frac{b}{a} \\ E - \frac{b}{a} \end{bmatrix} + \left(\frac{b}{a} - e_0(0)\right) \begin{bmatrix} -1 \\ 1 \end{bmatrix} \exp(-at) \tag{6.93}$$

überführt werden (beachte die Regeln für das Rechnen mit Vektoren aus 5.3.2). Unter Verwendung von (6.92) erhält der erste Vektor auf der rechten Seite von (6.93) die Darstellung

$$\begin{bmatrix} \frac{b}{a} \\ E - \frac{b}{a} \end{bmatrix} = \frac{1}{a} \begin{bmatrix} k_{-0} E \\ (k_0 x + k_{-0}) E - k_{-0} E \end{bmatrix} = \frac{E}{a} \begin{bmatrix} k_{-0} \\ k_0 x \end{bmatrix}, \tag{6.94}$$

und (6.93) lautet dann

$$\bar{e}(t) = \frac{E}{a} \begin{bmatrix} k_{-0} \\ k_0 x \end{bmatrix} + \left(\frac{b}{a} - e_0(0)\right) \begin{bmatrix} -1 \\ 1 \end{bmatrix} \exp(-at). \tag{6.95}$$

Die Beziehung (6.95) spannt die Lösung mit Hilfe der beiden Vektoren

$$u := \begin{bmatrix} k_{-0} \\ k_0 x \end{bmatrix} \in \mathbb{R}^2, \quad v := \begin{bmatrix} -1 \\ 1 \end{bmatrix} \in \mathbb{R}^2 \tag{6.96}$$

auf. Sie stehen in einem engen Verhältnis zur Matrix $K$, welches durch die Gleichungen

$$Ku = \begin{bmatrix} -k_0 x & k_{-0} \\ k_0 x & -k_{-0} \end{bmatrix} \begin{bmatrix} k_{-0} \\ k_0 x \end{bmatrix} = \begin{bmatrix} -k_0 x k_{-0} + k_{-0} k_0 x \\ k_0 x k_{-0} - k_{-0} k_0 x \end{bmatrix} = \begin{bmatrix} 0 \\ 0 \end{bmatrix},$$

$$Kv = \begin{bmatrix} -k_0 x & k_{-0} \\ k_0 x & -k_{-0} \end{bmatrix} \begin{bmatrix} -1 \\ 1 \end{bmatrix} = \begin{bmatrix} k_0 x + k_{-0} \\ -k_0 x - k_{-0} \end{bmatrix}, \tag{6.97}$$

$$Kv = -(k_0 x + k_{-0}) \begin{bmatrix} -1 \\ 1 \end{bmatrix}$$

ausgedrückt wird. Mit den Abkürzungen

$$\lambda := -(k_0 x + k_{-0}), \ 0 := (0, 0) \text{ der sog. Nullvektor}$$

kann (6.97) kürzer geschrieben werden:

$$Ku = 0 = 0 \cdot u, \quad Kv = \lambda \cdot v. \tag{6.98}$$

Die Vektoren (6.96) werden also unter der Matrix $K$ einfach *verlängert* oder *gestaucht*, nämlich mit der Konstanten 0 bzw. $\lambda$ multipliziert!

Vektoren $x \in \mathbb{R}^2$, $x \neq$ Nullvektor, welche unter einer Matrix $A$ bis auf eine Konstante erhalten bleiben

$$Ax = \mu \cdot x \text{ für ein } \mu \in \mathbb{R},$$

heißen **Eigenvektoren** von $A$, die zugehörigen Konstanten $\mu$ werden **Eigenwerte** der Matrix $A$ genannt.

In diesem Sinne sind die Vektoren $u, v$ aus (6.96) Eigenvektoren der Matrix $K$ mit den Eigenwerten 0 bzw. $\lambda$. Mit Hilfe der Eigenwerte und Eigenvektoren von $K$ ist die Lösung des Systems (6.90) vollständig beschrieben (siehe (6.95), (6.92)):

$$\bar{e}(t) = \alpha u + \beta v \cdot \exp(\lambda t) = \alpha u \cdot \exp(0t) + \beta v \cdot \exp(\lambda t)$$

$$\alpha := \frac{E}{a}, \ \beta := \frac{b}{a} - e_0(0). \tag{6.99}$$

### 6.6.2 Lineare dynamische Systeme: Räuber-Beute-Modell

Man könnte versuchen, das in Abschnitt 6.4.1 betrachtete lineare System (6.59) analog zu behandeln. Die Gleichungen haben die Gestalt

$$\begin{bmatrix} \dot{u} \\ \dot{v} \end{bmatrix} = \begin{bmatrix} 0 & -1 \\ 1 & 0 \end{bmatrix} \begin{bmatrix} u \\ v \end{bmatrix}, \tag{6.100}$$

weil

$$\begin{bmatrix} 0 & -1 \\ 1 & 0 \end{bmatrix} \begin{bmatrix} u \\ v \end{bmatrix} = \begin{bmatrix} -v \\ u \end{bmatrix}$$

besteht. Zur Bestimmung aller Lösungen von (6.100) versuchen wir die Erkenntnisse des letzten Abschnittes zu nutzen. Im Hinblick auf (6.97) ist die Eigenwertaufgabe

$$\begin{bmatrix} 0 & -1 \\ 1 & 0 \end{bmatrix} \begin{bmatrix} x \\ y \end{bmatrix} = \lambda \begin{bmatrix} x \\ y \end{bmatrix} \tag{6.101}$$

oder gleichbedeutend

$$-y = \lambda x, \quad x = \lambda y \tag{6.102}$$

zu betrachten. (6.102) führt zu den Forderungen

$$-y = \lambda^2 y, \quad x = \lambda y, \tag{6.103}$$

wenn die zweite Gleichung in (6.102) in die erste eingesetzt wird. (6.103) lässt zwei Möglichkeiten offen: Zunächst

$$y = 0, \quad x = 0,$$

also den Nullvektor (beide Komponenten verschwinden!), welcher als Eigenvektor ausgeschlossen ist, und dann

$$y \neq 0, \quad -1 = \lambda^2, \quad x = \lambda y. \tag{6.104}$$

Die hier entstehenden Eigenvektoren lauten

$$y \begin{bmatrix} \lambda \\ 1 \end{bmatrix}, \, y \in \mathbb{R}, \quad \lambda^2 = -1. \tag{6.105}$$

Bekanntlich gibt es aber keine reelle Zahl $\lambda$, deren Quadrat mit $-1$ übereinstimmt. Wir müssen unseren Lösungsversuch abbrechen, weil die Eigenwertaufgabe (6.101) **keine reellen Lösungen** besitzt! Hier wäre ein natürlicher Übergang in die **komplexen Zahlen** nötig, der in dieser einführenden Darstellung aber nicht unternommen werden soll.

Es ist lehrreicher zu verstehen, dass im obigen Fall der Weg über die Eigenwerte gar nicht erfolgreich sein darf, führt er doch zu Lösungen der Form (6.99), welche nur aus Exponentialtermen zusammengesetzt sind. Dies ist aber unmöglich, weil wir aus dem Unterabschnitt 6.4.2 schon wissen, dass

$$\alpha \begin{bmatrix} \cos(t) \\ \sin(t) \end{bmatrix} , \ \alpha \in \mathbb{R}, \ t \in \mathbb{R} \tag{6.106}$$

Lösungen von (6.100) sind. Es ist an dieser Stelle überhaupt nicht einzusehen, warum die in (6.106) auftretenden Winkelfunktionen mit der Exponentialfunktion verwandt sein sollen. Beachte dazu nur das Langzeitverhalten: Die Lösungen (6.106) bleiben beschränkt und oszillieren, während die aus dem Eigenwertansatz resultierenden Lösungen der Form (6.99) streng monoton wachsende oder fallende Anteile zeigen, jedenfalls in keinem Fall oszillieren! Der oben schon angedeutete Weg in die komplexen Zahlen sorgt für Klärung.

### 6.6.3 Alle Lösungen von (6.100)

Zum Schluss soll der Leser **alle** Lösungen von (6.100) kennenlernen. Es stellt sich heraus, dass (6.106) ergänzt werden muss. Die Lösungsgesamtheit ist gemäß

$$\begin{bmatrix} u(t) \\ v(t) \end{bmatrix} = \alpha \begin{bmatrix} \cos(t) \\ \sin(t) \end{bmatrix} + \beta \begin{bmatrix} -\sin(t) \\ \cos(t) \end{bmatrix} , \ \alpha, \beta \in \mathbb{R}, \ t \in \mathbb{R} \tag{6.107}$$

gegeben.

**Übung 66.**
Zeige, dass alle Vektoren aus (6.107) das System (6.100) lösen. Zeige weiter, dass jede Anfangswertaufgabe

$$\begin{bmatrix} \dot{u}(t) \\ \dot{v}(t) \end{bmatrix} = \begin{bmatrix} 0 & -1 \\ 1 & 0 \end{bmatrix} \begin{bmatrix} u(t) \\ v(t) \end{bmatrix} , \ \begin{bmatrix} u(0) \\ v(0) \end{bmatrix} \in \mathbb{R}^2 \ \text{gegeben} \tag{6.108}$$

eine Lösung in der Form (6.107) besitzt. Finde einen analytischen Ausdruck für diese Lösung.

Die im letzten Teil der Aufgabe 66 ausgedrückte Tatsache besagt, dass in der Menge der analytischen Ausdrücke (6.107) für jede Anfangswertaufgabe (6.108) eine Lösung zu finden ist. Aus rein praktischen Gründen sind alle unsere Bedürfnisse damit befriedigt, haben wir doch jede Anfangswertaufgabe gelöst! Aus diesem Umstand folgt, dass sogar **alle Lösungen** von (6.100) durch die Menge der analytischen Ausdrücke (6.107) gegeben sind, ein Tatbestand, der in Abschnitt 3.6.2 schon im Falle einer skalaren Anfangswertaufgabe erwähnt und benutzt wird.

## 6.7 Biologische Evolution

### 6.7.1 Ausgangspunkt der Überlegungen

Das Zusammwirken zweier Populationen $X$ und $Y$ führt zu vielfältigen Erscheinungsformen auf der Grundlage von Mechanismen, die wir eigentlich alle gern verstehen würden. Dieser letzte Abschnitt jedoch ist bescheidener: Er unterstellt keine spezifische Situation zwischen $X$ und $Y$, geht vielmehr von allgemein einsichtigen Voraussetzungen aus und fragt nach den entstehenden Erscheinungsbildern (vgl. auch [34]). Insbesondere interessieren die Möglichkeiten von **Koexistenz** oder **ruinöser Konkurrenz** mit den zugehörigen vielfältigen Zeitbildern. Diese sind dann von Interesse, wenn im Experiment nicht nur der Endzustand (eine Population unterliegt bzw. beide Populationen erleben ein geordnetes Nebeneinander), sondern auch der zeitliche Prozess dorthin beobachtet wird.

Für einen Einstieg in unsere Untersuchungen benötigen wir zunächst eine Basis, auf der eine einzige Population hochwächst. In Kapitel 2 wurde der Mechanismus von Verhulst besprochen. Ist $x(t)$ der Umfang der Population $X$ zum Zeitpunkt $t$, so ist das Geschehen nach Verhulst durch

$$\dot{x} = xR\left(1 - \frac{x}{K}\right) , \ R > 0, \ K > 0 \tag{6.109}$$

gegeben. Am Leitfaden der zugehörigen Vorstellungen (vgl. Abschnitt 2.2.4) werde (6.109) allgemeiner gefasst: Offenbar ist (6.109) ein Sonderfall von

$$\dot{x}(t) = x(t)F(x(t)). \tag{6.110}$$

(6.109) entsteht aus (6.110) für

$$F(\eta) := R\left(1 - \frac{\eta}{K}\right) . \tag{6.111}$$

### 6.7.2 Evolution einer einzigen Population

$X$ sei eine Population, die gemäß (6.110) wächst. Die Funktion $F$ sei dreimal differenzierbar und erfülle

$$F : \{\eta \in \mathbb{R} : \eta \geq 0\} \to \mathbb{R},$$

$$F(0) > 0, \ F'(\eta) < 0, \ 2F'(\eta) + \eta F''(\eta) < 0, \ F(\eta_F) = 0 \tag{6.112}$$

für $\eta \geq 0$ und ein $\eta_F > 0$.

Im Falle von (6.111) gilt

$$F(0) = R > 0, \ F'(\eta) = -\frac{R}{K} < 0 , \ \eta \geq 0,$$

$$2F'(\eta) + \eta F''(\eta) = 2F'(\eta) < 0 \text{ für } \eta \geq 0, \tag{6.113}$$

$$F(\eta_F) = 0 \text{ für } \eta_F = K > 0.$$

Beachte, dass (6.110) exponentielles Wachstum mit einer Replikationsrate $F$, welche vom Umfang der Population $X$ abhängt, beschreibt.

Die qualitative Analyse von (6.110) ist einfach bewerkstelligt: Der Leser sei auf Abb. 6.7 verwiesen, aus der sofort die Eigenschaften

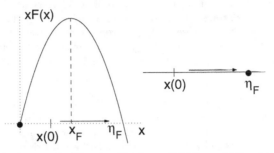

**Abb. 6.7.** Qualitative Analyse der Gleichung (6.110): $x_F$ Fußpunkt des einzigen Maximums und $\eta_F$ die zweite Nullstelle, der Phasenraum ist rechts herausgehoben

$$x(t) \text{ streng monoton wachsend für } t \geq 0,$$

$$x(t) \text{ sigmoid, falls } 0 < x(0) < x_F,$$

$$x(t) \text{ von einheitlicher Krümmung, falls } x_F < x(0), \qquad (6.114)$$

$$x(t) \to \eta_F, \text{ falls } t \to +\infty$$

für eine Lösung $x(t)$ abgelesen werden können. In (6.114) bezeichnet

$$x_F \in (0, \eta_F) \qquad (6.115)$$

den Fußpunkt des einzigen Maximums von $xF(x)$, welches nach Abb. 6.7 existiert.

**Übung 67.**
Zeige, dass unter den Voraussetzungen (6.112) eine qualitative Kurvendiskussion der Funktion $xF(x)$ zur Abb. 6.7 führt.

Es ist wichtig zu erkennen, dass die qualitativen Eigenschaften der Lösungen **nicht** geändert werden, wenn wir vom ursprünglichen Verhulst-Modell (6.109) zum allgemeineren Modell (6.110) übergehen! Quantitativ können erhebliche Unterschiede auftreten: So hängen die Fußpunkte $x_F$ und $\eta_F$ und damit die Krümmungsverhältnisse sowie das Langzeitverhalten möglicherweise stark von der gewählten Ratenfunktion $F$ ab (vgl. dazu auch (6.114)).

### 6.7.3 Replikations- und Sterberaten

Die Ratenfunktion $F$ ist in natürlicher Weise als Differenz

$$F(\eta) = r(\eta) - s(\eta) \tag{6.116}$$

eines **Replikationsanteils** $r(\eta)$ und eines **Sterbeanteils** $s(\eta)$ dargestellt [34]. Ist der Replikationsanteil konstant, so muss wegen (6.112)

$$F(\eta) = R_F - s(\eta),$$

$$R_F > 0, \ R_F > s(0), \ s'(\eta) > 0, \ 2s'(\eta) + \eta s''(\eta) > 0 \ (\text{für } \eta \geq 0), \tag{6.117}$$

$$s(\eta_F) = R_F \ (\text{für ein } \eta_F > 0)$$

gefordert werden. Im Falle eines konstanten Sterbeanteils findet man

$$F(\eta) = r(\eta) - S_F,$$

$$S_F > 0, \ r(0) > S_F, \ r'(\eta) < 0, \ 2r'(\eta) + \eta r''(\eta) < 0 \ (\text{für } \eta \geq 0), \tag{6.118}$$

$$r(\eta_F) = S_F \ (\text{für ein } \eta_F > 0),$$

wenn (6.112) beachtet wird.

Zwei Beispiele: Zunächst

$$s(\eta) = \frac{R_F}{K_F} \cdot \eta, \ K_F > 0, \ R_F > 0,$$

$$F(\eta) = R_F \left(1 - \frac{\eta}{K_F}\right), \ \eta_F = K_F, \tag{6.119}$$

also der Verhulstansatz und dann

$$r(\eta) = \frac{R_F}{1+\eta}, \ 0 < S_F < R_F,$$

$$F(\eta) = \frac{R_F}{1+\eta} - S_F, \ \eta_F = \frac{R_F - S_F}{S_F}. \tag{6.120}$$

Gemäß (6.114) wird das Langzeitverhalten durch die Größe $\eta_F$ bestimmt. Daher hängt der endgültige Umfang der Population bei der Entwicklung (6.110), (6.119) nur vom Sterbe- nicht aber vom Replikationsterm ab. Anders liegen die Verhältnisse bei einer Entwicklung (6.110), (6.120): Hier ist der endgültige Umfang der Population sowohl vom Replikations- als auch vom Sterbeterm bestimmt, nämlich

$$\eta_F = \frac{R_F - S_F}{S_F}.$$

**Übung 68.**
Zeige, dass die Ratenfunktion (6.120) die Voraussetzungen (6.118) erfüllt (vgl. dazu [34]).

### 6.7.4 Evolution zweier Populationen

Neben der Population $X$ betrachten wir nun eine zweite $Y$, welche zusammen mit $X$ wächst. Im einfachsten Fall leben beide Populationen nebeneinander, etwa gemäß

$$\dot{x}(t) = x(t)F(x(t)),$$

$$\dot{y}(t) = y(t)G(y(t)),$$

$$(6.121)$$

wenn $y(t)$ den Umfang der Population $Y$ zum Zeitpunkt $t \geq 0$ bezeichnet. Die Funktionen $F$ und $G$ sollen die allgemeinen Voraussetzungen von (6.112) erfüllen. Beide Populationen $X$ und $Y$ stören einander nicht und verhalten sich wie in (6.114) vorhergesagt, d.h. genauer

$$x(t), y(t) \text{ streng monoton wachsend für } t \geq 0$$

$$x(t), y(t) \text{ sigmoid, falls } 0 < x(0) < x_F,\ 0 < y(0) < y_G,$$

$$x(t), y(t) \text{ von einheitlicher Krümmung, falls } x_F < x(0),\ y_G < y(0),$$

$$(6.122)$$

$$x(t) \to \eta_F,\ y(t) \to \eta_G,\ \text{falls } t \to +\infty.$$

Es ist klar, dass im Allgemeinen

$$x_F \neq y_G \text{ oder } \eta_F \neq \eta_G \qquad (6.123)$$

gelten wird.

Was geschieht aber, wenn beide Populationen $X$ und $Y$ in irgendeiner Weise interagieren? In jedem Fall werden sie um den *Lebensraum* streiten. Das bedenken wir zunächst anhand der einfachen Verhulstsituation

$$F(\eta) = R_F \left(1 - \frac{\eta}{K_F}\right),\ R_F > 0,\ K_F > 0. \qquad (6.124)$$

Die zugehörige Entwicklung

$$\dot{x} = R_F x - \frac{R_F}{K_F} x \cdot x$$

begegnet als Differenz von exponentiellem Wachstum $R_F x$ und einem Term

$$\frac{R_F}{K_F} x \cdot x,$$

welcher in allgemeiner Weise das Zusammentreffen der Population $X$ mit sich selbst beschreibt. Nun wird ein Ansatzpunkt für die **Kommunikation** mit der anderen Population $Y$ sichtbar: Die **Begegnung** der Population $X$ mit $Y$ fordert einen Term

$$\frac{R_F}{K_G} x \cdot y,$$

und die Verhulstgleichung erhält die erweiterte Form

$$\dot{x} = R_F x - \frac{R_F}{K_F} x \cdot x - \frac{R_F}{K_G} x \cdot y = x R_F \left[ 1 - \left( \frac{x}{K_F} + \frac{y}{K_G} \right) \right] . \qquad (6.125)$$

An dieser Stelle ist ein Vergleich mit der ersten Gleichung aus (6.121) lehrreich: Die rechte Seite von (6.125) kann auch als

$$x R_F \left[ 1 - \frac{1}{K_F} \left( x + \frac{K_F}{K_G} \cdot y \right) \right] = x F \left( x + \frac{K_F}{K_G} \cdot y \right) ,$$

$$\text{mit } F(\eta) := R_F \left( 1 - \frac{\eta}{K_F} \right) \qquad (6.126)$$

geschrieben werden, so dass (6.125) folgendermaßen aussieht:

$$\dot{x} = x F \left( x + \frac{K_F}{K_G} y \right) . \qquad (6.127)$$

Damit ist die einfachste Interaktion zwischen den Populationen $X$ und $Y$ durch

$$\dot{x}(t) = x(t) F(\alpha_F x(t) + \beta_F y(t)),$$

$$\dot{y}(t) = y(t) G(\alpha_G x(t) + \beta_G y(t)), \qquad (6.128)$$

$$\alpha_F, \beta_F, \alpha_G, \beta_G > 0$$

gegeben (siehe auch [34]). Die Funktionen $F$ und $G$ müssen die Grundvoraussetzungen (6.112) erfüllen. In (6.128) können die Konstanten $\alpha, \beta$ zunächst allgemein reell und positiv vorgegeben werden. Aus der Herleitung von (6.126) über (6.125) werden deren mögliche Bedeutung für den biologischen Prozess sichtbar. Die beiden Populationen $X$ und $Y$ sind in (6.128) *symmetrisch* behandelt: Es herrscht die Vorstellung vor, dass beide Populationen allein gemäß (6.110), (6.112) hochwachsen. Das Gemeinsame an ihrem Schicksal wird über Begrenzungen definiert, die vom *Lebensraum im allgemeinen Sinn*, den beide Populationen $X$ und $Y$ gleichermaßen nutzen, herrühren.

Aber wie sieht die gemeinsame Entwicklung (6.128) wirklich aus? Welche Zustände $(x(t), y(t))$ sind möglich? Wir fragen nach allen Lösungen

$$(x(t), y(t)), \ t \geq 0, \ x(0) \geq 0, \ y(0) \geq 0 \qquad (6.129)$$

von (6.128) und suchen nach einer (wenigstens qualitativen) Beschreibung.

In diesem Zusammenhang ist folgendes **Resultat** von Interesse: *Jede*

*Lösung (6.129) von (6.128) existiert für alle Zeiten $t \geq 0$ und hat die Eigenschaften:*

a) $x(0) > 0$, $y(0) > 0$:

$$x(t) > 0, \ y(t) > 0 \text{ für } t \geq 0,$$

$$x(t) \to \bar{x}, \ y(t) \to \bar{y} \text{ für } t \to +\infty, \tag{6.130}$$

*wobei $(\bar{x}, \bar{y})$ das System*

$$xF(\alpha_F x + \beta_F y) = 0,$$

$$yG(\alpha_G x + \beta_G y) = 0, \tag{6.131}$$

$$x \geq 0, \ y \geq 0, \ x + y > 0$$

*löst.*

b) $x(0) = y(0) = 0$:

$$x(t) = 0, \ y(t) = 0 \text{ für } t \geq 0$$

c) $x(0) > 0$, $y(0) = 0$:

$$x(t) > 0, \ y(t) = 0 \text{ für } t \geq 0,$$

$$x(t) \to \eta_F \alpha_F^{-1} \text{ für } t \to +\infty.$$

d) $x(0) = 0$, $y(0) > 0$:

$$x(t) = 0, \ y(t) > 0 \text{ für } t \geq 0,$$

$$y(t) \to \eta_G \beta_G^{-1} \text{ für } t \to +\infty.$$

Biologische Evolution ist auch am Langzeitverhalten interessiert, will man doch wissen, ob beide Populationen nebeneinander bestehen bleiben (**Koexistenz**) oder eine von beiden ausstirbt (**ruinöse Konkurrenz**). Das **Resultat** besagt, dass die Lösungen des Systems (6.131) unsere Fragen beantworten. Wenden wir uns diesem System zu: Da ein Produkt nur verschwinden kann, wenn einer der beiden Faktoren verschwindet, liefert (6.131) die Forderungen

$$\bar{x} = 0, \ \bar{y} = 0$$

$$\text{oder: } \bar{x} = 0, \ G(\beta_G \bar{y}) = 0, \ \bar{y} > 0, \tag{6.132}$$

$$\text{oder: } F(\alpha_F \bar{x}) = 0, \ \bar{y} = 0, \bar{x} > 0,$$

oder schließlich

$$F(\alpha_F \bar{x} + \beta_F \bar{y}) = 0, \ \bar{x} > 0,$$

$$G(\alpha_G \bar{x} + \beta_G \bar{y}) = 0, \ \bar{y} > 0.$$

(6.133)

$F$ und $G$ aber erfüllen (6.112). Daher ist $\eta_F$ (bzw. $\eta_G$) die einzige positive Nullstelle von $F$ (bzw. $G$), so dass (6.132) mit

$$\bar{x} = \bar{y} = 0,$$

$$\text{oder: } \bar{x} = 0, \ \beta_G \bar{y} = \eta_G,$$

(6.134)

$$\text{oder: } \alpha_F \bar{x} = \eta_F, \ \bar{y} = 0$$

und (6.133) mit

$$\alpha_F \bar{x} + \beta_F \bar{y} = \eta_F, \ \bar{x} > 0,$$

$$\alpha_G \bar{x} + \beta_G \bar{y} = \eta_G, \ \bar{y} > 0$$

(6.135)

äquivalent ist. Der einzig biologisch interessante Fall ist

$$x(0) > 0, \ \ y(0) > 0,$$

(6.136)

damit wenigstens am Anfang beide Populationen vorhanden sind. Dann verlangt obiges **Resultat**

$$\bar{x} > 0 \text{ oder } \bar{y} > 0,$$

so dass nur

$$\bar{x} = 0, \ \bar{y} = \frac{\eta_G}{\beta_G} > 0 \text{ oder } \bar{x} = \frac{\eta_F}{\alpha_F} > 0, \ \bar{y} = 0$$

(6.137)

oder aber (6.135) übrig bleiben. Im ersten Fall von (6.137) gewinnt $Y$ gegen $X$ und im zweiten Fall $X$ gegen $Y$, veranschaulicht in der linken Zeichnung von Abb. 6.8. Sie zeigt die beiden Geradenstücke

$$\alpha_F x + \beta_F y = \eta_F,$$

$$\alpha_G x + \beta_G y = \eta_G,$$

(6.138)

$$x \geq 0, \ y \geq 0,$$

wenn das erste oberhalb vom zweiten liegt.

Sind die Geradenstücke entgegengesetzt angeordnet, so ist Abb. 6.9 zuständig. Nun gewinnt $Y$ gegen $X$ (linke Zeichnung). Koexistenz ist in der rechten Zeichung von Abb. 6.9 i.A. nicht zu erwarten, vielmehr hängt das Geschehen vom Anfangszustand

$$x(0) > 0, \ \ y(0) > 0$$

ab.

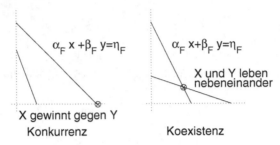

**Abb. 6.8.** Phasenebene einer Evolution (6.128) zweier Populationen: Möglichkeit von ruinöser Konkurrenz und Koexistenz. Umfang der X-Population auf der *waagerechten Achse*, Umfang der Y-Population auf der *senkrechten* Achse

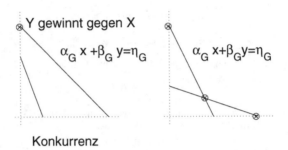

**Abb. 6.9.** Phasenebene einer Evolution (6.128) zweier Populationen: Möglichkeit von ruinöser Konkurrenz. Umfang der X-Population auf der *waagerechten Achse*, Umfang der Y-Population auf der *senkrechten Achse*

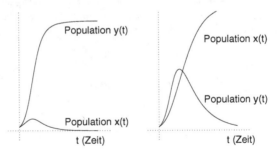

**Abb. 6.10.** Zeitbilder einer Evolution (6.128) zweier Populationen: X oder Y stirbt aus. Zur *linken Zeichnung* gehört das Phasenbild der Abb 6.9, zur *rechten Zeichnung* jenes von Abb. 6.8 (dort jeweils das linke Bild!)

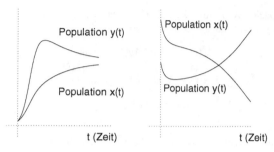

**Abb. 6.11.** Zeitbilder einer Evolution (6.128) zweier Populationen: X und Y existieren nebeneinander (*linkes Bild*, Abb.6.8 *rechts* ist die zugehörige Phasenebene), X stirbt aus (*rechtes Bild*, Abb.6.9 *rechts* ist die zugehörige Phasenebene)

Abschließend sehen wir uns Zeitbilder an, die auf der Grundlage der verschiedenen Phasenbilder der Abb. 6.8 und 6.9 entstehen können. Die linke Zeichnung von Abb. 6.11 veranschaulicht die Möglichkeit der Koexistenz. Alle anderen Zeichnungen stellen verschiedene Weisen der ruinösen Konkurrenz dar: Die schließlich aussterbende Population kann anfänglich wachsen (Abb.6.10), beide Populationen mögen ebenso gut zunächst fallen (Abb.6.11).

So enden unsere Überlegungen mit einer Vielfalt möglicher Erscheinungsformen, in der theoretischen Sache aber offen. Sie weisen auf weitere notwendige Untersuchungen hin: Die Begründung des **Resultats** führt in eine grundsätzliche Diskussion allgemeiner Systeme

$$\dot{x}(t) = f(x(t), y(t)),$$

$$\dot{y}(t) = g(x(t), y(t)),$$

(6.139)

die ihre Rückführung auf die Behandlung skalarer Gleichungen und somit auf die Theorie von Kapitel 3 betrifft. Alle Systeme (wirklich **alle**?) des auslaufenden Kapitels gehen über einen **Erhaltungssatz** auf den skalaren Fall zurück. Ist das vielleicht **immer** möglich, wenn ein System (6.139) vorliegt? Im Falle von (6.128) wurde kein Erhaltungssatz formuliert!

## 6.8 Übungsaufgaben

### Übung 69.
Gegeben sei die reversible Reaktion

$$X + Y \underset{k_{-0}}{\overset{k_0}{\rightleftharpoons}} Z, \; k_0 > 0, \; k_{-0} > 0$$

mit den Spezies $X, Y$ und $Z$. Seien $x(t), y(t), z(t)$ die Konzentrationen von $X, Y, Z$ zum Zeitpunkt $t \geq 0$. Begründe, dass die dynamischen Gleichungen

$$\dot{x}(t) = -k_0 x(t) y(t) + k_{-0} z(t),$$
$$\dot{y}(t) = -k_0 x(t) y(t) + k_{-0} z(t),$$
$$\dot{z}(t) = k_0 x(t) y(t) - k_{-0} z(t)$$

die Evolution von $X, Y, Z$ beschreiben.

## Übung 70.
Gegeben sei das System aus Aufgabe 69. Sei $(\bar{x}(t), \bar{y}(t), \bar{z}(t))$, $t \geq 0$ eine Lösung. Zeige:

$$\bar{x}(t) + \bar{z}(t) = \bar{x}(0) + \bar{z}(0), \quad t \geq 0,$$
$$\bar{y}(t) + \bar{z}(t) = \bar{y}(0) + \bar{z}(0), \quad t \geq 0,$$
$$\bar{x}(t) - \bar{y}(t) = \bar{x}(0) - \bar{y}(0), \quad t \geq 0.$$

## Übung 71.
Gegeben sei das System aus Aufgabe 69. Sei $(\bar{x}(t), \bar{y}(t), \bar{z}(t))$, $t \geq 0$ eine Lösung. Zeige:

$$\dot{\bar{x}}(t) = -k_0 \bar{x}(t)(\bar{x}(t) - \alpha) + k_{-0}(\beta - \bar{x}(t)),$$
$$\dot{\bar{y}}(t) = -k_0 (\bar{y}(t) + \alpha)\bar{y}(t) + k_{-0}(\gamma - \bar{y}(t)),$$
$$\dot{\bar{z}}(t) = k_0 (\beta - \bar{z}(t))(\gamma - \bar{z}(t)) - k_{-0}\bar{z}(t),$$

wenn

$$\alpha := \bar{x}(0) - \bar{y}(0), \ \beta := \bar{x}(0) + \bar{z}(0), \ \gamma := \bar{y}(0) + \bar{z}(0) = \beta - \alpha$$

gesetzt werden.

## Übung 72.
Analysiere die erste Gleichung

$$\dot{x}(t) = -k_0 x(t)(x(t) - \alpha) + k_{-0}(\beta - x(t)) =: f(x(t))$$

aus Aufgabe 71 qualitativ:

**(a)** Zeichne $f(x)$ qualitativ,
**(b)** bestimme die stationären Punkte,
**(c)** bestimme die Monotonieverhältnisse aller Lösungen $\bar{x}(t)$ mit $\bar{x}(0) \geq 0$.

## Übung 73.
Beschreibe alle Lösungen des Systems von Aufgabe 69 qualitativ, wenn $x(0) \geq 0$, $y(0) \geq 0$ und $z(0) \geq 0$ gelten.
**Anleitung**: Verwende Aufgaben 70 und 72.

## Übung 74.
Finde einen analytischen Ausdruck für die Lösung der Gleichung aus Aufgabe 72.

**Übung 75.**
Finde einen analytischen Ausdruck für die Komponenten $\bar{x}(t), \bar{y}(t), \bar{z}(t)$ der Lösungen des Systems aus Aufgabe 69.

**Übung 76.**
Löse das Fläschchensystem

$$\dot{x}(t) = -\frac{1}{\gamma}x(t)y(t), \ \dot{y}(t) = x(t)y(t), \ x(0) \geq 0, \ y(0) \geq 0$$

(vgl. (6.39) mit $\mu(x) = x$!!) qualitativ und quantitativ.

**Übung 77.**
Finde analytische Ausdrücke für die Lösungen von

(a) $\dot{\bar{y}}(t) = -k_0(\bar{y}(t) + \alpha)\bar{y}(t) + k_{-0}(\gamma - \bar{y}(t)),$

(b) $\dot{\bar{z}}(t) = k_0(\beta - \bar{z}(t))(\gamma - \bar{z}(t)) + k_{-0}\bar{z}(t)$

aus Aufgabe 71, falls $\beta k_0 > k_{-0}$.
**Anleitung**: Nutze die Lösungen der Übungen 70 und 72.

# Lösungen der Übungsaufgaben

## 7.1 Lösungen zum Kapitel 2

**Übung 1.**
Finde: $f : i \to t_i$ als linke und $g : t_i \to \bar{v}_i$ als rechte Zeichnung in Abb. 7.1. Es folgt die Wertetabelle für $g$:

| $t_j$ | 0 | 14 | 28 | 35 | 42 |
|---|---|---|---|---|---|
| $Q[(t_j, t_{j+1})]$ | 0.00000 | 0.00000 | 0.14286 | 2.00000 | 6.85714 |

| $t_j$ | 49 | 63 | 77 | 91 | 105 |
|---|---|---|---|---|---|
| $Q[(t_j, t_{j+1})]$ | 3.85714 | 0.78571 | 3.21429 | 2.14286 | 4.00000 |

| $t_j$ | 119 | 133 | 147 | 161 | 175 |
|---|---|---|---|---|---|
| $Q[(t_j, t_{j+1})]$ | 2.92857 | 2.00000 | $-1.07143$ | 1.28571 | 1.21429 |

| $t_j$ | 189 | 203 | 231 | 245 | 259 |
|---|---|---|---|---|---|
| $Q[(t_j, t_{j+1})]$ | $-1.28571$ | 0.03571 | 0.14286 | $-0.35714$ | |

**Übung 2.**
Zur geforderten Zeichnung vgl. Abb. 7.2: Die Kurve 0 zeigt $x(t) = t^3$ in $[0, 0.25]$, die Gerade $i$ geht durch den Ursprung und hat die Steigung $\bar{v}_i$, $i = 2, 4, 6, 8$.

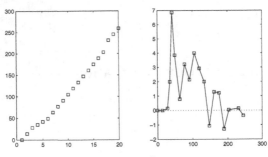

**Abb. 7.1. zu Übung 1**

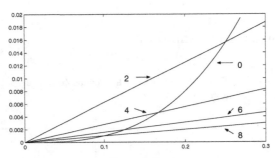

**Abb. 7.2. zu Übung 2**

## Übung 3.

| $i$ | 0 | 1 | 2 | 3 | 4 | 5 |
|---|---|---|---|---|---|---|
| Anzahl $= \frac{5!}{i!(5-i)!}$ | $\frac{5!}{5!} = 1$ | $\frac{5!}{4!} = 5$ | $\frac{5!}{2!3!} = \frac{3\cdot4\cdot5}{2\cdot3} = 10$ | $\frac{5!}{3!2!} = 10$ | $\frac{5!}{4!1!} = 5$ | $\frac{5!}{5!} = 1$ |

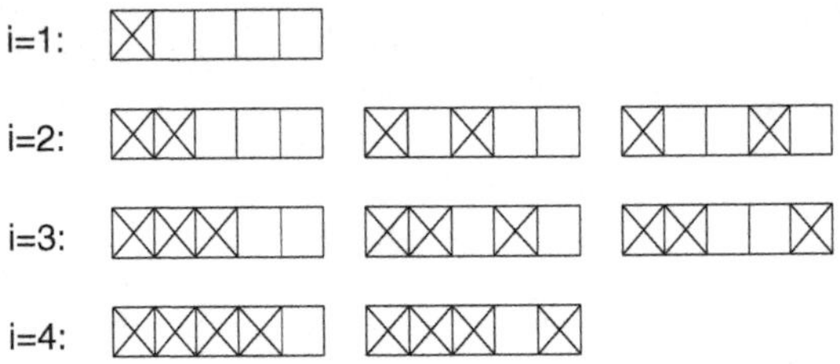

i=1: ▨☐☐☐☐

i=2: ▨▨☐☐☐    ▨☐▨☐☐    ▨☐☐▨☐

i=3: ▨▨▨☐☐    ▨▨☐▨☐    ▨▨☐☐▨

i=4: ▨▨▨▨☐    ▨▨▨☐▨

**Abb. 7.3.** einige Möglichkeiten zu **Übung 3**

**Übung 4.**

Nach (2.14) gilt

$$\frac{N!}{(N-k)!} = (N-k+1)\cdot(N-k+2)\cdots N,$$

$$\frac{(N+k)!}{N!} = (N+1)(N+2)\cdots(N+k). \tag{7.1}$$

Ferner bestehen

$$-k < 0, \text{ also auch } N-k+j < N+j, \ j = 1,\ldots,k \text{ (beachte } k \ge 1).$$

Dann aber ist

$$(N-k+1)(N-k+2) < (N+1)(N-k+2) < (N+1)(N+2)$$

nach der 3. Regel (2.25) und im nächsten Schritt

$$(N-k+1)(N-k+2)(N-k+3) < (N+1)(N+2)(N-k+3)$$

$$< (N+1)(N+2)(N+3).$$

Nach endlich vielen Schritten wird

$$\frac{N!}{(N-k)!} = (N-k+1)\cdots N < (N+1)\cdots(N+k) = \frac{(N+k)!}{N!}$$

erreicht (vgl. (7.1)).

**Übung 5.**

Setze $R := M - N_1$ und finde $R = M - N_1 = -M + N_2$ wegen $2M = N_1 + N_2$. Damit bestehen zugleich $N_1 = M - R$, $N_2 = M + R$ sowie $0 < R \le M$ (weil $0 \le N_1 < M$) und nach Übung 4 folgt $M!M! < (M+R)!(M-R)! = N_1!N_2!$, weil $R = M - N_1 > 0$.

**Übung 6.**

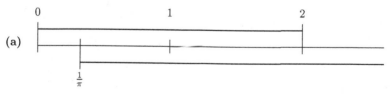

(b) $\frac{1}{\pi}$, $\frac{\pi}{2}$.

**Übung 7.**
(a) $(f \circ g)(x) = \exp(-2x)$, $(g \circ f)(x) = \exp\left(\frac{2}{x}\right)$, $x \neq 0$.
(b) $(f \circ g)(x) = \exp(-(x^2 + 1)^2)$, $(g \circ f)(x) = 1 + \exp(-2x^2)$.


**Übung 8.**
(a) Die Definitionsbereiche sind:
    $[-1, 5]$ für $f$, $\{x \in \mathbb{R} : x \neq -1,\ x \neq 2\}$ für $g$, $[-1, 5]$ ohne die Null für $h$.
    Die verlangte Zeichnung liegt als Abb. 7.4 vor.

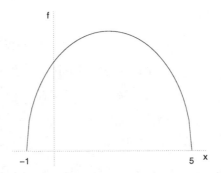

**Abb. 7.4.** Qualitative Zeichnung von $f$ zu **Übung 8**

(b) Wegen $t \geq 0$ folgt sofort $t < t^2 + t + 1$ und somit $x(t) = \frac{t}{t^2+t+1} < 1$.
    Wegen $x(0) = 0$ ist die Null die einzige natürliche Zahl im Wertebereich
    von $x(t)$.


**Übung 9.**

Es gibt $\binom{N}{i}$ Komplexe mit genau $i$ Bindungen bei $N$ vorhandenen Plätzen.
Dies kann für $i = 0, 1, \ldots, N$ geschehen. So erhält man insgesamt

$$\sum_{i=0}^{N} \binom{N}{i} = \sum_{i=0}^{N} \binom{N}{i} 1^i \cdot 1^{N-i} = (1 + 1)^N = 2^N$$

Komplexe.


**Übung 10.**
(a) Es ist $x(x^{-1}(t)) = t$, $x'(x^{-1}(t))(x^{-1})'(t) = 1$, so dass die Behauptung
    folgt.

**(b)** Für $x(t) = t^N$ gilt $x^{-1}(t) = t^{\frac{1}{N}}$, denn $(t^N)^{\frac{1}{N}} = (t^{\frac{1}{N}})^N = t^{\frac{1}{N} \cdot N} = t$. Daher wird

$$(x^{-1})'(t) = \frac{1}{x'(x^{-1}(t))} = \frac{1}{x'(t^{\frac{1}{N}})} = \frac{1}{N(t^{\frac{1}{N}})^{N-1}} = \frac{1}{N} \cdot t^{\frac{1}{N}-1}.$$

Die verlangten Zeichnungen findet der Leser in Abb. 7.5 (linkes Bild):

Kurve 1: $2 \cdot t = x'(t)$ $\qquad$ Kurve 2: $t^2 = x(t)$

Kurve 3: $\sqrt{t} = x^{-1}(t)$ $\qquad$ Kurve 4: $\frac{1}{2\sqrt{t}} = (x^{-1})'(t)$

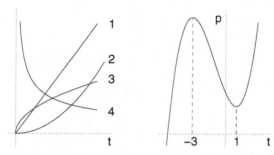

**Abb. 7.5.** zu **Übung 10** (*links*), zu **Übung 11** (*rechts*)

**Übung 11.**
Vgl. rechte Zeichnung von Abb. 7.5.

**Übung 12.**
Es bestehen:

$$K_0 = 0 : Y_N(x) = 0, \ x \geq 0, \ N = 1, 2;$$

$$K_0 > 0, \ K_1 = 0 : Y_N(x) = \frac{K_0 x}{1 + K_0 x}, \ x \geq 0, \ N = 1, 2;$$

$$K_0 > 0, \ K_1 > 0 : Y_1(x) = \frac{K_0 x}{1 + K_0 x}, \ x \geq 0,$$

$$Y_2(x) = \frac{K_0 x(1 + K_1 x)}{1 + K_0 x(1 + K_1 x)}, \ x \geq 0.$$

Für eine graphische Darstellung vgl. Abb. 7.6: Die linke Zeichnung zeigt $Y_1$ (oder $Y_2$) qualitativ für $K_1 < K_0$ und die beiden anderen Zeichnungen $Y_2$ im

Falle von $K_1 > K_0$ qualitativ. Die mittlere Zeichnung ist ein Ausschnitt am Nullpunkt und hebt den Wendepunkt hervor, während die rechte Zeichnung denselben Graphen für große $x$-Werte zeigt. Hier wird die Sättigung herausgestellt.

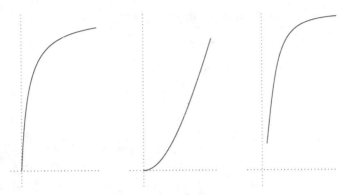

**Abb. 7.6.** zu Übung 12

**Übung 13.**

(i)   wahr: $0 \leq x+1 < x+2 \Rightarrow (x+1)^2 < (x+2)^2 < (x+2)^4$,
      weil $1 \leq (x+1)+1 = x+2$.

(ii)  wahr: $|x+1| = x+1 \leq x+2 < (x+2)^4$, weil $1 \leq x+2$ wegen $x+1 \geq 0$.

(iii) wahr: für $n = 1$ ist $n - \frac{1}{2} = \frac{1}{2}$, $n + \frac{3}{2} = \frac{5}{2}$ und $(\frac{1}{2})^2 = \frac{1}{4} < \frac{25}{4} \cdot \frac{5}{2} = (\frac{5}{2})^3$.

(iv)  wahr: $n! = m!(m+1)\cdots n$ und $m+j > 1$ für $j = 1,\ldots,n-m$ implizieren die Behauptung.

**Übung 14.**

(a) $M = (-\infty, -\frac{1}{6}]$.

(b) $M$ besteht aus $[1, +\infty)$ und $(-\infty, -1]$.

(c) $M = [0, 2]$.

**Übung 15.**

Definitionsbereich $= \{x \in \mathbb{R} : x \neq 2\}$, ferner gilt $h(x) \to -72$ für $x \to +\infty$.

**Übung 16.**

$f : [-1, 3]$,  $g : \{x \in \mathbb{R} : x \neq 1, x \neq -1\}$,  $h : \{x \in \mathbb{R} : x \in (-1, 3], x \neq 1\}$.
Finde die qualitative Zeichnung für $f(x)$ als Abb. 7.8.

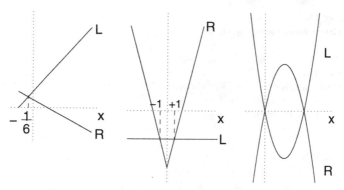

**Abb. 7.7.** zu **Übung 14 (a)** *linke* Abbildung, **(b)** *mittlere* Abbildung, **(c)** *rechte* Abbildung

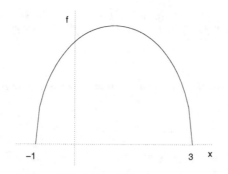

**Abb. 7.8.** zu **Übung 16**

**Übung 17.**
**(a)** $|x|^7\sqrt{x}$,
**(b)** $|x|y^2$,
**(c)** $\sum\limits_{i=1}^{3}\binom{4}{i-1}2^i = 2\sum\limits_{j=0}^{2}\binom{4}{j}2^j = 2(2+1)^4 - 2\left(\binom{4}{3}2^3 + \binom{4}{4}2^4\right) =$
$2\cdot 3^4 - 2(4\cdot 2^3 + 2^4) = 2(3^4 - 2^5 - 2^4) = 66$,
**(d)** $(3-5)^N - (-5)^N = (-1)^N(2^N - 5^N)$,
**(e)** $\sum\limits_{i=1}^{9}\binom{10}{i-1} = \sum\limits_{j=0}^{8}\binom{10}{j} = \sum\limits_{j=0}^{10}\binom{10}{j} - \binom{10}{9} - \binom{10}{10} = 2^{10} - 11$,
**(f)** $(5+(-3))^N = 2^N$.

**Übung 18.**
Die Grenzwerte lauten: $\frac{5}{2}$, $1$, $2^N$.

**Übung 19.**
(a) Definitionsbereich: $\mathbb{R}$, Wertebereich: $\{\eta \in \mathbb{R} : \eta \geq 0\}$.
(b) $(g \circ f)(x) = \exp(4\ln(\sqrt{2x^2 + 1})) = (2x^2 + 1)^2$.
(c) Definitionsbereich für $h \circ g$: $\mathbb{R}$.

**Übung 20.**
(I)     $\frac{6!}{3!3!} = \frac{4 \cdot 5 \cdot 6}{1 \cdot 2 \cdot 3} = 20$, $\frac{12!}{4!4!4!} = 34650$.
(II)    $\frac{6!}{4!2!} = \frac{5 \cdot 6}{1 \cdot 2} = 15$, $\frac{12!}{8!2!2!} = \frac{9 \cdot 10 \cdot 11 \cdot 12}{1 \cdot 2 \cdot 1 \cdot 2} = 2970$.

**Übung 21.**
$(f \cdot g \cdot h)' = f' \cdot (g \cdot h) + f \cdot (g \cdot h)' = f' \cdot g \cdot h + f \cdot (g' \cdot h + g \cdot h')$,
$(f \cdot g)'' = (f' \cdot g + f \cdot g')' = f'' \cdot g + f' \cdot g' + f' \cdot g' + f \cdot g''$.

**Übung 22.**
$E = kx \cdot e_0(x) + e_0(x) = e_0(x)(1 + kx)$ oder $e_0(x) = \frac{E}{1+kx}$, $e_1(x) = kx \cdot e_0(x) = E \cdot \frac{kx}{1+kx}$.

**Übung 23.**
Nein, weil $2 = \frac{a+3}{-1} = -a - 3$, also $a = -5 < 0$ sein würde.

Ja, weil $x(t) = \frac{b + \exp(-t)^2}{1 + 2\exp(-t)^2} \xrightarrow{t \to +\infty} b$ und daher $b = 3$ möglich ist.

**Übung 24.**
(a) $x'(t) = \frac{1}{2\sqrt{t}}(1 + \exp(\sqrt{t}))$.
(b) $x'(t) = \frac{2t}{3t^3 + 2t + 1} \cdot \frac{2t(9t^2 + 2) - 2(3t^3 + 2t + 1)}{4t^2} = \frac{18t^3 + 4t - 6t^3 - 4t - 2}{2t(3t^3 + 2t + 1)} = \frac{6t^3 - 1}{t(3t^3 + 2t + 1)}$.
(c) $x'(t) = \frac{(t+1)4t - 2t^2 + 1}{(t+1)^2} = \frac{2t^2 + 4t + 1}{(t+1)^2}$.
(d) $x'(t) = \frac{t \exp(t^2)}{\sqrt{\exp(t^2) + 2}}$.

**Übung 25.**
(a) Ein Extremum am Wendepunkt von $L(t)$.
(b) $L'(t) \to 0$ für $t \to +\infty$.

**Übung 26.**
Nur 3. und 4. sind falsch.

## 7.2 Lösungen zum Kapitel 3

**Übung 27.**
$\dot{\bar{x}}(t) = \frac{x_0 \cdot x_0}{(1 - tx_0)^2} = \bar{x}(t)^2$, $\bar{x}(0) = x_0$; $2x_0 = \bar{x}(\bar{t}) = \frac{x_0}{1 - \bar{t}x_0}$, $2x_0(1 - \bar{t}x_0) = x_0$,
$1 - 2\bar{t}x_0 = 0$, $\bar{t} = \frac{1}{2x_0}$.

**Übung 28.**
$0 = f(x) = x^2(x^2 - 5x + 6) \exp(-x)$, also

$$x^2 = 0 \text{ oder } x^2 - 5x + 6 = 0, \tag{7.2}$$

weil $\exp(-x) > 0$ für alle reellen $x$. (7.2) aber liefert

$$x = 0 \text{ oder } x = 3 \text{ oder } x = 2.$$

**Übung 29.**
$\frac{d}{dt}\left[\frac{1}{\beta - \alpha} \cdot \ln\left(\frac{\beta - t}{\alpha - t}\right)\right] = \frac{1}{\beta - \alpha} \cdot \frac{\alpha - t}{\beta - t} \cdot \frac{-(\alpha - t) + \beta - t}{(\alpha - t)^2} = \frac{1}{\beta - \alpha} \cdot \frac{\beta - \alpha}{(\beta - t)(\alpha - t)} = \frac{1}{(\beta - t)(\alpha - t)}$.

**Übung 30.**
Setze $\bar{\beta} = \beta - x(0)$, $\bar{\alpha} = \alpha - x(0)$, $\gamma = \beta - \alpha$, dann ist

$$x(t) = \frac{\alpha\bar{\beta} - \beta\bar{\alpha}\exp(-\gamma t)}{\bar{\beta} - \bar{\alpha}\exp(-\gamma t)} \tag{7.3}$$

abzuleiten.

$$\dot{x}(t) = \frac{(\bar{\beta} - \bar{\alpha}\exp(-\gamma t))\gamma\beta\bar{\alpha}\exp(-\gamma t) - (\alpha\bar{\beta} - \beta\bar{\alpha}\exp(-\gamma t))\gamma\bar{\alpha}\exp(-\gamma t)}{(\bar{\beta} - \bar{\alpha}\exp(-\gamma t))^2}$$

$$= \frac{\gamma\bar{\alpha}\bar{\beta}\exp(-\gamma t)(\beta - \alpha)}{(\bar{\beta} - \bar{\alpha}\exp(-\gamma t))^2} = \bar{\alpha}\bar{\beta}\gamma^2 \cdot \frac{\exp(-\gamma t)}{(\bar{\beta} - \bar{\alpha}\exp(-\gamma t))^2} . \tag{7.4}$$

Andererseits findet man mit (7.3)

$$\alpha - x(t) = \frac{\alpha(\bar{\beta} - \bar{\alpha}\exp(-\gamma t)) - \alpha\bar{\beta} + \beta\bar{\alpha}\exp(-\gamma t)}{\bar{\beta} - \bar{\alpha}\exp(-\gamma t)}$$

$$= \frac{\bar{\alpha}(\beta - \alpha)\exp(-\gamma t)}{\bar{\beta} - \bar{\alpha}\exp(-\gamma t)} = \frac{\bar{\alpha}\gamma\exp(-\gamma t)}{\bar{\beta} - \bar{\alpha}\exp(-\gamma t)} \tag{7.5}$$

sowie

$$\beta - x(t) = \frac{\beta(\bar\beta - \bar\alpha \exp(-\gamma t)) - \alpha\bar\beta + \beta\bar\alpha \exp(-\gamma t)}{\bar\beta - \bar\alpha \exp(-\gamma t)} = \frac{\bar\beta\gamma}{\bar\beta - \bar\alpha \exp(-\gamma t)}.$$

Dies zusammen mit (7.5) liefert

$$(\alpha - x(t))(\beta - x(t)) = \frac{\bar\alpha\bar\beta\gamma^2 \cdot \exp(-\gamma t)}{(\bar\beta - \bar\alpha \exp(-\gamma t))^2} = \dot x(t),$$

wenn (7.4) Beachtung findet.

### Übung 31.
Sei $x(\theta) = -\frac{1}{k} \exp(-k\theta)$, dann ist $x'(\theta) = -\frac{1}{k}(-k) \exp(-k\theta) = \exp(-k\theta)$, also der Integrand von (3.64).

### Übung 32.
**(a)** $\dot x(t) = -bc \exp(-ct) = -c(x(t) - a)$.
**(b)** $x_0 = x(0) = a + b$ also $b = x_0 - a$ und daher $x(t) = a + (x_0 - a) \exp(-ct)$.
$c = a = 1$ liefert $x(t) = 1 + (x_0 - 1) \exp(-t)$.
$x_0 < 1 : x(t)$ streng monoton wachsend,
$x_0 > 1 : x(t)$ streng monoton fallend,
$x_0 = 1 : x(t) = 1$ für $t \in \mathbb{R}$.
In jedem Fall besteht $x(t) \to 1$ für $t \to +\infty$.
Die geforderte Zeichnung findet der Leser als linkes Bild von Abb. 7.9.

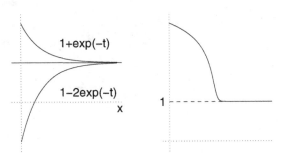

**Abb. 7.9.** zu **Übung 32** (*linkes* Bild), **Übung 36** (*rechtes* Bild)

### Übung 33.
$0 = f(x) = x(1 - x)(x^2 - 5x + 6) \exp(x)$ bedeutet $x = 0$ oder $x = 1$ oder

$0 = x^2 - 5x + 6 = \left(x - \frac{5}{2}\right)^2 + 6 - \frac{25}{4}$ also $x = 0$ oder $x = 1$ oder $x = 2$ oder $x = 3$.

**Übung 34.**

$v(\eta) = -\frac{\eta}{1+\eta}$, $T_i(t) = i - \frac{i}{1+i} \cdot t = i\left[1 - \frac{t}{1+i}\right]$, $i = 0, 1, 2, 3$, zur Zeichnung siehe Abb. 7.10.

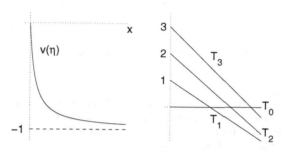

**Abb. 7.10.** zu **Übung 34**

**Übung 35.**

**(a)** Stationäre Punkte: $x = 0$ (stabil) und $x = 4$ (instabil). Vgl. Abb. 7.11 (rechtes Bild).

**(b)** $f'(x) = -5(x-4)^2 - 10x \cdot (x-4) = -5(x-4)(3x-4)$ mit den Nullstellen $x = 4$ und $x = \frac{4}{3}$. Daher tritt für $\frac{4}{3} < x(0) < 4$ ein Wendepunkt auf, da der Orbit nach der rechten Zeichnung von Abb. 7.11 den Punkt $x_{tief}$ mit $f'(x_{tief}) = 0$ passieren muß.

**(c)** Vgl. die linke Zeichnung der Abb. 7.11.

**Übung 36.**

Vgl. die rechte Zeichnung der Abb. 7.9 und beachte den Wendepunkt des Orbits unserer Lösung, der nach der Berechnung der Nullstellen von $f'(\eta)$ mit der rechten Seite $f(\eta) = \eta(1 - \eta) \cdot exp(-3\eta)$ erscheint und kleiner ist als der Anfangspunkt $x(0) = 3$ unseres Orbits. Die Kurvendiskussion von $f(\eta)$ zeigt überdies, daß der Orbit monoton fällt und daher die Nullstelle von $f'(\eta)$ trifft.

**Übung 37.**

Mit $f(x) = -x^2 + 2x$ für (i), $f(x) = \frac{1-x^2}{1+x^2}$ für (ii) und $f(x) = 2 - x$ für (iv)

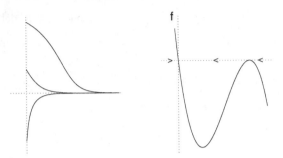

**Abb. 7.11.** zu **Übung 35 (c)** (*linkes* Bild), zu **Übung 35 (a)** (*rechtes* Bild)

bestehen die Zeichnungen der Abb. 7.12.
Die Lösungen von (ii) und (iv) haben keinen Wendepunkt und die Lösung von (iii) erfüllt nicht die Anfangsbedingung $y(0) = 0$. Die Lösung von (i) schließlich lautet $x(t) = 0$ für $t \in \mathbb{R}$. So kann $y(t)$ aus Abb. 3.9 keine der angegebenen Anfangswertaufgaben lösen.

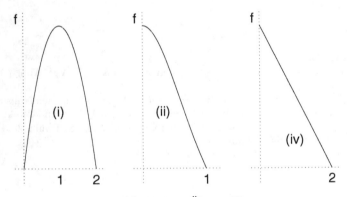

**Abb. 7.12.** zu **Übung 37**

**Übung 38.**
Wegen $\int \frac{ds}{s(s-3)} = \int \frac{ds}{-s(3-s)} = \frac{1}{3} \ln \left( \frac{3-\sigma}{-\sigma} \right)$ (verwende Partialbruchzerlegung aus 3.4.5) lautet die implizite Gleichung $\frac{1}{3} \ln \left( \frac{3-x(t)}{x(t)} \cdot \frac{x(0)}{3-x(0)} \right) = t$. Wir rechnen mit $x(0) = 2$

$$\ln \left( 2 \cdot \frac{3 - x(t)}{x(t)} \right) = 3t, \ 6 - 2x(t) = x(t) \exp(3t), \ x(t)(2 + \exp(3t)) = 6$$

und finden $\bar{x}(t) = \frac{6}{2+\exp(3t)}$, $t \geq 0$. Probe: $\bar{x}(0) = \frac{6}{3} = 2$.

$$\dot{\bar{x}}(t) = \frac{-6 \cdot 3\exp(3t)}{(2+\exp(3t))^2} = -\bar{x}(t)\frac{3\exp(3t)}{2+\exp(3t)}$$

$$= -\bar{x}(t)\left(3 - \frac{6}{2+\exp(3t)}\right) = \bar{x}(t)(\bar{x}(t) - 3).$$

(7.6)

Wendepunkt: $\dot{\bar{x}}(t) = \bar{x}(t)(\bar{x}(t) - 3)$, $\ddot{\bar{x}}(t) = \dot{\bar{x}}(t)(\bar{x}(t) - 3) + \bar{x}(t)\dot{\bar{x}}(t) = \dot{\bar{x}}(t)(2\bar{x}(t) - 3)$. Wegen (7.6) ist $\dot{\bar{x}}(t) < 0$, so dass $\ddot{\bar{x}}(t) = 0$ für $\bar{x}(t) = 1.5$, d.h. $\frac{6}{2+\exp(3t_w)} = \frac{3}{2}$, $12 = 6 + 3\exp(3t_w)$, $2 = \exp(3t_w)$. Der Wendepunkt tritt zur Zeit $t_w = \frac{1}{3}\ln(2)$ auf.

**Übung 39.**
Wegen $\int s^{-4}ds = -\frac{1}{3}\sigma^{-3}$ lautet die implizite Gleichung $-\frac{1}{3}x(t)^{-3} + \frac{1}{3}x(0)^{-3} = -t$, $-x(t)^{-3} = -3t - 8^{-3}$, $x(t)^3 = \frac{1}{8^{-3}+3t}$, $x(t) = \frac{1}{\sqrt[3]{8^{-3}+3t}} = \frac{8}{\sqrt[3]{1+3\cdot8^3t}}$. Probe: $x(0) = 8$, $\dot{x}(t) = -\frac{8}{3}\cdot(1+3\cdot8^3t)^{-\frac{4}{3}}\cdot3\cdot8^3 = -[8\cdot(1+3\cdot8^3t)^{-\frac{1}{3}}]^4 = -x(t)^4$; $x(1) = \frac{8}{\sqrt[3]{1+3\cdot8^3}}$.

**Übung 40.**
(i)   $F(t) = t + \frac{1}{2}t^2 + \frac{1}{5}t^5$,
(ii)  $F(t) = \exp(t) + \frac{2}{5}t^{\frac{5}{2}}$,
(iii) $F(t) = -t^{-1} - 2\ln(t) - t + \frac{1}{6}(2t+1)^3 + t^{3.5}$,
(iv)  $F(t) = \frac{1}{20}(5t+4)^4 + \frac{1}{6}\exp(6t)$.

**Übung 41.**
(a) $0 = x^2 + 6x - 7 = (x+3)^2 - 16$ also $x_1 = 1$, $x_2 = -7$, $\int_2^5 \frac{dx}{x^2+6x-7} = \int_2^5 \frac{dx}{(x-1)(x+7)} = \left[\frac{1}{8}\ln\left(\frac{t-1}{7+t}\right)\right]_2^5 = \frac{1}{8}\ln\left(\frac{4}{12}\cdot9\right) = \frac{1}{8}\ln(3)$.
(b) $\int \frac{x+3}{x(x+1)}dx = \int^t \frac{dx}{x+1} + 3\cdot\int^t \frac{dx}{x(x+1)} = \ln(t+1) + 3\cdot\ln\left(\frac{t}{1+t}\right) = 3\cdot\ln(t) - 2\cdot\ln(1+t)$.

**Übung 42.**
(a) $f(x) = \frac{(x^2-5)(x^2+5)}{(x^3+3x^2-5x-15)(x^2+5)} = \frac{x^2-5}{x^2(x+3)-5(x+3)} = \frac{x^2-5}{(x+3)(x^2-5)} = \frac{1}{x+3}$.
   Daher ist $\ln(x+3)$ eine Stammfunktion für $f(x)$.
(b) $\int_{-1}^1 \frac{x+3}{(x^2-9)(x-4)}dx = \int_{-1}^1 \frac{dx}{(x-3)(x-4)} = \left[\ln\left(\frac{4-t}{3-t}\right)\right]_{-1}^1 = \ln\left(\frac{3}{2}\cdot\frac{4}{5}\right) = \ln\left(\frac{6}{5}\right)$.

**Übung 43.**
(a) $u(s) = \frac{1}{4}s^4$, $v(s) = \ln(s^2)$, $\dot{u}(s) = s^3$, $\dot{v} = \frac{2}{s}$: $\int_1^2 \dot{u}(s)v(s)ds =$

$[\frac{1}{4}s^4\ln(s^2)]_1^2 - \int_1^2 \frac{1}{4}s^4 \cdot \frac{2}{s}ds = 4\ln(4) - \frac{1}{4}\ln(1) - \frac{1}{2}\int_1^2 s^3 ds = 4\ln(4) - \frac{1}{2}[\frac{1}{4}s^4]_1^2 = 8\ln(2) - \frac{15}{8}.$

**(b)** $u(s) = -\exp(-s)$, $v(s) = s^2$, $\dot{u}(s) = \exp(-s)$, $\dot{v}(s) = 2s$: $\int_0^1 \dot{u}(s)v(s)ds = [-s^2\exp(-s)]_0^1 + \int_0^1 2s\exp(-s)ds = -\frac{1}{e} + 2\int_0^1 \dot{u}(s)sds = -\frac{1}{e} - 2[s\exp(-s)]_0^1 + 2\int_0^1 \exp(-s)ds = -\frac{1}{e} - \frac{2}{e} + 2[-\exp(-s)]_0^1 = -\frac{3}{e} - \frac{2}{e} + 2 = 2 - \frac{5}{e}.$

**(c)** $u(s) = \frac{2}{3}s^{\frac{3}{2}}$, $v(s) = \ln(s)$, $\dot{u}(s) = \sqrt{s}$, $\dot{v}(s) = s^{-1}$: $\int_1^2 \dot{u}(s)v(s)ds = [\frac{2}{3}s^{\frac{3}{2}}\ln(s)]_1^2 - \frac{2}{3}\int_1^2 s^{\frac{3}{2}} \cdot s^{-1}ds = \frac{2}{3}\sqrt{8}\ln(2) - \frac{2}{3}\int_1^2 \sqrt{s}\,ds = \frac{2}{3}\{\sqrt{8}\ln(2) - [\frac{2}{3}s^{\frac{3}{2}}]_1^2\} = \frac{2}{3}\{\sqrt{8}\ln(2) - \frac{2}{3}\sqrt{8} + \frac{2}{3}\}.$

## 7.3 Lösungen zum Kapitel 4

**Übung 44.**
$\dot{u}(t) = \dot{x}(t) + \dot{y}(t) = ax(t) + by(t) - \frac{ax(t)+by(t)}{x(t)+y(t)} \cdot (x(t) + y(t)) = 0$ für alle $t \in (\alpha, \beta)$. Daher muss $u(t)$ konstant sein für diese $t$, also auch $x(t) + y(t) = u(t) = u(0) = x(0) + y(0)$.

**Übung 45.**
**(a)** $g(x) = \frac{2x}{2} = x$, $h(y) = \frac{2}{1+y^2}$, siehe linkes Bild der Abb. 7.13.
**(b)** $2x = 5(1 + y^2)$, $x = 2.5(1 + y^2)$, siehe mittleres Bild der Abb. 7.13.

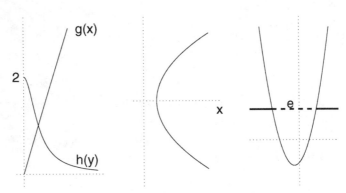

**Abb. 7.13.** zu **Übung 45** (*linkes* und *mittleres* Bild) **Übung 46** (*rechtes* Bild)

**Übung 46.**
$x_+(t) = \sqrt{\ln[(t+2)(t-1)] - 1}$, $x_-(t) = -\sqrt{\ln[(t+2)(t-1)] - 1}$, $t_+(x) = -0.5(1 + \sqrt{9 + 4\exp(1 + x^2)})$, $t_-(x) = -0.5(1 - \sqrt{9 + 4\exp(1 + x^2)})$ Definitionsbereich für $x_\pm(t)$ : $\{t \in \mathbb{R} : (t+2)(t-1) \geq e\}$, Definitionsbereich für $t_\pm(x)$ : $\mathbb{R}$. Finde die Zeichnung im rechten Bild von Abb. 7.13: der ausgezogene Teil der Geraden auf der Höhe $e > 0$ liefert den Definitionsbereich

$\{t \in \mathbb{R} : (t+2)(t-1) \geq e\}$ als ausgezogene Linie außerhalb des durch $(t+2)(t-1)$ gebildeten Trichters. Die beiden separaten Geradenstücke sind auf die $x$-Achse zu projizieren.

## Übung 47.

**(a)** $\frac{\partial}{\partial u}g(u,v) = \frac{(u+7)\cdot\frac{2u}{u^2+v+1}-\ln(u^2+v+1)}{(u+7)^2} = \frac{2u}{(u+7)(u^2+v+1)} - \frac{\ln(u^2+v+1)}{(u+7)^2}$,
$\frac{\partial}{\partial v}g(u,v) = \frac{1}{(u+7)(u^2+v+1)}$. Maximaler Definitionsbereich von $g(u,v)$:
$\{(u,v) \in \mathbb{R}^2 : u \neq -7, \ u^2 + v + 1 > 0\}$.

**(b)** Wegen grad $f(x,y) = (\exp(xy)\cdot(1+xy),\ x^2\cdot\exp(xy)-2y)$ ist

$$\exp(xy)\cdot(1+yx) = 0, \quad und \ \ x^2\exp(xy) - 2y = 0$$

zu lösen: $1 + xy = 0$, $x^2\exp(xy) - 2y = 0$,
$\quad xy = -1$, $x^2\exp(-1) - 2y = 0$, $y^2 x^2 \exp(-1) = 2y^3$, $xy = -1$, $y = \frac{1}{\sqrt[3]{2e}}$,
$\quad x = -\sqrt[3]{2e}$.

## Übung 48.

**(a)** $grad\ f(x,y,z) = \exp(xy+z^3)\cdot(y,x,3z^2) + (0,-1,0)$, $f_{xz}(x,y,z) = \frac{\partial}{\partial z}(y\cdot\exp(xy+z^3)) = 3yz^2\cdot\exp(xy+z^3)$.

**(b)** $grad\ f(0,1,0) = (1,0,0) + (0,-1,0) = (1,-1,0)$, $p(x,y,z;0,1,0) = x - (y-1) = x - y + 1$, weil $f(0,1,0) = 0$.

**(c)** $g(x) = \exp(2x) - 2$, $g'(x) = 2\exp(2x)$, $g''(x) = 4\exp(2x)$, $p(x;1) = \exp(2) - 2 + 2\exp(2)(x-1) + 2\exp(2)(x-1)^2$
$= \exp(2)(-1 + 2x + 2(x-1)^2) - 2 = \exp(2)(2x^2 - 2x + 1) - 2$.

## Übung 49.

$\frac{1}{x}dx = \frac{1}{y}dy$: Integration liefert $\ln(\frac{x}{a}) = \ln(\frac{y}{b})$, $x = \frac{a}{b}\cdot y$ mit reellen Konstanten $a \neq 0$ und $b \neq 0$.

## Übung 50.

$\eta(x) - \eta(0) = \int_0^x (2s^2 + 3s^3)ds = \left[\frac{2}{3}s^3 + \frac{3}{4}s^4\right]_0^x = x^3\left(\frac{2}{3} + \frac{3}{4}x\right)$.

## Übung 51.

$(2u + 3vw + w^3)\cdot du + 3uw\cdot dv + (3uv + 3uw^2)\cdot dw = 0$.

## 7.4 Lösungen zum Kapitel 5

### Übung 52.

$$Ax = \begin{bmatrix} 22 \\ 25 \\ 7 \\ 51 \\ 24 \end{bmatrix}, \ BA = \begin{bmatrix} 29 & 47 & 42 \\ 15 & 29 & 26 \\ 5 & 45 & 40 \end{bmatrix}, \ B(Ax) = \begin{bmatrix} 413 \\ 235 \\ 235 \end{bmatrix} = (BA)x.$$

### Übung 53.
$(1, 4.5, 1.5)$, $(60, 30, 80, 55)$.

### Übung 54.
$u^{(1)} + v^{(1)} = (-1, 5, 1)$, $\|u^{(1)}\| = \sqrt{78}$, $\|v^{(1)}\| = \sqrt{45}$, $\|u^{(1)} + v^{(1)}\| = \sqrt{27} \leq \sqrt{78} + \sqrt{45} = \|u^{(1)}\| + \|v^{(1)}\|$.
$u^{(2)} + v^{(2)} = (-2, -6, 8, 12, 10)$, $\|u^{(2)}\| = \sqrt{95}$, $\|v^{(2)}\| = \sqrt{111}$, $\|u^{(2)} + v^{(2)}\| = \sqrt{348} \leq \sqrt{95} + \sqrt{111} = \|u^{(2)}\| + \|v^{(2)}\|$, denn $348 < (\sqrt{95} + \sqrt{111})^2$.

### Übung 55.

$$(\alpha u + \beta w, v) = \sum_{j=1}^{N} (\alpha u + \beta w)_j v_j = \sum_{j=1}^{N} (\alpha u_j + \beta w_j) v_j = \sum_{j=1}^{N} (\alpha u_j v_j + \beta w_j v_j) =$$
$$\alpha \sum_{j=1}^{N} u_j v_j + \beta \sum_{j=1}^{N} w_j v_j = \alpha(u, v) + \beta(w, v).$$

### Übung 56.
Mit (5.53) und der Homogenität gilt $A(\alpha u + \beta v) = A(\alpha u) + A(\beta v) = \alpha A u + \beta A v$.

### Übung 57.
$2(s_1^2 + s_2^2) - (s_1 + s_2)^2 = 2s_1^2 + 2s_2^2 - s_1^2 - 2s_1 s_2 - s_2^2 = s_1^2 + s_2^2 - 2s_1 s_2 = (s_1 - s_2)^2$
ist genau dann $= 0$, wenn $s_1 = s_2$ und $> 0$, wenn $s_1 \neq s_2$.
$3(s_1^2 + s_2^2 + s_3^2) - (s_1 + s_2 + s_3)^2 = 2(s_1^2 + s_2^2) - (s_1 + s_2)^2 + s_1^2 + s_2^2 + 3s_3^2 - 2(s_1 + s_2)s_3 - s_3^2 = (s_1 - s_2)^2 + s_1^2 + s_2^2 + 2s_3^2 - 2(s_1 + s_2)s_3 = (s_1 - s_2)^2 + (s_1 - s_3)^2 + s_2^2 + s_3^2 - 2s_2 s_3 = (s_1 - s_2)^2 + (s_1 - s_3)^2 + (s_2 - s_3)^2$
ist genau dann $= 0$, wenn $s_1 = s_2 = s_3$ und $> 0$, wenn $s_1 \neq s_2$ oder $s_1 \neq s_3$ oder $s_2 \neq s_3$.

**Übung 58.**

(a) $AB$ ist erklärt für $q_1 = p_2$ und $BA$ wäre erklärt für $q_2 = p_1$.

(b) Für $A = \begin{bmatrix} 1 & 2 \\ 0 & 1 \end{bmatrix}$, $B = \begin{bmatrix} 1 & 2 \\ 1 & 0 \end{bmatrix}$ besteht $AB = \begin{bmatrix} 3 & 2 \\ 1 & 0 \end{bmatrix} \neq \begin{bmatrix} 1 & 4 \\ 1 & 2 \end{bmatrix} = BA$. Ferner

ist $A \begin{bmatrix} 0 & 0 \\ 0 & 0 \end{bmatrix} = \begin{bmatrix} 0 & 0 \\ 0 & 0 \end{bmatrix} = \begin{bmatrix} 0 & 0 \\ 0 & 0 \end{bmatrix} A$.

(c) $\mathrm{diag}(a_1, \ldots, a_N)\mathrm{diag}(b_1, \ldots, b_N) = \mathrm{diag}(a_1 b_1, a_2 b_2, \ldots, a_N b_N) = \mathrm{diag}(b_1, \ldots, b_N)\mathrm{diag}(a_1, \ldots, a_N)$.

**Übung 59.**

(a) $A_{11}x_1 + A_{12}x_2 + A_{13}x_3 = b_1$, $A_{22}x_2 + A_{23}x_3 = b_2$, $A_{33}x_3 = b_3$.

(b) $x_3 = \frac{b_3}{A_{33}}$, $x_2 = \frac{1}{A_{22}}\big(b_2 - A_{23} \cdot \frac{b_3}{A_{33}}\big)$, $x_1 = \frac{1}{A_{11}}\big(b_1 - \frac{A_{12}}{A_{22}}\big(b_2 - \frac{A_{23}b_3}{A_{33}}\big) - \frac{A_{13}b_3}{A_{33}}\big)$.

(c) $B = \begin{bmatrix} \frac{1}{A_{11}} & -\frac{A_{12}}{A_{22}} \cdot \frac{1}{A_{11}} & \frac{1}{A_{11}} \cdot \big(\frac{A_{23}}{A_{33}} \cdot \frac{A_{12}}{A_{22}} - \frac{A_{13}}{A_{33}}\big) \\ 0 & \frac{1}{A_{22}} & -\frac{A_{23}}{A_{33}} \cdot \frac{1}{A_{22}} \\ 0 & 0 & \frac{1}{A_{33}} \end{bmatrix}$

(d) Hier werden beispielhaft einige Eintragungen von $AB$ und $BA$ mit $A$ aus (5.125) und $B$ aus (c) angegeben:

$$(AB)_{11} = A_{11} \cdot \frac{1}{A_{11}} = 1,$$

$$(AB)_{12} = A_{11}\big(-\frac{A_{12}}{A_{22} \cdot A_{11}}\big) + A_{12} \cdot \frac{1}{A_{22}} = 0,$$

$$(AB)_{13} = A_{11} \cdot \frac{1}{A_{11}} \cdot \big(\frac{A_{23}}{A_{33}} \cdot \frac{A_{12}}{A_{22}} - \frac{A_{13}}{A_{33}}\big) - A_{12} \cdot \frac{A_{23}}{A_{33} \cdot A_{22}} + \frac{A_{13}}{A_{33}}$$

$$= \frac{A_{23}}{A_{33}} \cdot \frac{A_{12}}{A_{22}} - \frac{A_{13}}{A_{33}} - \frac{A_{23} \cdot A_{12}}{A_{33} \cdot A_{22}} + \frac{A_{13}}{A_{33}} = 0,$$

$$(BA)_{13} = \frac{A_{13}}{A_{11}} - \frac{A_{12}}{A_{22}} \cdot \frac{A_{23}}{A_{11}} + \frac{A_{33}}{A_{11}} \cdot \big(\frac{A_{23}}{A_{33}} \cdot \frac{A_{12}}{A_{22}} - \frac{A_{13}}{A_{33}}\big)$$

$$= \frac{A_{13}}{A_{11}} - \frac{A_{12}}{A_{22}} \cdot \frac{A_{23}}{A_{11}} + \frac{A_{23}}{A_{11}} \cdot \frac{A_{12}}{A_{22}} - \frac{A_{13}}{A_{11}} = 0.$$

Alle weiteren Einträge benötigen analoge Rechnungen.

**Übung 60.**

$A : x \in \mathbb{R}^{N_2} \to Ax \in \mathbb{R}^{N_1}$, $B : x \in \mathbb{R}^{N_1} \to Bx \in \mathbb{R}^{N_0}$. Also $B \circ A : x \in \mathbb{R}^{N_2} \to B(Ax) \in \mathbb{R}^{N_0}$; $[(B \circ A)x]_j = \sum\limits_{i=1}^{N_1} B_{ji}(Ax)_i = \sum\limits_{i=1}^{N_1} B_{ji} \sum\limits_{\alpha=1}^{N_2} A_{i\alpha}x_\alpha = \sum\limits_{i=1}^{N_1} \sum\limits_{\alpha=1}^{N_2} B_{ji}A_{i\alpha}x_\alpha = \sum\limits_{\alpha=1}^{N_2} \big[\sum\limits_{i=1}^{N_1} B_{ji}A_{i\alpha}\big]x_\alpha = \sum\limits_{\alpha=1}^{N_2} (BA)_{j\alpha}x_\alpha = [BAx]_j$, $j = 1, \ldots, N_0$ oder $(B \circ A)x = (BA)x$ für alle $x \in \mathbb{R}^{N_2}$. Daher wird die Verkettung $B \circ A$ durch die Matrix $BA$ beschrieben.

**Übung 61.**
**(a)** $[(A^T)^T]_{ij} = [A^T]_{ji} = A_{ij}$ für alle $i, j$, also $(A^T)^T = A$. $[(AB)^T]_{ij} =$

$$(AB)_{ji} = \sum_{\alpha=1}^{N_2} A_{j\alpha} B_{\alpha i} = \sum_{\alpha=1}^{N_2} (B^T)_{i\alpha} (A^T)_{\alpha j} = [B^T A^T]_{ij} \text{ für alle } i, j \text{ also}$$

$(AB)^T = B^T A^T$.
**(b)** $(AA^T)^T = (A^T)^T A^T = AA^T$ nach **a)**. Das aber heißt $[AA^T]_{ij} =$
$[(AA^T)^T]_{ij} = [AA^T]_{ji}$ für alle $i, j$.

## 7.5 Lösungen zum Kapitel 6

**Übung 62.**
Wegen $\bar{e}_1(t) = E - \bar{e}_0(t)$ ist $\dot{\bar{e}}_0(t) = -k_0 x \bar{e}_0(t) + k_{-0}(E - \bar{e}_0(t)) = -k_0 x \bar{e}_0(t) + k_{-0} \bar{e}_1(t)$ und daher auch $\dot{\bar{e}}_1(t) = -\dot{\bar{e}}_0(t) = k_0 x \bar{e}_0(t) - k_{-0} \bar{e}_1(t)$.

**Übung 63.**
Weil nach Unterabschnitt 6.2.2 durch $\bar{e}_0(t) = \frac{b}{a} - \left(\frac{b}{a} - \bar{e}_0(0)\right) \exp(-at)$, $a = k_0 x + k_{-0}$, $b = k_{-0} E$ Lösungen von (6.17) angegeben sind und $\bar{e}_1(t) = E - \bar{e}_0(t)$ nach dem Prinzip von Übung 62 konstruiert wird. Damit sind alle Voraussetzungen von Übung 62 erfüllt.

**Übung 64.**
$Y_1(x)$, $x \geq 0$ ist streng monoton wachsend mit dem Wertebereich $[0, 1)$. Daher existiert die streng monoton wachsende Umkehrfunktion $Y_1^{-1}$ auf $[0, 1)$.
**(a)** Aus $1 - \epsilon \leq Y_1(x)$ folgt $Y_1^{-1}(1 - \epsilon) \leq x$. Daher ist $x_\epsilon := \text{Min}\{x \in \mathbb{R} : x \geq 0, Y_1(x) \geq 1 - \epsilon\} = Y_1^{-1}(1 - \epsilon)$.
**(b)** Offenbar ist $Y_1^{-1}(\eta) = \frac{K_D \eta}{1 - \eta}$ für $0 \leq \eta < 1$, so dass $x_\epsilon = Y_1^{-1}(1 - \epsilon) = \frac{K_D(1-\epsilon)}{1-(1-\epsilon)} = \frac{K_D(1-\epsilon)}{\epsilon} = K_D\left(\frac{1}{\epsilon} - 1\right)$ und daher $x_\epsilon \to 0$, falls $K_D \to 0$ oder $\epsilon \to 1$.

**Übung 65.**
Fall 1: $P = (\bar{x}, 0)$, $\bar{x} \geq 0$, dann besteht die gesuchte Menge aus allen Paaren $(x(0) > 0, y(0) > 0)$.
Fall 2: $P = (0, \bar{y})$, $\bar{y} \geq 0$, dann besteht die gesuchte Menge aus allen Paaren $(x(0) > 0, y(0) > 0)$ mit $y(0) + \gamma x(0) \neq \bar{y}$.

**Übung 66.**

Für die Darstellung (6.107) gilt einerseits

$$\begin{bmatrix} \dot{u}(t) \\ \dot{v}(t) \end{bmatrix} = \alpha \begin{bmatrix} -\sin(t) \\ \cos(t) \end{bmatrix} + \beta \begin{bmatrix} -\cos(t) \\ -\sin(t) \end{bmatrix} \text{ und andererseits}$$

$$\begin{bmatrix} 0 & -1 \\ 1 & 0 \end{bmatrix} \begin{bmatrix} u(t) \\ v(t) \end{bmatrix} = \begin{bmatrix} -v(t) \\ u(t) \end{bmatrix} = \alpha \begin{bmatrix} -\sin(t) \\ \cos(t) \end{bmatrix} + \beta \begin{bmatrix} -\cos(t) \\ -\sin(t) \end{bmatrix} \text{ und daher die Be-}$$

hauptung: Insbesondere liefert (6.107) für $t = 0$:

$$\begin{bmatrix} u(0) \\ v(0) \end{bmatrix} = \alpha \begin{bmatrix} 1 \\ 0 \end{bmatrix} + \beta \begin{bmatrix} 0 \\ 1 \end{bmatrix} = \begin{bmatrix} \alpha \\ \beta \end{bmatrix}, \text{ so dass bei Vorgabe von } u(0), v(0) \in \mathbb{R}$$

die Lösung von (6.108) mit $\alpha = u(0)$, $\beta = v(0)$ in der Form (6.107) geschrieben werden kann. Der gefragte analytische Ausdruck lautet $u(t) = u(0)\cos(t) - v(0)\sin(t)$, $v(t) = u(0)\sin(t) + v(0)\cos(t)$.

**Übung 67.**

Die nötigen Rechnungen lauten:

$$(xF(x))' = F(x) + xF'(x), \quad (xF(x))'' = 2F'(x) + xF''(x).$$

Wegen (6.112) gilt $(xF(x))'' < 0$ für alle $x \geq 0$, so dass $(xF(x))'$ streng monoton fällt für $x \geq 0$. Wegen (6.112) gelten auch

$$(xF(x))'_{x=0} = F(0) > 0, \quad (xF(x))_{x=\eta_F} = \eta_F F(\eta_F) = 0, \quad (xF(x))_{x=0} = 0$$

so dass **genau ein** Nulldurchgang von $(xF(x))'$ besteht!

**Übung 68.**

Die nötigen Rechnungen lauten:

$$r(\eta) = \frac{R_F}{1 + \eta}, \quad r'(\eta) = -\frac{R_F}{(1 + \eta)^2}, \quad r''(\eta) = \frac{2R_F}{(1 + \eta)^3},$$

$$r(0) = R_F > S_F, \quad 2r'(\eta) + \eta r''(\eta) = -\frac{2R_F}{(1 + \eta)^2} + \frac{2R_F\eta}{(1 + \eta)^3} = -\frac{2R_F}{(1 + \eta)^3},$$

$$r(\eta_F) = S_F \Leftrightarrow R_F = S_F(1 + \eta) \Leftrightarrow \eta_F = \frac{R_F - S_F}{S_F} > 0.$$

**Übung 69.**

Der Produktterm $k_0 x(t)y(t)$ beschreibt den Änderungsanteil, welcher durch das Aufeinandertreffen von $X$ und $Y$ hervorgerufen wird, proportional zum Produkt $x(t) \cdot y(t)$: aus der Sicht von $X$ und $Y$ ein Verlust, aus der Sicht von $Z$ ein Gewinn. Damit wird zugleich eine Proportionalität dieses Anteils der Veränderung sowohl zu $X$ als auch zu $Y$ festgestellt. Entsprechend bescheibt $k_{-0} z(t)$ den Anteil der Veränderung proportional zum Umfang der Spezies $Z$:

ein Gewinn für $X$ und $Y$ aus deren Sicht, ein Verlust aus der Sicht von $Z$.

## Übung 70.
Die drei Erhaltungssätze enstehen, wenn man die erste oder die zweite dynamische Gleichung zur dritten addiert, oder die beiden ersten dynamischen Gleichungen voneinander subtrahiert. Bei diesen Operationen heben sich die Einflüsse der jeweiligen rechten Seiten auf, so dass die übrig bleibenden linken Seiten eine durchweg verschwindende Ableitung besitzen und daher konstant sein müssen.

## Übung 71.
Die Erhaltungssätze von Übung 70 liefern: $\bar{y}(t) = \bar{x}(t) - \alpha$, $\bar{z}(t) = \beta - \bar{x}(t)$, also $\dot{\bar{x}}(t) = -k_0 \bar{x}(t)(\bar{x}(t) - \alpha) + k_{-0}(\beta - \bar{x}(t))$. Analog gelten: $\bar{x}(t) = \bar{y}(t) + \alpha$, $\bar{z}(t) = \gamma - \bar{y}(t)$ und daher $\dot{\bar{y}}(t) = -k_0(\bar{y}(t) + \alpha)\bar{y}(t) + k_{-0}(\gamma - \bar{y}(t))$. Schließlich ist $\bar{x}(t) = \beta - \bar{z}(t)$, $\bar{y}(t) = \gamma - \bar{z}(t)$, so dass $\dot{\bar{z}}(t) = k_0(\beta - \bar{z}(t))(\gamma - \bar{z}(t)) - k_{-0}\bar{z}(t)$.

## Übung 72.
$f(\eta) = -k_0\eta(\eta - \alpha) + k_{-0}(\beta - \eta) = -k_0\eta^2 + \eta(k_0\alpha - k_{-0}) + k_{-0}\beta. \ -\frac{1}{k_0}f(\eta) =:$
$g(\eta) = \left(\eta - \frac{k_0\alpha - k_{-0}}{2k_0}\right)^2 - \frac{k_{-0}}{k_0} \cdot \beta - \frac{(k_0\alpha - k_{-0})^2}{4k_0^2} = 0$.
Die Abb. 7.14 zeigt zwei verschiedene mögliche qualitative Zeichnungen von $f(\eta)$: zwei stationäre Punkte, rechter stabil, linker instabil. Siehe auch die Lösung von Übung 74 mit einer noch genaueren Analyse der Funktion $g(\eta)$.

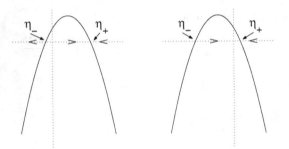

**Abb. 7.14.** zu **Übung 72** und **Übung 74**: gezeichnet ist $-g(\eta)$ qualitativ, gelöst wird $\dot{x}(t) = -k_0 g(x(t))$.

## Übung 73.
Da $x(t)$, $y(t)$ dieselben dynamischen Gleichungen erfüllen, können wir es im-

mer so einrichten, dass $\alpha = x(0) - y(0) \leq 0$ ausfüllt (tausche sonst $x(t)$ gegen $y(t)$!). Dann aber ist $x(t)$ qualitativ in Übung 72 charakterisiert. Die Beschreibung für $y(t)$ und $z(t)$ folgt aus den Erhaltungssätzen $y(t) = x(t) - \alpha$, $z(t) = \beta - x(t)$ (vgl. Übung 70) mit $\alpha = x(0) - y(0)$, $\beta = x(0) + z(0)$.

## Übung 74.

$\dot{x}(t) = -k_0 g(x(t))$ mit $g(\eta) = \eta(\eta - \alpha) - \frac{1}{K_0}(\beta - \eta)$ wenn $K_0 = \frac{k_0}{k_{-0}}$, $\alpha = \bar{x}(0) - \bar{y}(0)$ und $\beta = \bar{x}(0) + \bar{z}(0)$ (vgl. Übung 71). Wir dürfen $\alpha \leq 0$ wegen der Herkunft aus dem Netzwerk von Übung 69 festlegen (vgl. Lösung von Übung 73). Dann ist $g(\eta) = \eta(\eta + |\alpha|) - \frac{1}{K_0}(\beta - \eta) = \eta^2 + \eta\left(|\alpha| + \frac{1}{K_0}\right) - \frac{\beta}{K_0} = \left(\eta + \frac{1}{2}\left(|\alpha| + \frac{1}{K_0}\right)\right)^2 - \frac{\beta}{K_0} - \frac{1}{4}\left(|\alpha| + \frac{1}{K_0}\right)^2$. Daher hat $g$ die Nullstellen $2\eta_{\pm} = -\left(|\alpha| + \frac{1}{K_0}\right) \pm \sqrt{\left(|\alpha| + \frac{1}{K_0}\right)^2 + 4\frac{\beta}{K_0}}$. Offenbar ist $\eta_- < 0 < \eta_+$ (falls $0 < \beta = \bar{x}(0) + \bar{z}(0)$), und wegen $g(0) = -\frac{\beta}{K_0} < 0$ findet man $g(\eta) = (\eta - \eta_+)(\eta - \eta_-)$. Zu lösen ist daher $\dot{x}(t) = -k_0(\eta - \eta_+)(\eta - \eta_-)$.
Stammfunktion: $-\frac{1}{k_0}\int^s \frac{d\eta}{(\eta - \eta_+)(\eta - \eta_-)} = -\frac{1}{k_0} \cdot \frac{1}{\eta_+ - \eta_-} \ln\left(\frac{\eta_+ - s}{\eta_- - s}\right)$.
Implizite Gleichung: $\ln\left(\frac{\eta_+ - x(t)}{\eta_- - x(t)} \cdot \frac{\eta_- - x(0)}{\eta_+ - x(0)}\right) = -k_0(\eta_+ - \eta_-)t$.
Lösung: $A(\eta_+ - x(t)) = (\eta_- - x(t))\exp(-k_0(\eta_+ - \eta_-)t)$ mit $A = \frac{\eta_- - x(0)}{\eta_+ - x(0)}$.
Daher gelten $x(t)(\exp(-k_0(\eta_+ - \eta_-)t) - A) = \eta_- \exp(-k_0(\eta_+ - \eta_-)t) - A\eta_+$, $x(t) = \frac{A\eta_+ - \eta_- \exp(-k_0(\eta_+ - \eta_-)t)}{A - \exp(-k_0(\eta_+ - \eta_-)t)}$. Die **Probe** (Einsetzen des analytischen Ausdrucks in die Differentialgleichung) bleibt dem Leser zu tun übrig.

## Übung 75.

Die Erhaltungssätze aus Übung 70 liefern

$$\bar{z}(t) = \bar{x}(0) + \bar{z}(0) - \bar{x}(t) =: \beta - \bar{x}(t),$$
$$\bar{y}(t) = \bar{x}(t) - (\bar{x}(0) - \bar{y}(0)) =: \bar{x}(t) - \alpha,$$

aber $\bar{x}(t)$ ist aus Übung 74 quantitativ und aus Übung 72 qualitativ bekannt.

## Übung 76.

Der Erhaltungssatz $\gamma x(t) + y(t) = \gamma x(0) + y(0) =: c$ verlangt $y(t) = c - \gamma x(t)$ also $\dot{x}(t) = -\frac{1}{\gamma}x(t)(c - \gamma x(t)) = x(t)(x(t) - \bar{\beta})$ mit $\bar{\beta} := c\gamma^{-1}$. Mit der Stammfunktion $\int \frac{d\eta}{\eta(\eta - \bar{\beta})} = \frac{1}{\bar{\beta}}\ln\left(\frac{\bar{\beta} - \sigma}{-\sigma}\right)$, $\bar{\beta} = c\gamma^{-1} > 0$ lautet die implizite Gleichung $\frac{1}{\bar{\beta}}\ln\left(\frac{x(t) - \bar{\beta}}{x(t)}\right) - \frac{1}{\bar{\beta}}\ln\left(\frac{x(0) - \bar{\beta}}{x(0)}\right) = t$, $\ln\left(\frac{x(t) - \bar{\beta}}{x(t)} \cdot \frac{x(0)}{x(0) - \bar{\beta}}\right) = \bar{\beta}t$, $(x(t) - \bar{\beta})x(0) = x(t)(x(0) - \bar{\beta})\exp(\bar{\beta}t)$, $x(t)[x(0) - (x(0) - \bar{\beta})\exp(\bar{\beta}t)] = \bar{\beta}x(0)$, $x(t) = \frac{\bar{\beta}x(0)}{x(0) - (x(0) - \bar{\beta})\exp(\bar{\beta}t)}$, $y(t) = c - \gamma x(t) = c - \frac{\gamma\bar{\beta}x(0)}{x(0) - (x(0) - \bar{\beta})\exp(\bar{\beta}t)}$. Die **Probe** (Einsetzen dieser analytischen Ausdrücke in die Differentialgleichungen) bleibt dem Leser zu tun übrig.
$x(t)$ streng monoton fallend, $x(t) \to 0$ für $t \to +\infty$, $\bar{\beta} > 0$,
$y(t)$ streng monoton wachsend, $y(t) \to c$ für $t \to +\infty$, $\bar{\beta} > 0$.

Der Fall $\bar{\beta} = 0$ liefert die triviale Lösung $\bar{x}(t) = \bar{y}(t) = 0$, $t \geq 0$.

## Übung 77.

**a)** Ersetze $\alpha$ durch $-\alpha$ und $\beta$ durch $\gamma$ in Übung 72 und verwende 74.

**b)** $\dot{\bar{z}}(t) = -k_0 \bar{z}(t)(\gamma - \bar{z}(t)) + \beta k_0(\gamma - \bar{z}(t)) + k_{-0}\bar{z}(t)$

$\qquad = k_0 \bar{z}(t)(\bar{z}(t) - \gamma) + \beta k_0 \gamma - \bar{z}(t)(\beta k_0 - k_{-0})$. $\dot{\bar{z}}(t)$

$\qquad = k_0 \bar{z}(t)(\bar{z}(t) - \gamma) + (\beta k_0 - k_{-0})\left[\frac{\beta k_0 \gamma}{\beta k_0 - k_{-0}} - \bar{z}(t)\right]$.

Ersetze $k_0$ bzw. $k_{-0}$ bzw. $\beta$ in Übung 72 durch $-k_0$ bzw. $\beta k_0 - k_{-0}$ bzw. $\frac{\beta k_0 \gamma}{\beta k_0 - k_{-0}}$ und verwende 74.

# Literaturverzeichnis

1. Abramowitz M, Stegun I A (eds) (1972) Handbook of mathematical functions. Dover Publications, New York
2. Adam G, Läuger, P, Stark, G (1988) Physikalische Chemie und Biophysik, 2. Aufl. Springer, Berlin Heidelberg New York
3. Alberghina L, Mariani L, Martegani E (1980) Analysis of a model of cell cycle in Eukaryotes. J Theor Biol 87: 171-188
4. Bache R, Pfennig N (1981) Selective isolation of Acetobacterium woodii on methoxylated aromatic acids and determination of growth yield. Arch Microbiol 130, 255-261
5. Bohl E (1987) Mathematische Grundlagen für die Modellierung biologischer Vorgänge. Springer, Berlin Heidelberg New York
6. Bohl E, Kreikenbohm R, Schropp J (1989) Chemostat Modelling. In: Eisenfeld J, Levine D S (eds) Biomedical Modelling and simulation, 165-169. Baltzer AG, Scientific Publishing, Basel
7. Braun M (1979) Differentialgleichungen und ihre Anwendungen. Springer, Berlin Heidelberg New York
8. Bronstein I N, Semendjajew K A (1985) Taschenbuch der Mathematik. Grosche G, Ziegler V, Ziegler D (eds) Deutsch, Thun Frankfurt/Main
9. Carlson T (1913) Über Geschwindigkeit und Größe der Hefevermehrung in Würze. Biochem Z 57: 313-334
10. Cornish-Bowden A (1995) Fundamentals of enzyme kinetics. Portland Press
11. Crombie A C (1945) On competition between different species of graminivorous insects. Proc Roy Soc (B) 132: 362-395
12. Ebenhöh W (1975) Mathematik für Biologen und Mediziner. Quelle & Meyer, Heidelberg
13. Eigen M (1971) Selforganization of matter and the evolution of biological macromolecules. Naturwissenschaften 58: 465-523
14. Eigen M, Gardiner W et al (1981) Ursprung der genetischen Information. Spektrum Wiss 6: 37-56
15. Eigen M, Schuster P (1979) The Hypercycle. Springer, Berlin Heidelberg New York
16. Eigen M, Winkler R (1985) Das Spiel. Piper, München Zürich
17. Gröbner W, Hofreiter N (eds) (1965) Integraltafel erster Teil: unbestimmte Integrale. Springer, Wien New York

18. Gröbner W, Hofreiter N (eds) (1966) Integraltafel zweiter Teil: bestimmte Integrale. Springer, Wien New York
19. Haken H (1978) Synergetics, 2nd edn. Springer, Berlin Heidelberg New York
20. Hofbauer J, Sigmund K (1984) Evolutionstheorie und dynamische Systeme. Parey, Berlin Hamburg
21. Jahnke E, Emde F et al (eds) (1966) Tafeln höherer Funktionen. B. Teubner, Stuttgart
22. Kernevez J-P (1980) Enzyme Mathematics. North-Holland, Amsterdam New York Oxford
23. Kreikenbohm R, Pfennig N (1985) Anaerobic degradation of 3,4,5-trimethoxybenzoate by a defined mixed culture of Acetobacterium woodii and Desulfobacter postgatei. FEMS Microbiol Ecol 31: 29-38
24. Kreikenbohm R, Stephan W (1985) Application of a two- compartment model to the wall growth of Pelobacter acidigallici under continuous culture conditions. Biotech Bioeng XXVII: 296-301
25. Lineweaver H, Burk D (1934) The determination of enzyme dissociation constants. J Am Chem Soc 56: 658-666
26. May R (1973) Stability and complexity in model ecosystems. Princeton Univ Press, Princeton/NJ
27. Meinhardt H (1982) Models of biological pattern formation. Academic Press, London New York Paris San Diego San Francisco Sao Paulo
28. Michaelis L, Menten M L (1913) Die Kinetik der Invertinwirkung. Biochem Z 49: 333-369
29. Mittelstraß J (eds) (1980) Enzyklopädie Philosophie und Wissenschaftstheorie 1. BI, Mannheim Wien Zürich
30. Monod J (1942) Recherches sur la croissance des cultures bactériennes. Hermann, Paris
31. Monod J, Wyman J et al (1965) On the nature of allosteric transitions: A plausible model. J Mol Biol 12: 88-118
32. Pirt, S J (1985) Principles of microbe and cell cultivation. Blackwell Scientific Publications, Oxford London Edinburgh Boston Palo Alto Melbourne
33. Segel L A (eds) (1980) Mathematical models in molecular and cellular biology. Cambridge Univ Press, London New York New Rochelle
34. Smith J M (1999) Evolutionary Genetics. Oxford Univ Press
35. Tralau C, Greller G, Pajatsch M, Boos W, Bohl E (2000) Mathematical Treatment of Transport Data of Bacterial Transport Systems to Estimate Limitation in Diffusion through the Outer Membrane. J theor Biol 207: 1-14
36. Varley G C, Gradwell G R et al (1980) Populationsökologie der Insekten, Analysis und Theorie. Thieme, Stuttgart New York
37. Verhulst P F (1838) Notice sur la loi que la population suit dans son accroissement. Correspondence mathématique et physique publiée par A Quételet vol. 10: 112-121
38. Volterra V (1962) Opere mathematiche memorie e note. vol. 5. Accademia nazionale dei Lincei, Roma
39. Wilson E O, Bossert W H (1973) Einführung in die Populationsbiologie. Springer, Berlin Heidelberg New York
40. Wissel Ch (1989) Theoretische Ökologie. Springer, Berlin Heidelberg New York
41. Zehnder A J B, Ingvorsen K, Marti T (1981) Microbiology of methane bacteria. In: Hughes D E et al. (eds) Anaerobic digestion 1981, 45-68. Elsevier Biomedical Press, Amsterdam

# Sachverzeichnis